ESV ERICH SCHMIDT VERLAG
100 Jahre

DIIR-FORUM
Band 10

Das 1x1 der Internen Revision

Bausteine eines erfolgreichen Revisionsprozesses

Von Michael Bünis und Thomas Gossens

4., völlig neu bearbeitete und wesentlich erweiterte Auflage

ERICH SCHMIDT VERLAG

Bibliografische Information der Deutschen Nationalbibliothek
Die Deutsche Nationalbibliothek verzeichnet diese Publikation in der Deutschen Nationalbibliografie; detaillierte bibliografische Daten sind im Internet über dnb.ddb.de abrufbar.

Weitere Informationen zu diesem Titel finden Sie im Internet unter
ESV.info/978-3-503-23953-5

1. Auflage 2016
2. Auflage 2018
3. Auflage 2020
4. Auflage 2024

Gedrucktes Werk: ISBN 978-3-503-23953-5
ebook: ISBN 978-3-503-23954-2

Satz: Arnold & Domnick, Leipzig
Druck und Bindung: Beltz Grafische Betriebe, Bad Langensalza

Inhaltsverzeichnis

Abbildungsverzeichnis

Vorwort zur vierten, völlig neu bearbeiteten und erweiterten Auflage

Wir beschäftigen uns seit vielen Jahren in verschiedenen Funktionen und Rollen mit dem Thema Interne Revision und haben als Praktiker mit großer Zufriedenheit die zunehmende Professionalisierung der Internen Revision beobachtet und unterstützt. Wir sind fest davon überzeugt, dass die Internationalen Grundlagen für die berufliche Praxis der Internen Revision einen sinnvollen Rahmen setzen, innerhalb dessen jede Interne Revision, gleich in welcher Branche und welcher Größe, im Sinne der global anerkannten und einheitlichen Zielsetzung der Internen Revision durch risikoorientierte und objektive Prüfung, Beratung und Einblicke mehrwertstiftend tätig werden kann. Eine wirksame Interne Revision liefert einen wichtigen Mehrwert für jedes Unternehmen und jede Organisation.

Als wir im Jahr 2015 die erste Auflage unseres Buches „Das 1x1 der Internen Revision" begonnen haben, war es unser Ziel, branchenübergreifend eine strukturierte Anleitung zu den wichtigsten Fragestellungen der Internen Revision anzubieten, die in dieser kompakten Form in Deutschland noch nicht verfügbar war. Sehr viele positive Rückmeldungen haben uns bestätigt, dass uns dies gelungen ist. Inzwischen ist schon die dritte Auflage des Buches vergriffen. Diese wurde kürzlich sogar vom Institute of Internal Auditors (IIA) in die Präsentation von Revisionsliteratur aus verschiedenen Ländern der Welt in das „Museum of Internal Auditing" aufgenommen. Auch das hat uns ermuntert, nun eine weitere Auflage zu erstellen und darin neben den Grundlagen auch aktuelle Entwicklungen zu berücksichtigen. Die im Januar 2024 vom Institute of Internal Auditors (IIA) herausgegebenen Global Internal Audit Standards bilden dabei den Rahmen und sind auch leitend für die Gliederung und Struktur dieser Neuauflage.

Die Professionalisierung der Revision schreitet weiter voran, aber die Revisionseinheiten sehen sich in vielen Organisationen mit großen Herausforderungen konfrontiert. Die Interne Revision ist gezwungen, Antworten auf neue Erwartungen der Stakeholder zu geben. Sie hat mit Rekrutierungsproblemen zu kämpfen und muss ihr Know-how in neuen Themen wie ESG, künstlicher Intelligenz oder Gefahren aus dem Cyberraum verbessern. Die Interne Revision muss sich vielfach von etablierten, routinemäßig zu ihrem Auftragsumfang gehörenden Themen verabschieden und sich mit neuen Risiken beschäftigen, die für die Organisation mittlerweile höhere Bedeutung haben. Der Risikoorientierung der Internen Revision kommt in Zeiten einer Polykrise, disruptiver Veränderungen und schnellerer Risikozyklen eine ungemein wichtige Bedeutung zu.

Es erscheint uns deshalb sinnvoll, auch in der vierten Auflage den aktuellen Stand zu erfassen und in einem weiterhin knapp gehaltenen Buch über die Interne Revision darzustellen. Es ist nicht unsere Absicht, alle Facetten der Internen Revision ausführlich zu beleuchten. Vielmehr stellen wir die wesentlichen Aspekte einer wirksamen Revisionsfunktion – orientiert an den Global

Internal Audit Standards – prägnant dar und geben bei wichtigen Fragen Antworten hinsichtlich aktueller Good oder Best Practices. Wir möchten unsere Leserinnen und Leser schnell und umfassend über die wichtigen Themen der Internen Revision informieren und dabei die Bausteine einer erfolgreichen Internen Revision aufzeigen.

Dieses Buch ist als Unterstützung für Praktikerinnen und Praktiker bei der täglichen Arbeit gedacht und kann als Vorbereitung auf die Zertifizierung zum Certified Internal Auditor (CIA®) genutzt werden. Einsteigern ermöglicht es, die wesentlichen Elemente einer erfolgreichen Internen Revision kurz und praxisorientiert kennenzulernen und dadurch einen schnellen Einstieg in das Thema Interne Revision zu erlangen. Daher ist es auch für Studierende, die sich mit Corporate Governance und Interner Revision befassen, eine gute Möglichkeit, sich schnell über die Praxis der Internen Revision zu informieren. Die Neuauflage gibt den aktuellen Stand rund um das Thema Interne Revision wieder.

Vermutlich zählt der Satz „Nichts ist so beständig wie der Wandel" des griechischen Philosophen Heraklit zu Recht zu den häufigsten Zitaten unserer Zeit. Auch uns ist bewusst, dass sich die Art und Weise, wie Revisorinnen und Revisorinnen planen, prüfen und berichten, durch Entwicklungen im Bereich der Automatisierung und der künstlichen Intelligenz massiv, nachhaltig und schnell verändern wird. Aber die wesentlichen Konzepte einer wirksamen Internen Revision, wie Unabhängigkeit, Objektivität, Risikoorientierung und Kompetenz, die in den Standards und diesem Buch behandelt werden, sind auch dann noch entscheidend für den Erfolg.

Bei den Mitarbeiterinnen und Mitarbeitern des Erich Schmidt Verlags bedanken wir uns für die wie immer gute und vollkommen reibungslose Zusammenarbeit. Über Kommentare und Anmerkungen zu unserem Buch würden wir uns sehr freuen. Den Leserinnen und Lesern wünschen wir viel Spaß und weiterhin viel Erfolg in der Umsetzung.

Korschenbroich und Düsseldorf, im Juni 2024

Michael Bünis, CIA CRMA   Thomas Gossens, CIA CISA CRISC ACDA

1 Grundlagen der Internen Revision

1.1 Unternehmerische Überwachungsfunktion: Warum Interne Revision?

Die Interne Revision ist ein wichtiges Instrument guter Corporate Governance, also der Führungs- und Überwachungsfunktionen in Unternehmen und anderen Organisationen.[1] Für bestimmte Branchen lässt sich die Notwendigkeit aus gesetzlichen bzw. aufsichtsrechtlichen Grundlagen ableiten, für andere aus betriebswirtschaftlichen Standards. Die Überwachung ist eine der wesentlichen Führungsaufgaben in jeder Organisation, neben anderen Aufgaben wie z.B. Planung und Steuerung (vgl. Abbildung 1). Wenn in der Organisation keine Interne Revision existiert, dann muss die Geschäftsleitung selbst die Überwachungsfunktion ausüben. In größeren Organisationen ist die Überwachung an die Interne Revision delegiert. Diese ist also ein Instrument der Geschäftsleitung, das bei der Überwachungsaufgabe unterstützt.

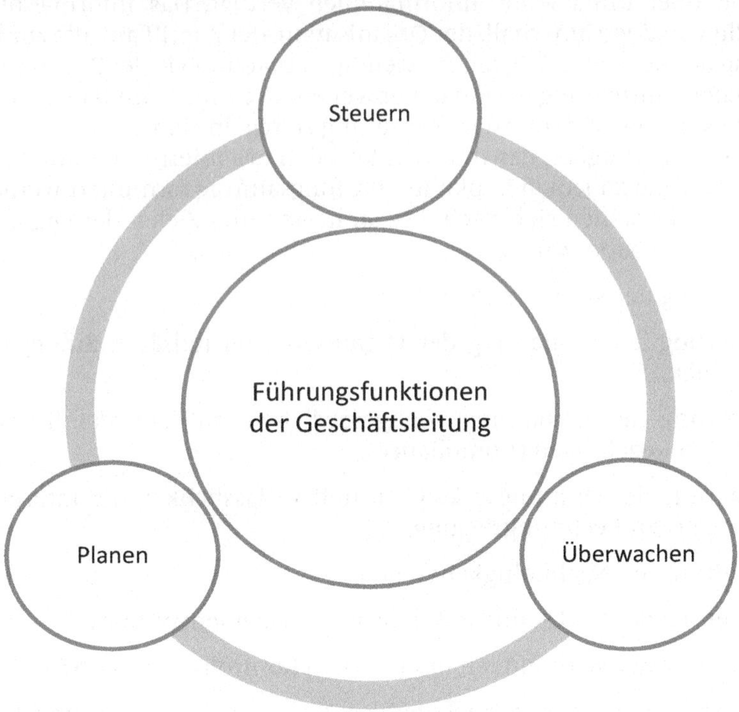

Abbildung 1: Führungsfunktionen der Geschäftsleitung

---

1 Im Folgenden verwenden wir den Begriff Organisation und schließen damit alle Rechtsformen und Arten von Unternehmen ein.

Das besondere Merkmal der Internen Revision gegenüber anderen Funktionen in der Organisation, die auch Überwachungsaufgaben ausüben (wie z.B. Risikomanagement, Qualitätsmanagement oder IT-Sicherheit), ist ihre Unabhängigkeit: Die Interne Revision ist nicht in laufende Geschäftsprozesse einbezogen. Dies ermöglicht es den Revisorinnen und Revisoren, objektiv tätig zu sein. Ihre Aufträge erhält die Interne Revision – über die Geschäftsordnung der Internen Revision und die Genehmigung eines Revisionsplans – von der Geschäftsleitung. Da die Interne Revision prozessunabhängig arbeitet, kann sie sowohl die Auswahl von Prüfungen als auch die Durchführung der einzelnen Prüfungen risikoorientiert vornehmen. Das bedeutet, dass sie sich sowohl in der Prüfungshäufigkeit als auch in den Prüfungsobjekten und Prüfungszielen sowie in der Prüfungstiefe auf die nach ihrer Einschätzung risikoträchtigen Bereiche konzentriert. Weniger risikobehaftete Bereiche werden dabei nach Möglichkeit nicht außer Acht gelassen. Diese werden zumindest bezüglich ihres Risikogehaltes regelmäßig analysiert, aber eben seltener in Revisionstätigkeiten einbezogen.

Die Wahrnehmung der Überwachungsfunktion bedingt, dass die Interne Revision über umfassende Informationen verfügt. Das Informationsrecht über alle Vorgänge innerhalb der Organisation, der Zugriff auf alle zur Durchführung der Revisionstätigkeit notwendigen Daten sowie der Zugang zu allen physischen Einrichtungen sind daher weitere wichtige Grundlagen der Internen Revision, die in der Geschäftsordnung zu regeln sind.

Die Prüfungstätigkeit der Internen Revision orientiert sich immer an Prüfungszielen, die zu jedem konkreten Prüfungsauftrag formuliert werden. Die Prüfungsziele richten sich nach den Strategien und Zielen der Organisation und umfassen dabei z.B.:

- Sicherung der Vermögenswerte,
- Sicherung der Einhaltung der Organisationsgrundsätze, Strategien und Leitlinien,
- Sicherung der Einhaltung von gesetzlichen, aufsichtsrechtlichen oder internen Regelungen (Compliance),
- Sicherung der Ordnungsmäßigkeit und Verlässlichkeit der internen und der externen Rechnungslegung,
- Erfüllung von Nachhaltigkeitszielen,
- Sicherung der Wirksamkeit des Risikomanagementsystems,
- Sicherung der Wirksamkeit des Internen Kontrollsystems (IKS),
- Sicherung der Wirtschaftlichkeit von Prozessen, Projekten und Transaktionen.

Aus diesen übergeordneten Zielen wird schon deutlich, dass die Interne Revision keineswegs nur in der Nachschau aktiv ist, um aufgetretene Mängel aufzudecken und für die Zukunft abzustellen. Sie muss vielmehr auch proaktiv und in Echtzeit die Geschäfts- und Unterstützungsprozesse begleiten. Hieraus ergeben sich wirksame Ansätze wie Continuous Auditing, Projektbegleitungen oder die Einbindung in Due Diligence-Prozesse.

Wegen ihrer umfassenden Kenntnisse über betriebliche Abläufe, Systeme, Geschäfte und Projekte und wegen der starken Vernetzung innerhalb der Organisation, die die Prüfungstätigkeit mit sich bringt, fungiert die Interne Revision auch als geschätzter Berater der Geschäftsleitung und aller Funktionsbereiche. Hierbei ist dafür Sorge zu tragen, dass durch Beratungsaktivitäten die Unabhängigkeit und Objektivität bei der Prüfungstätigkeit nicht beeinträchtigt wird.

> Die Angst vor dem Verlust der Unabhängigkeit sollte keinesfalls dazu führen, Beratungsaufträge, die an die Interne Revision herangetragen werden, abzulehnen. Die Interne Revision ist kein Selbstzweck, sondern sie begründet ihr Dasein aus dem gelieferten Mehrwert für die Organisation. Dieser Mehrwert bestimmt sich aber nicht etwa dadurch, was die Interne Revision selbst möglicherweise als erzielten Mehrwert berichtet, sondern durch den von den Auftraggebern und anderen Stakeholdern der Internen Revision wahrgenommenen Nutzen! Die Ergebnisse zahlreicher Studien und Umfragen[2] zeigen deutlich, dass die Interne Revision gerade durch ihre Beratungsaktivitäten als geschätzter Partner der Geschäftsleitung und der operativen Fachbereiche wahrgenommen wird.

1.2 Betriebswirtschaftliche und rechtliche Grundlagen

Da in größeren Organisationen die prozessunabhängige Überwachungsfunktion nicht mehr allein durch die Geschäftsleitung dargestellt werden kann, wird eine Interne Revision mit diesen Aufgaben betraut.

Im Falle der Integration von Überwachungsaktivitäten in die Organisationsprozesse spricht man von Kontrollen. Kontrollen sind nicht Aufgabe der Internen Revision. In Abgrenzung zu den prozessintegrierten Kontrollen spricht man bei den prozessunabhängigen Aktivitäten der Internen Revision von Prüfungen (vgl. Abbildung 2).[3]

---

2 Vgl. z.B. PwC (2017), S.14.

3 Nach IDW (2019), Prüfungsstandard 261: Feststellung und Beurteilung von Fehlerrisiken und Reaktionen des Abschlussprüfers auf die beurteilten Funktionen, Tz.20.

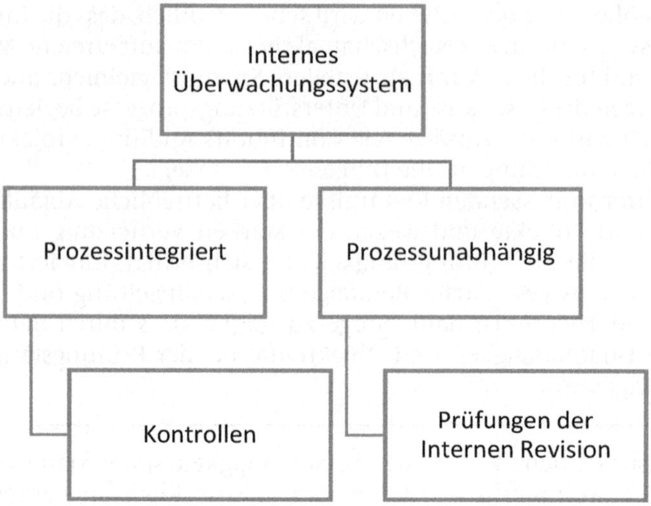

Abbildung 2: Das interne Überwachungssystem

Die Wirkung der Prüfungen der Internen Revision kann detektiv, korrigierend oder präventiv sein, genauso wie die Wirkung prozessintegrierter Kontrollen. Das Ergebnis von Prüfungen kann sich auf die Sicherheit, die Qualität oder die Wirtschaftlichkeit von Leistungen, Produkten oder innerbetrieblichen Vorgängen beziehen.

Mit Ausnahme der Unternehmen der Finanzdienstleistungsbranche und einiger Einrichtungen der öffentlichen Verwaltung des Bundes und einiger Bundesländer gibt es zum Zeitpunkt der Erstellung dieses Buches in Deutschland keine direkte gesetzliche Anforderung, eine Interne Revision in der Organisation einzurichten. Gleichwohl gibt es zahlreiche Regelungen, die zumindest das Vorhandensein einer solchen Funktion bzw. eines Internen Revisionssystems, wenn auch nicht die Institutionalisierung einer eigenständigen Organisationseinheit Interne Revision, nahelegen. Regelungen des Aktiengesetzes, des Deutschen Corporate Governance Kodexes, des Haushaltsgrundsätzegesetzes und zahlreiche andere Vorgaben nehmen entweder direkt auf die Interne Revision Bezug oder setzen ihr Vorhandensein quasi voraus. Dies führt dazu, dass Geschäftsleiter und Aufsichtsräte in größeren Organisationen ein Haftungsrisiko eingehen, wenn sie keine wirksame Interne Revision einrichten. De facto kann man daher von einer rechtlichen Notwendigkeit sprechen, in jeder Organisation eine Interne Revision zu schaffen, sofern die Pflicht zur Überwachung nicht durch die Geschäftsleitung selbst ausgeübt werden kann.[4] Da also klare rechtliche Vorgaben weitgehend nicht vorhanden sind, wird der Rückgriff auf die betriebswirtschaftlichen Standards umso wichtiger.

4 Vgl. zur rechtlichen Einordnung der Notwendigkeit einer Internen Revision insb. Hucke und Münzenberg (2015), Kapitel 2, S. 15–24.

1.3 Internationale Grundlagen für die berufliche Praxis der Internen Revision (IPPF)

1.3.1 Elemente der Internationalen Grundlagen

Die Interne Revision ist in der glücklichen und vielleicht global einmaligen Lage, sich weltweit auf einheitliche Standards als Grundlage für die professionelle Berufsausübung stützen zu können. Die Internationalen Grundlagen für die berufliche Praxis der Internen Revision (International Professional Practices Framework, IPPF) werden vom Institute of Internal Auditors (IIA) herausgegeben und durch alle Mitgliedsinstitute weltweit übernommen. Im Jahr 2024 erfolgte eine tiefgreifende Neuordnung der Berufsgrundlagen mit der Veröffentlichung der Global Internal Audit Standards durch das IIA.[5] Die deutsche Übersetzung des Regelwerks wurde vom DIIR – Deutsches Institut für Interne Revision e. V. erstellt und herausgegeben.

Das DIIR ist der nationale Berufsverband der Internen Revision. In ihm sind die in Deutschland tätigen Internen Revisorinnen und Revisoren als persönliche Mitglieder und ihre Unternehmen oder Organisationen als Firmenmitglieder zusammengeschlossen. Das DIIR gibt die Zeitschrift Interne Revision (ZIR) heraus und unterstützt den Berufsstand durch Seminare, Fachtagungen, Kongresse und die Veröffentlichung von Leitfäden, Positionspapieren und Fachbeiträgen.

Als globaler Standardsetzer fungiert aber das IIA. Das IIA ist der globale Berufsverband der Internen Revision, in dem die nationalen Revisionsinstitute der Welt zusammenarbeiten. Das IIA ist über die IIA Foundation auch maßgeblich an Forschung und Weiterentwicklung der Internen Revision beteiligt. Das Internal Auditor Magazine wird vom IIA herausgegeben und wegen seiner maßgeblichen Artikel zu aktuellen Fragestellungen und Herausforderungen der Internen Revision weltweit von den Revisorinnen und Revisoren geschätzt. Das einzige global anerkannte Berufsexamen für die Interne Revision – die Zertifizierung zum Certified Internal Auditor (CIA®) – wird ebenfalls vom IIA angeboten.

Das IPPF besteht seit 2024 aus

- den Global Internal Audit Standards, welche sogenannten Domains und innerhalb der Domains 15 Prinzipien zugeordnet sind,
- den Topical Requirements und
- einer als Global Guidance bezeichneten Kategorie von Leitlinien.

5 Vgl. IIA/DIIR (2024).

Die Standards sind in fünf Domains unterteilt:

- Domain I: Zielsetzung der Internen Revision.
- Domain II: Ethik und Professionalität.
- Domain III: Governance der Internen Revision.
- Domain IV: Leitung der Internen Revision.
- Domain V: Erbringung von Revisionsleistungen.

Die Prinzipien, denen die Standards jeweils zugeordnet sind, haben folgende Überschriften:

1. Zeige Integrität.
2. Wahre Objektivität.
3. Zeige Kompetenz.
4. Wende berufsübliche Sorgfalt an.
5. Wahre Vertraulichkeit.
6. Autorisierung durch das Leitungs- und Überwachungsorgan.
7. Unabhängigkeit.
8. Aufsicht durch das Leitungs- und Überwachungsorgan.
9. Plane strategisch.
10. Manage Ressourcen.
11. Kommuniziere wirksam.
12. Verbessere die Qualität.
13. Plane Aufträge wirksam.
14. Führe die Auftragsarbeiten aus.
15. Kommuniziere Auftragsergebnisse und überwache Maßnahmenpläne.

Quelle: IIA/DIIR, Global Internal Audit Standards

Die Global Internal Audit Standards stellen ein Rahmenwerk für die Interne Revision dar. Die in den Standards aufgeführten Anforderungen sind als global anerkannte betriebswirtschaftliche Norm für jede Interne Revision verbindlich, gleich welcher Branche oder Größe und gleich in welchem Land der Welt, auch wenn Gesetze nicht direkt auf die Standards Bezug nehmen. Interne Revisorinnen und Revisoren müssen sie einhalten, um ihrer Verantwortung und den Erwartungen gerecht zu werden. Die Standards schaffen auch eine Basis für die Beurteilung der Leistung und der Wirksamkeit der Internen Revision.

Es gibt insgesamt 52 Standards, die zwar für jede Interne Revision gelten, aber gleichzeitig so viel Raum für individuelle Ausgestaltung lassen, dass sie für eine Revisionsfunktion jeder Größe, in jeder Branche und in jedem Land anwendbar sind.

Die als Überlegungen zur Umsetzung in den Standards enthaltenen Passagen sind Empfehlungen für die Umsetzung der Standards und orientieren sich an guter betrieblicher Praxis. Es handelt sich aber nicht um beliebige Empfehlungen, sondern vielmehr um Regeln einer guten Revisionsorganisation und guter Revisionsprozesse. Von diesen sollten Revisorinnen und Revisoren nicht ohne gute Gründe abweichen. Eine alternative Lösung sollte zumindest der empfohlenen Leitlinie gleichwertig sein, das heißt den verpflichtenden Elementen der Standards dem Sinne nach gerecht werden.

In den Topical Requirements wird das IIA verbindliche Vorgaben für die Durchführung von Revisionsaufträgen zu bestimmten Themen machen, die zu beachten sind, sofern eine Interne Revision diese Themen im Revisionsplan aufführt. Unter Global Guidance findet man hilfreiche Empfehlungen zum Management der Internen Revision und zur Durchführung von Prüfungen zu bestimmten Themen sowie spezielle Empfehlungen für den Finanzsektor und öffentliche Institutionen (vgl. Abbildung 3).

In den folgenden Ausführungen dieses Buches sind alle Standards – jeweils in den passenden Kapiteln und Unterabschnitten – aufgeführt und gesondert gekennzeichnet. Hierdurch wird deutlich, dass die Interne Revision bei Umsetzung der beschriebenen und praxiserprobten einzelnen Schritte des Revisionsprozesses sicher sein kann, die Standards vollständig berücksichtigt zu haben. Selbstverständlich ist die Ausgestaltung der Revisionsprozesse im Detail auch von vielen anderen Rahmenbedingungen (z.B. regulatorische Vorgaben, Komplexität der Organisation und der Geschäftsprozesse, rechtliches Umfeld, Erwartungen der Auftraggeber) abhängig. Diese müssen neben den Standards berücksichtigt werden.

Obwohl die Einhaltung der Standards verbindlich ist und erwartet wird, kann es vorkommen, dass eine Interne Revision nicht in der Lage ist, eine Anforderung zu erfüllen. Dies hängt häufig mit Ressourcenbeschränkungen oder spezifischen Aspekten einer Branche oder des rechtlichen Umfelds zusammen. In diesen Ausnahmefällen sollen alternative Maßnahmen implementiert werden, um den Zweck des jeweiligen Standards zu erfüllen. Zwei Bereiche, die hinsichtlich der Erfüllung von Standards immer wieder diskutiert werden, sind sehr kleine Interne Revisionen und öffentliche Institutionen:

- Es gibt keinen „Rabatt" für kleine Interne Revisionen. Sämtliche Standards können schlank und ohne zu große Anforderungen an formelle Dokumentation auch in kleinen Internen Revisionen umgesetzt werden. Die erforderliche Qualitätssicherung der Tätigkeit der Internen Revision kann, wenn die Interne Revision nur aus einer Person besteht, aber nur mit Unterstützung von außerhalb der Internen Revision erfolgen.

- Die Standards gelten auch für öffentliche Institutionen. Aber das politische Umfeld und besondere Governance-, Organisations- und Finanzierungsstrukturen können sich darauf auswirken, wie die Interne Revision im öffentlichen Sektor die Standards anwendet. Wenn die Einhaltung bestimmter Standards nicht möglich ist, muss die Revisionsleitung den Grund dokumentieren und geeignete Offenlegungen vornehmen. Die Einzelheiten dazu gehen über den Umfang dieses Buches hinaus, Interessierte finden aber im Anhang der Global Internal Audit Standards eine detaillierte Beschreibung möglicher Abweichungen.[6]

Abbildung 3: Elemente der Internationalen Grundlagen für die berufliche Praxis

6 Vgl. IIA/DIIR (2024), S. 128–131.

1.3.2 Die Zielsetzung der Internen Revision

In den Global Internal Audit Standards behandelt Domain I die Zielsetzung der Internen Revision. Diese Formulierung soll dabei unterstützen, den Wert der Internen Revision zu verstehen.

> **Domain I: Zielsetzung der Internen Revision**
>
> Die Interne Revision stärkt die Fähigkeit der Organisation, Werte zu schaffen, zu schützen und zu erhalten, indem sie dem Leitungs- und Überwachungsorgan und dem Management unabhängige, risikobasierte und objektive Prüfungssicherheit, Beratung, Erkenntnisse und Voraussicht liefert.
>
> Die Interne Revision verbessert die Organisation in:
>
> - Der erfolgreichen Realisierung ihrer Ziele.
> - Den Governance-, Risikomanagement- und Kontrollprozessen.
> - Der Entscheidungsfindung und Aufsicht.
> - Der Reputation und Glaubwürdigkeit bei ihren Stakeholdern.
> - Der Fähigkeit, dem öffentlichen Interesse zu dienen.
>
> Die Interne Revision ist am wirksamsten, wenn:
>
> - Sie von kompetenten Internen Revisorinnen und Revisoren unter Einhaltung der im öffentlichen Interesse festgelegten Global Internal Audit Standards durchgeführt wird.
> - Sie unabhängig positioniert und dem Leitungs- und Überwachungsorgan direkt unterstellt ist.
> - Interne Revisorinnen und Revisoren frei von unangemessener Einflussnahme sind und sich zu objektiver Beurteilung verpflichtet haben.
>
> Quelle: IIA/DIIR, Global Internal Audit Standards

Damit sind schon die wesentlichen Aspekte genannt: Es geht um Werte, Risikoorientierung und Objektivität. Es geht nicht nur um Prüfung, sondern auch um Beratung, und es geht auch um Kompetenz und Unabhängigkeit.

Die Zielsetzung umfasst außerdem, dass die Interne Revision die Fähigkeit der Organisation stärkt, dem öffentlichen Interesse zu dienen. Das öffentliche Interesse umfasst die sozialen und wirtschaftlichen Interessen und das Gemeinwohl einer Gesellschaft und der in ihr tätigen Organisationen (wie Arbeitgeber, Arbeitnehmer, Investoren, das Finanzsystem, Kunden und Behörden). Im öffentlichen Interesse sollen Fragen, die sich auf Ethik, Fairness, kulturelle Normen und Werte sowie die Auswirkungen des Handelns auf Personen und Teile der Gesellschaft beziehen, abgewogen werden. Die Interne Revision spielt eine wichtige Rolle bei der Fähigkeit einer Organisation, dem öffentlichen Interesse zu dienen, denn die Auswirkungen ihrer Tätigkeit gehen über die eigene Organisation hinaus. Die Interne Revision trägt zur allgemeinen Stabilität und Nachhaltigkeit einer Organisation bei, indem sie Prüfungssicherheit über deren Effizienz, Zuverlässigkeit der Berichterstattung, Einhaltung von Vorschriften, Schutz von Vermögenswerten und ethische Kultur liefert. Dies stärkt das Vertrauen der Öffentlichkeit in die Organisation.

1.3.3 Die Definition der Internen Revision

Weltweit einheitlich gilt für die Interne Revision die folgende Definition, die den Zweck, die Art und Weise und den Tätigkeitsbereich beschreibt:

Definition der Internen Revision

Die Interne Revision ist eine unabhängige und objektive Prüfungs- und Beratungstätigkeit, welche darauf ausgerichtet ist, Mehrwerte zu schaffen und die Geschäftsprozesse zu verbessern. Sie hilft einer Organisation, ihre Ziele zu erreichen, indem sie einen systematischen und zielgerichteten Ansatz zur Bewertung und Verbesserung der Wirksamkeit der Governance-, Risikomanagement- und Kontrollprozesse anwendet.

Quelle: IIA/DIIR, Global Internal Audit Standards (Glossar)

Diese Definition ist schon deshalb außerordentlich hilfreich, weil sich jede Interne Revision mit Hinweis auf sie darauf berufen kann,

- dass sie organisatorisch unabhängig und persönlich objektiv arbeitet,
- dass sie neben der Prüfungstätigkeit auch Beratungsleistungen anbietet,
- dass sie dem Ziel verpflichtet ist, einen Mehrwert für die Organisation zu erbringen, und
- dass sie sich mit dem Risikomanagement, mit den Kontrollen und den Governanceprozessen quasi als Pflichtteil des Prüfungsprogramms beschäftigt.

Alle Personen können, wenn sie eine Funktionseinheit mit der Bezeichnung Interne Revision in einer Organisation vorfinden, erwarten, dass diese sich genau dieser Definition des IIA verpflichtet fühlt. Ansonsten wäre die Bezeichnung falsch gewählt.

1.4 Grundlagen der Internen Revision in Deutschland

1.4.1 DIIR-Revisionsstandards

Von Zeit zu Zeit gibt auch das DIIR – Deutsches Institut für Interne Revision e.V. unter dem Namen DIIR-Revisionsstandards Veröffentlichungen heraus und stellt sie den Mitgliedern und interessierten Fachkräften zur Unterstützung ihrer beruflichen Tätigkeit zur Verfügung. Die DIIR-Revisionsstandards sind vom Charakter her aber keine Standards, also verbindliche Vorgaben für den Berufsstand, sondern Prüfungsleitfäden zu speziellen Themen. Die DIIR-Revisionsstandards sind für Interne Revisoren in Deutschland zur Anwendung dringend empfohlen und ergänzen das internationale Regelwerk um spezielle Themen, wenn dies auf nationaler Ebene für notwendig gehalten wird.

Der Name „Revisionsstandard" hat eher historische Gründe. Auch in Deutschland gelten als verbindliche Vorgaben nur die Standards des IIA. Zum Zeitpunkt der Drucklegung dieses Buches gab es vier DIIR-Revisionsstandards: [7]

- DIIR Revisionsstandard Nr. 2: Prüfung des Risikomanagementsystems durch die Interne Revision
- DIIR Revisionsstandard Nr. 3: Prüfung von Internen Revisionssystemen (Quality Assessments)
- DIIR Revisionsstandard Nr. 4: Prüfung von Projekten durch die Interne Revision
- DIIR Revisionsstandard Nr. 5: Prüfung des Anti-Fraud-Management-Systems durch die Interne Revision

1.4.2 Mindestanforderungen an das Risikomanagement (MaRisk)

Die Unternehmensüberwachung als Teil der Corporate Governance basiert in Deutschland auf einem Zusammenspiel zwischen interner und externer Überwachung. Das interne Überwachungssystem unterstützt den Vorstand dabei, seine allgemeine Leitungsaufgabe und die damit verbundenen Sorgfaltspflichten zu erfüllen und insbesondere geeignete Maßnahmen zur Identifikation von bzw. zum Umgang mit Risiken im Unternehmen zu treffen. Ein wesentliches Element des internen Überwachungssystems ist die Interne Revision.[8]

Aufgrund der regulatorischen Besonderheiten muss das Verständnis des Begriffs der Internen Revision in der Finanzdienstleistungsbranche punktuell vom Verständnis in anderen Branchen unterschieden werden. Der Grund dafür ist, dass die Finanzaufsicht die Interne Revision auch als verlängerten Arm der Aufsicht begreift. Sie muss ihre Tätigkeit also insbesondere auch

7 Vgl. DIIR-Revisionsstandards.

8 Vgl. Gossens und Wendt (2018), S. 7.

unter Erfüllung der aufsichtlichen Anforderungen im öffentlichen Interesse erbringen, die in Teilen weit über die Global Internal Standards hinausgehen.

Die Pflicht zur Einrichtung einer Internen Revision in Unternehmen der Finanzdienstleistungsbranche ergibt sich aus § 25a Kreditwesengesetz (KWG). Bereits in den im Jahr 2000 veröffentlichten Mindestanforderungen an die Ausgestaltung der Internen Revision (MaIR) wurde dem Postulat der Unabhängigkeit der Internen Revision ein besonderer Stellenwert eingeräumt. In den MaIR wurde systematisch zwischen den prozessabhängigen und -unabhängigen Überwachungsmechanismen unterschieden. Diese Begriffssystematik liegt auch den Mindestanforderungen an das Risikomanagement (MaRisk) zugrunde, in die die MaIR im Jahr 2005 integriert wurden. In den MaRisk hat die Bundesanstalt für Finanzdienstleistungsaufsicht (BaFin) per Rundschreiben für die Kredit- und Finanzdienstleistungsinstitute Vorgaben an die Ausgestaltung der Internen Revision gemacht.[9] Bei den MaRisk handelt es sich um eine norminterpretierende Verwaltungsvorschrift. Sie legen unbestimmte Rechtsbegriffe der §§ 25a und 25b KWG aus.

Die MaRisk sind modular strukturiert. Während der allgemeine Teil grundlegende Anforderungen enthält, regelt der besondere Teil Anforderungen an die Ausgestaltung des Internen Kontrollsystems, die Ausgestaltung der Internen Revision und die Risikoberichterstattung. Als Bestandteil der prozessunabhängigen Überwachungsmechanismen prüft die Interne Revision gemäß dem Verständnis der MaRisk grundsätzlich alle Aktivitäten und Prozesse auf ihre Ordnungsmäßigkeit.[10]

Auch wenn die Vorgaben der Finanzwirtschaft für Organisationen anderer Branchen nicht unmittelbar gelten, so haben sie doch in den vergangenen Jahren einen gewissen Vorbildcharakter entwickelt und gelten in weiten Teilen als Best Practice. Ein Blick in das MaRisk-Rundschreiben hilft daher auch Revisorinnen und Revisoren anderer Branchen, Zweifelsfragen bei der Ausgestaltung der Internen Revision zu klären und liefert ihnen vielfach gute Argumente.

Die Anforderungen an die Interne Revision werden in den MaRisk im Wesentlichen im allgemeinen Teil unter AT 4.4.3 Interne Revision und im besonderen Teil unter BT 2 Besondere Anforderungen an die Ausgestaltung der Internen Revision festgelegt. Während im allgemeinen Teil grundsätzliche Anforderungen wie das Erfordernis der Internen Revision (Tz. 1), das Verhältnis zur Geschäftsleitung und zum Aufsichtsorgan (Tz. 2), die Zuständigkeit der Internen Revision (Tz. 3), das vollständige und uneingeschränkte Informationsrecht (Tz. 4) und die Informationspflicht gegenüber der Internen Revision (Tz. 5) sowie der Wechsel der Leitung der Internen Revision (Tz. 6) geregelt werden, erfolgt die Präzisierung der Anforderungen an die Interne Revision im besonderen Teil. Hierbei gehen die MaRisk auf die Aufgaben der Internen Revision (BT 2.1), die Grundsätze für die Interne Revision (BT 2.2),

9 Vgl. BaFin (2024).

10 Vgl. Hannemann et al. (2022), S. 81.

die Prüfungsplanung und -durchführung (BT 2.3), die Berichtspflicht (BT 2.4) und die Reaktion auf festgestellte Mängel ein (BT 2.5).

Die Regelungen der MaRisk werden hier nicht im Detail behandelt, zumal die MaRisk nicht in Widerspruch zu den Global Internal Audit Standards stehen. An manchen Stellen werden sie aber konkreter. Beispiele für solche detaillierten Regelungen der MaRisk für den Bereich der Kreditwirtschaft sind:

- Der Vorsitzende des Aufsichtsorgans kann unter Einbeziehung der Geschäftsleitung direkt bei dem Leiter der Internen Revision Auskünfte einholen.
- Die Interne Revision prüft die Ordnungsmäßigkeit grundsätzlich aller Aktivitäten und Prozesse. Diese sind in angemessenen Abständen, grundsätzlich innerhalb von drei Jahren, zu prüfen.
- Die Interne Revision ist in den Neuprodukt-Prozess einzubinden und bei der Änderung von betrieblichen Prozessen oder Strukturen zu beteiligen.
- Die Interne Revision hat bei wesentlichen Projekten begleitend tätig zu sein.
- Die in der Internen Revision beschäftigten Mitarbeiterinnen und Mitarbeiter dürfen grundsätzlich nicht mit revisionsfremden Aufgaben betraut werden.
- Die Interne Revision hat zeitnah einen Quartalsbericht zu verfassen und der Geschäftsleitung und dem Aufsichtsorgan vorzulegen.
- Die Interne Revision muss schwerwiegende Mängel in einem Jahresbericht an Geschäftsleitung und Aufsichtsorgan berichten.
- Über besonders schwerwiegende Mängel hat die Interne Revision unverzüglich zu berichten.
- Revisionsberichte und Arbeitsunterlagen sind sechs Jahre aufzubewahren.

Der DIIR-Arbeitskreis MaRisk hat ein Online-Revisionshandbuch für die Interne Revision in Kreditinstituten erstellt. Grundlage für die im Arbeitskreis verabschiedeten Dokumente sind Regelungen in den Instituten der Mitglieder. Diese wurden mit dem Ziel verglichen und bearbeitet, alle Themen der Revisionsorganisation in möglichst breit anwendbarer Form darzustellen. Das Handbuch soll dabei auch Anregungen für die Neufassung oder Weiterentwicklung der in Kreditinstituten vorhandenen Revisionshandbücher geben. Es steht frei zum Download auf den Seiten des DIIR zur Verfügung.[11]

11 Vgl. DIIR-Arbeitskreis MaRisk.

> Die Regelungen der MaRisk zur Ausgestaltung der Internen Revision werden häufig auch von nicht durch die BaFin regulierten Organisationen in die Geschäftsordnung der Internen Revision übernommen, wenn sie der Internen Revision eine besonders starke Stellung verleihen wollen.

2 Ethische Standards der Internen Revision

Die Prinzipien und Standards der Domain II Ethik und Professionalität in den Global Internal Audit Standards ersetzen den früheren Ethikkodex des IIA. Sie beschreiben die Erwartungen an das Verhalten professioneller Interner Revisorinnen und Revisoren. Die Einhaltung dieser Prinzipien und Standards schafft Vertrauen in den Berufsstand und in die Arbeit und das Urteil der Revisorinnen und Revisoren sowie eine ethische Kultur innerhalb der Internen Revision. Von der Revisionsleitung wird erwartet, dass sie die Einhaltung der Prinzipien und Standards im Bereich Ethik unterstützt und fördert.

Der Schlüssel in jedem Beruf ist das Vertrauen, das einem vom Kunden entgegengebracht wird. Der Revisionskunde muss Vertrauen in das ethische Verhalten der Revisorin oder des Revisors haben. Das Vertrauen wird gestärkt, wenn von der Revisorin oder vom Revisor verlangt wird, sich zu den ethischen Standards zu bekennen, ehrlich und sorgfältig zu arbeiten und sich durch strenge Regeln ethischen Verhaltens leiten zu lassen. Das Management muss das sichere Gefühl haben, dass das, was Interne Revisorinnen und Revisoren berichten, wahr, valide und objektiv ist.

Der Anspruch an das ethische Verhalten von Revisorinnen und Revisoren ist hoch! Richard Chambers hat sieben Eigenschaften identifiziert, die seiner Meinung nach von den Revisorinnen und Revisoren vorgelebt werden sollten, um den Maßstab für ethisches Verhalten zu setzen:[12] Ehrlichkeit, Mut, Verantwortung, Empathie, Vertrauenswürdigkeit, Respekt und Proaktivität (vgl. Abbildung 4).

Objektivität ist sowohl eine Verpflichtung als auch ein Versprechen der Internen Revision. Wenn Revisorinnen und Revisoren ehrlich, mutig und vertrauenswürdig handeln, leisten sie einen wesentlichen Beitrag zur Objektivität der Internen Revision:

- Ehrlichkeit ist die Basis für ethisches Verhalten. Alle anderen Eigenschaften leiten sich davon ab. Man kann nicht als ethisch gelten, wenn man nicht bereit ist, Wahrheiten zu akzeptieren und zu vertreten.
- Courage ist notwendig, weil ehrlich zu sein nicht immer einfach ist. Es kann Situationen geben, die mit persönlichen und beruflichen Beeinträchtigungen verbunden sind, und in denen es deutlich einfacher wäre, eine Wahrheit nicht zu benennen und zu vertreten.
- Vertrauenswürdig müssen Revisorinnen und Revisoren sein, weil Ehrlichkeit und Courage nutzlos sind, wenn wir auf taube Ohren stoßen. Vertrauen kann man aber nicht anweisen. Es dauert oft eine lange Zeit, Vertrauen aufzubauen, aber es kann gegebenenfalls in Sekunden zerstört werden. Ethisches Verhalten ist die Basis für Vertrauen.

---

12 Vgl. Chambers (2019), S. 204 f.; Chambers (2013).

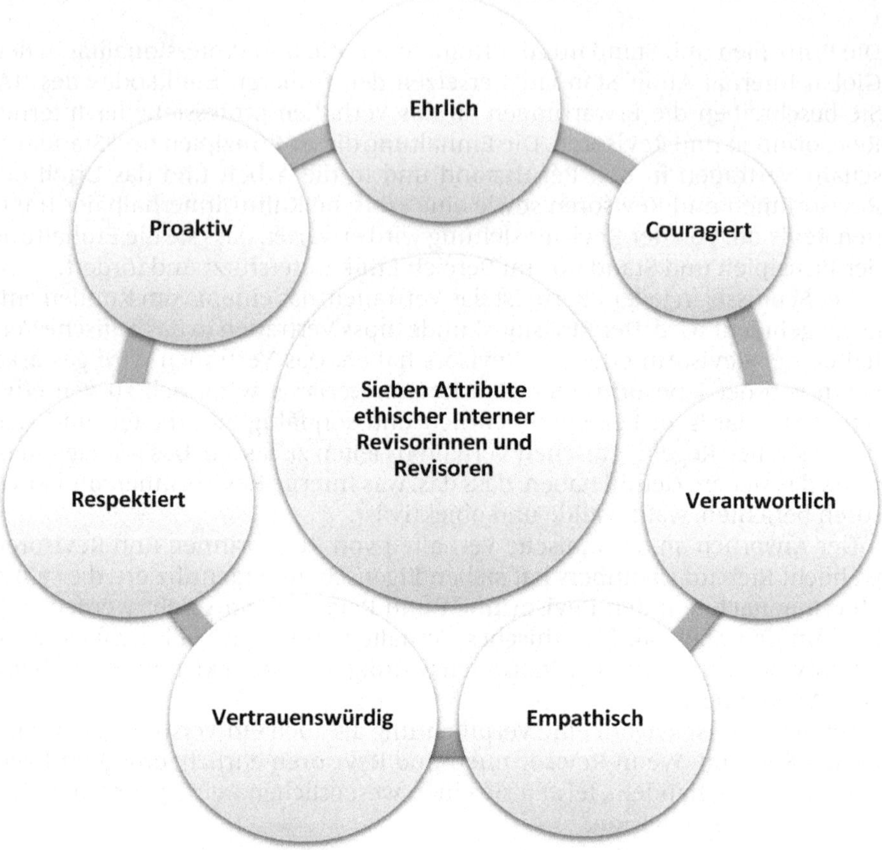

Abbildung 4: Sieben Attribute ethischer Interner Revisorinnen und Revisoren

Das Ignorieren von Interessenkonflikten, die Missachtung der ethischen Standards sowie fehlende Courage und mangelnde Integrität sind Ursachen dafür, warum Revisorinnen und Revisoren sich in beruflichen Situationen eventuell nicht ethisch korrekt verhalten und die Objektivität gefährden. Die Gründe können bewusst oder unbewusst zu ethischem Fehlverhalten führen.

Die fünf Prinzipien in der Domain II behandeln die Themen Integrität, Objektivität, Kompetenz, berufliche Sorgfalt und Vertraulichkeit (vgl. Abbildung 5).

Abbildung 5: Standards zur Ethik und Professionalität in Domain II

Ein Bekenntnis zu ethischem Verhalten bedeutet:[13]

- Dafür bekannt sein, hohe moralische Prinzipien strikt einzuhalten.
- Mutig genug sein, auch in einer Situation beruflicher oder persönlicher Gefahr das Richtige zu tun.
- Standhaftes Engagement für die Wahrheit zeigen.
- Für das Handeln und die daraus gewonnenen Erkenntnisse Verantwortung übernehmen.
- Eine Historie von ethischem Verhalten aufbauen, die die Basis für Vertrauen schafft.

Das gesamte Wie und Warum des ethischen Verhaltens scheint offensichtlich zu sein. Im Allgemeinen gibt es ein akzeptiertes, diffuses Verständnis von ethischem Verhalten. Der Wunsch nach integrem Verhalten ist vielleicht Teil

13 Vgl. Chambers (2017), S. 17.

unserer Natur. Aber dies gilt nicht immer! Es gibt eine Vielzahl von Beispielen für Situationen, in denen Menschen im Berufsleben unethisch handeln:

- Geteilte Loyalitäten durch mehrfache Berichtslinien.
- Fehlverhalten aus der Überzeugung heraus, im Sinne der Organisation zu handeln.
- Angst vor dem Verpassen von Karrierechancen.
- Persönliche Interessenkonflikte.
- Feigheit.
- Blind Spots (Einschränkung der Objektivität durch unbewusste Voreingenommenheit).

Integrität kann von jeder Person erwartet werden, egal in welcher Rolle oder mit welchem Titel. Aber es gibt Berufe, die mit höherer Wahrscheinlichkeit als andere ethisch schwierige Entscheidungen treffen müssen. Die Interne Revision gehört dazu.[14] Wie wichtig aus Sicht des Berufsstands die ethischen Regeln sind, zeigt sich auch daran, dass sich in den Global Internal Audit Standards ein Fünftel des Textumfangs damit beschäftigt.

Verhalten ist (zumindest) mitentscheidend für den Erfolg. Interne Revisorinnen und Revisoren können ihre Mission nicht erfüllen, ohne ein gewissenhaftes und dauerhaftes Bekenntnis zu ethischem Verhalten. Und sie zeigen ethisches Verhalten in all ihren Aktivitäten, auch wenn die ethisch richtige Position gerade nicht politisch angesagt ist. Dies ist die Basis für die Glaubwürdigkeit der Internen Revision. Eine Ethik-Schulung für alle Revisorinnen und Revisoren hilft. Aber die wirksamsten Maßnahmen sind subtiler. Dazu gehört die offene Diskussion von ethischen Graubereichen, die Anerkennung, dass es komplexe Situationen im Berufsleben gibt, die nicht einfach zu lösen sind, und die Kommunikation über Beispiele ethisch vorbildlichen Verhaltens.

2.1 Integrität

Prinzip 1 Zeige Integrität

Interne Revisorinnen und Revisoren zeigen Integrität in ihrer Arbeit und ihrem Verhalten.

Quelle: IIA/DIIR, Global Internal Audit Standards

14 Vgl. Chambers (2017), S. 20.

Integrität ist durch die Einhaltung moralischer und ethischer Prinzipien gekennzeichnet. Dazu gehören Aufrichtigkeit und die Courage, auf Basis relevanter Tatsachen zu handeln. Und dies selbst unter Druck oder wenn dies möglicherweise nachteilige Konsequenzen haben könnte. Von Internen Revisorinnen und Revisoren wird erwartet, dass sie die Wahrheit sagen und das Richtige tun, auch wenn es unbequem oder schwierig ist. Integrität ist unentbehrlich beim Aufbau von Vertrauen und Respekt.

Standard 1.1 Aufrichtigkeit und berufliche Courage

Interne Revisorinnen und Revisoren müssen ihre Arbeit mit Aufrichtigkeit und beruflicher Courage ausführen. Sie müssen in allen beruflichen Beziehungen und in ihrer Kommunikation wahrheitsgemäß, genau, klar, offen und respektvoll sein, auch wenn sie Skepsis ausdrücken oder eine gegenteilige Ansicht vertreten. Sie dürfen keine falschen, irreführenden oder täuschenden Aussagen machen und dürfen Feststellungen oder andere relevante Informationen in ihrer Kommunikation nicht verbergen oder auslassen. Sie müssen alle ihnen bekannten wesentlichen Tatsachen offenlegen, deren Nichtoffenlegung die Fähigkeit der Organisation beeinträchtigen könnte, fundierte Entscheidungen zu treffen.

Interne Revisorinnen und Revisoren müssen berufliche Courage zeigen, indem sie wahrheitsgemäß kommunizieren und angemessene Maßnahmen ergreifen, selbst wenn sie mit Dilemmas und schwierigen Situationen konfrontiert werden.

Die Revisionsleitung muss für ein Arbeitsumfeld sorgen, in dem sich Interne Revisorinnen und Revisoren unterstützt fühlen, wenn sie legitime, auf Nachweisen basierende Auftragsergebnisse äußern, ob positiv oder negativ.

Quelle: IIA/DIIR, Global Internal Audit Standards

Schulungen können dazu dienen, das Bewusstsein für aufrichtiges und couragiertes Handeln zu stärken. Auch Erfahrung in der Internen Revision und Beaufsichtigung durch Führungskräfte trägt dazu bei, Fähigkeiten wie Fingerspitzengefühl und respektvolle Kommunikation zu erwerben.

Standard 1.2 Ethische Erwartungen der Organisation

Interne Revisorinnen und Revisoren müssen die legitimen und ethischen Erwartungen der Organisation verstehen, respektieren, erfüllen und zu diesen beitragen. Sie müssen in der Lage sein, ein Verhalten zu erkennen, das diesen Erwartungen widerspricht.

Sie müssen eine auf Ethik basierende Kultur in der Organisation unterstützen und fördern. Wenn Interne Revisorinnen und Revisoren ein Verhalten innerhalb der Organisation feststellen, das nicht mit den ethischen Erwartungen der Organisation vereinbar ist, müssen sie die Bedenken gemäß den geltenden Richtlinien und Verfahren berichten.

Quelle: IIA/DIIR, Global Internal Audit Standards

Die ethischen Erwartungen einer Organisation werden normalerweise in einem Verhaltenskodex oder anderen Richtlinien zum professionellen und ethischen Verhalten dokumentiert, was die Grundlage für eine ethische Kultur bildet. Beispielsweise können die Richtlinien den Prozess für den Umgang mit ethikbezogenen Problemen und das Vorgehen für die Eskalation festlegen.

Interne Revisorinnen und Revisoren sollen bei jedem einzelnen Auftrag ethische Risiken und Kontrollen berücksichtigen.

Standard 1.3 Rechtmäßiges und ethisches Verhalten

Interne Revisorinnen und Revisoren dürfen sich nicht auf Aktivitäten einlassen oder an Aktivitäten beteiligt sein, die illegal sind, die Organisation oder den Berufsstand der Internen Revision diskreditieren oder die der Organisation oder ihren Mitarbeiterinnen und Mitarbeitern schaden könnten.

Sie müssen die Gesetze und/oder Vorschriften einschließlich der erforderlichen Offenlegungen verstehen und einhalten, die für die Branche und das rechtliche Umfeld, in denen die Organisation tätig ist, relevant sind.

Wenn sie Verstöße gegen Gesetze oder Vorschriften feststellen, müssen sie solche Vorfälle an Personen oder Stellen melden, die befugt sind, angemessene Maßnahmen gemäß den Festlegungen in Gesetzen, Vorschriften oder anwendbaren Richtlinien und Verfahren zu ergreifen.

Quelle: IIA/DIIR, Global Internal Audit Standards

Die Verfahren der Internen Revision, die in den Global Internal Audit Standards als Methoden bezeichnet werden, sollen sicherstellen, dass Interne Revisorinnen und Revisoren ordnungsgemäß beaufsichtigt werden, die Global Internal Audit Standards einhalten und sich im Einklang mit ethischen und beruflichen Werten verhalten. Die Standards nennen Beispiele für diskreditierendes Verhalten:

- Mobbing.
- Lügen.
- Falsche Darstellung der eigenen Kompetenz.
- Bagatellisierung oder Auslassen von Feststellungen aus Berichten.
- Über illegale Aktivitäten hinwegsehen.
- Anfordern vertraulicher Informationen ohne Genehmigung bzw. revisorischen Bedarf.
- Beeinträchtigungen der Objektivität nicht offenlegen.
- Verantwortung für Fehler nicht übernehmen.

2.2 Objektivität

Prinzip 2 Wahre Objektivität

Interne Revisorinnen und Revisoren pflegen eine unparteiische und unvoreingenommene Haltung, wenn sie Revisionsleistungen erbringen und Entscheidungen treffen.

Quelle: IIA/DIIR, Global Internal Audit Standards

Objektivität ist eine unvoreingenommene Geisteshaltung, die es Revisorinnen und Revisoren ermöglicht, professionelle Urteile zu fällen und die Zielsetzung der Internen Revision ohne Kompromisse zu erreichen. Eine unabhängig positionierte Interne Revision unterstützt die Objektivität der Revisorinnen und Revisoren.

Standard 2.1 Individuelle Objektivität

Interne Revisorinnen und Revisoren müssen bei der Erbringung aller Aspekte von Revisionsleistungen professionelle Objektivität wahren. Professionelle Objektivität erfordert, dass Interne Revisorinnen und Revisoren eine unparteiische und unvoreingenommene Geisteshaltung einnehmen und Urteile auf der Grundlage einer ausgewogenen Beurteilung aller relevanten Umstände fällen.

Interne Revisorinnen und Revisoren müssen sich einer potenziellen Voreingenommenheit bewusst sein und diese managen.

Quelle: IIA/DIIR, Global Internal Audit Standards

Objektivität erfordert eine unparteiische Denkweise, die frei von Voreingenommenheit und unangemessener Beeinflussung ist. Revisorinnen und Revisoren sollen ihr Bewusstsein dafür schärfen, wie Situationen, Tätigkeiten und Beziehungen ihre Fähigkeit, objektiv zu sein, beeinflussen können. Schulungen können dabei helfen, solche Szenarien besser zu verstehen, und vermitteln, wie man ihnen am besten begegnet. Die Interne Revision sollte Weiterbildungsanforderungen zu den Themen Ethik, Skepsis, Voreingenommenheit, Interessenkonflikte oder Objektivität definieren und durch routinemäßige Workshops oder Schulungen umsetzen. Dies sollte dazu führen, dass Revisorinnen und Revisoren ihre persönlichen Erfahrungen darüber mitteilen, wo die Objektivität infrage gestellt war, oder wo sie selbst eine Beziehung oder Erfahrung, die einen Konflikt darstellte, offengelegt haben.

Revisorinnen und Revisoren müssen es unbedingt vermeiden, sich bei der Beurteilung von Sachverhalten von anderen Personen beeinflussen zu lassen. Schon die Möglichkeit eines Interessenkonflikts muss beachtet werden.

Standard 2.2 Wahrung der Objektivität

Interne Revisorinnen und Revisoren müssen tatsächliche, potenzielle und wahrgenommene Beeinträchtigungen der Objektivität erkennen und vermeiden oder mindern.

Sie dürfen keine materiellen oder immateriellen Gegenstände wie Geschenke, Belohnungen oder Gefälligkeiten annehmen, die die Objektivität beeinträchtigen oder den Anschein dessen erwecken.

Sie müssen Interessenkonflikte vermeiden und dürfen sich nicht unangemessen von ihren eigenen Interessen oder den Interessen anderer, einschließlich der Geschäftsleitung oder anderer Autoritätspersonen, des politischen Umfelds oder anderer Aspekte ihres Umfelds, beeinflussen lassen.

Sie müssen davon Abstand nehmen, bestimmte Tätigkeiten zu beurteilen, für die sie zuvor verantwortlich waren. Eine Beeinträchtigung der Objektivität wird vermutet, wenn eine Interne Revisorin oder ein Revisor Prüfungsleistungen für eine Tätigkeit erbringt, für die sie/er in den letzten 12 Monaten verantwortlich war.

Wenn die Interne Revision dort Prüfungsleistungen erbringen soll, wo sie zuvor Beratungsleistungen erbracht hat, muss die Revisionsleitung bestätigen, dass die Beratungsleistung die Objektivität nicht beeinträchtigt und individuell objektive Ressourcen so zuweisen, dass die individuelle Objektivität gewahrt bleibt. Prüfungsaufträge für Funktionen, für die die Revisionsleitung verantwortlich ist, müssen durch eine unabhängige Partei außerhalb der Internen Revision überwacht werden.

> Sollen Interne Revisorinnen und Revisoren Beratungsleistungen im Zusammenhang mit Tätigkeiten erbringen, für die sie bisher zuständig waren, müssen sie vor Annahme des Auftrags mögliche Beeinträchtigungen gegenüber der die Beratung anfragenden Partei offenlegen.
>
> Die Revisionsleitung muss Methoden festlegen, um Beeinträchtigungen der Objektivität zu begegnen. Interne Revisorinnen und Revisoren müssen Beeinträchtigungen besprechen und geeignete Maßnahmen gemäß den relevanten Methoden ergreifen.
>
> Quelle: IIA/DIIR, Global Internal Audit Standards

Die Objektivität ist beeinträchtigt, wenn Situationen die Urteile und Entscheidungen von Revisorinnen und Revisoren so beeinflussen, dass sie die Feststellungen oder Gesamturteile der Internen Revision verändern können. Beeinträchtigungen der Objektivität können tatsächlich oder dem Anschein nach bestehen, auch wenn sie unbeabsichtigt sind.

Interessenkonflikte sind Situationen, in denen Revisorinnen und Revisoren ein konkurrierendes berufliches oder persönliches Interesse haben. Interessenkonflikte können das Vertrauen in die Interne Revisorin untergraben, selbst wenn keine unethischen oder unangemessenen Handlungen daraus resultieren.

Das Revisionshandbuch sollte die Erwartungen an eine unvoreingenommene Denkweise beschreiben. Hier sollten die kritische Bedeutung der Objektivität und typische Situationen, die die Objektivität untergraben können, angesprochen werden (z.B. die Prüfung in einem Bereich oder einer Organisationseinheit, in dem/in der Revisorinnen oder Revisoren zuvor tätig waren, oder die Prüfung eines Familienmitglieds oder engen Freundes). Auch die Maßnahmen, die Revisorinnen oder Revisoren durchführen sollten, wenn sie sich eines tatsächlichen oder potenziellen Objektivitätsproblems bewusstwerden (z.B. die Diskussion mit der Führungskraft), sind im Handbuch zu okumentieren. Außerdem sind Regelungen für formelle Anzeigen zu treffen: Häufig unterzeichnen Revisorinnen und Revisoren jährliche Stellungnahmen und zeigen an, dass keine potenzielle Beeinträchtigung existiert, oder sie zeigen bekannte Beeinträchtigungen an. Die Verfahren der Internen Revision sollten auch die Erwartungen in Bezug auf das Empfangen von Geschenken, Gefälligkeiten und Belohnungen beinhalten. Aufgrund der Bedeutung der Objektivität kann die Geschenke-Richtlinie der Internen Revision restriktiver sein als die der gesamten Organisation.

Revisorinnen und Revisoren sollen sich bewusst sein, dass enge persönliche Beziehungen außerhalb der beruflichen Tätigkeit Interessenkonflikte sein können oder den Anschein dessen erwecken können.

Auch Anreize in der Gestaltung von Leistungsbewertungen und Vergütungen können Beeinträchtigungen der Objektivität generieren. Beispiele für Regelungen, die die Objektivität beeinträchtigen können, sind eine Vergütung primär auf der Basis von Feedback der Revisionspartner oder das Messen der Leistung anhand der Anzahl der identifizierten Feststellungen.

Die Revisionsleitung sollte potenzielle Beeinträchtigungen der Objektivität berücksichtigen, wenn Interne Revisorinnen oder Revisoren einer Prüfung zugeordnet werden. Es sollte sichergestellt werden, dass die einem Auftrag zugewiesenen Revisorinnen und Revisoren nicht kürzlich für irgendeinen Aspekt des Untersuchungsgegenstands verantwortlich waren. Wenn z.B. Interne Revisorinnen oder Revisoren aus anderen Organisationseinheiten in die Interne Revision gewechselt sind, müssen sie für mindestens ein Jahr nach Verlassen des Bereichs von der Beurteilung von Geschäftsprozessen absehen, für die sie zuvor verantwortlich waren. Zusätzlich sollte die Leitung der Internen Revision mit potenziellen Teammitgliedern den Prüfungsauftrag besprechen und sondieren, ob ein Interessenkonflikt vorliegen könnte. Interne Revisoren sollten ermutigt werden, jegliche Bedenken mitzuteilen.

Standard 2.3 Offenlegung von Beeinträchtigungen der Objektivität

Wenn die Objektivität tatsächlich oder dem Anschein nach beeinträchtigt ist, müssen die Einzelheiten der Beeinträchtigung unverzüglich den zuständigen Parteien offengelegt werden.

Wenn Interne Revisorinnen und Revisoren eine Beeinträchtigung bemerken, die ihre Objektivität beeinflussen könnte, müssen sie diese der Revisionsleitung oder der verantwortlichen Führungskraft offenlegen. Wenn die Revisionsleitung feststellt, dass die Fähigkeit einer Internen Revisorin oder eines Internen Revisors zur objektiven Erfüllung der Revisionsaufgaben beeinträchtigt ist, muss sie die Beeinträchtigung mit dem Management des Untersuchungsgegenstands, der Geschäftsleitung und/oder dem Überwachungsorgan erörtern und geeignete Maßnahmen festlegen, um die Situation zu lösen.

Wenn nach Abschluss eines Auftrags eine Beeinträchtigung entdeckt wird, die die Zuverlässigkeit oder wahrgenommene Zuverlässigkeit von Feststellungen, Empfehlungen und/oder Gesamturteil des Auftrags beeinträchtigt, muss die Revisionsleitung die Bedenken mit dem Management des Untersuchungsgegenstands, der Geschäftsleitung, dem Überwachungsorgan und/oder anderen betroffenen Stakeholdern besprechen und geeignete Maßnahmen zur Lösung der Situation festlegen.

Wenn die Objektivität der Revisionsleitung tatsächlich oder dem Anschein nach beeinträchtigt ist, muss die Revisionsleitung die Beeinträchtigung dem Leitungs- und Überwachungsorgan offenlegen.

Quelle: IIA/DIIR, Global Internal Audit Standards

Die Maßnahmen, die zu ergreifen sind, um mit Beeinträchtigungen der Objektivität umzugehen, sind in der Regel in der Methodik der Internen Revision definiert. Wenn eine Beeinträchtigung der Objektivität bei einem Revisionsauftrag vorliegt, gibt es Optionen zum Management der Beeinträchtigung:

- Neuzuweisung von Revisorinnen und Revisoren.
- Neuterminierung, um sicherzustellen, dass der Auftrag geeignet besetzt wird.
- Anpassen des Umfangs.
- Outsourcing der Durchführung oder Überwachung des Auftrags.

Objektivität ist ein zentrales Prinzip und Konzept der Revisionsarbeit. Es ist ein Versprechen an die Auftraggeber und die Revisionspartner. Für die Erfüllung des Revisionsauftrags ist die Objektivität der Revisorinnen und Revisoren von großer Bedeutung. „Wenn die Interne Revision über den Zustand oder die Schwäche einer Kontrolle oder eines Prozesses berichtet, ist ihre Objektivität das Herzstück ihrer Vertrauenswürdigkeit."[15]

Viele Revisionseinheiten haben seit Jahren ein Vertrauen in ihre Objektivität bei ihren Partnern aufgebaut, das ihnen eine professionelle und wirksame Tätigkeit ermöglicht. Dennoch ist Objektivität nicht einfach zu erreichen, sondern sie bedarf eines tiefen Verständnisses und vieler organisatorischer Maßnahmen.

Objektivität erfordert eine kontinuierliche Anstrengung. Die Rahmenbedingungen und Beeinträchtigungen können durchaus unübersichtlich und undurchsichtig sein. Für die Wirksamkeit der Internen Revision ist es aber wichtig, mögliche Bedrohungen der Objektivität zu erkennen, um angemessen darauf reagieren zu können. Dabei geht es insbesondere auch darum, Beeinträchtigungen im Blick zu behalten, die unbewusst bei den Prüfenden vorhanden sind. Diese sogenannten Blind Spots werden weiter unten in diesem Abschnitt behandelt.

Wichtige Einflussfaktoren für die Objektivität in der Internen Revision sind die Unabhängigkeit der Revisionsfunktion sowie die vollständige Einhaltung der ethischen Standards (vgl. Abbildung 6).[16] Daneben spielen aber auch die Organisationskultur und die Arbeitsumgebung eine wichtige Rolle. Objektivität ist immer organisations- und situationsabhängig. Eine vollständige Objektivität wird vermutlich nicht erreichbar sein, wohl aber ein angemessener Grad an Objektivität auf Basis der jeweiligen Anforderungen der Auftraggeber.

15 Vgl. Chambers (2021), S. 89.

16 Vgl. Bünis und Gossens (2023a), S. 6.

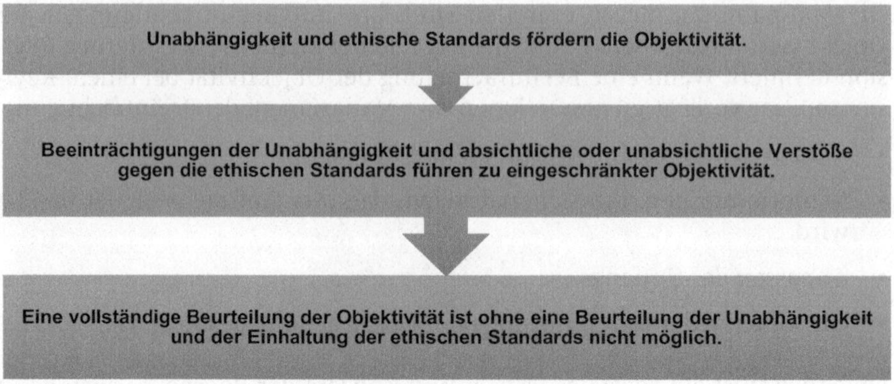

Abbildung 6: Wesentliche Einflussfaktoren auf die Objektivität

Der Praxisleitfaden „Unabhängigkeit und Objektivität" des IIA vertieft die Standards zum Thema Unabhängigkeit und Objektivität inhaltlich, beschreibt verschiedene Faktoren, die die Unabhängigkeit und Objektivität beeinflussen und unterstreicht die Bedeutung von unterstützenden Maßnahmen. In dem Dokument wird zudem ein hilfreiches Modell zur Steuerung der Objektivität dargestellt (vgl. Abbildung 7).[17]

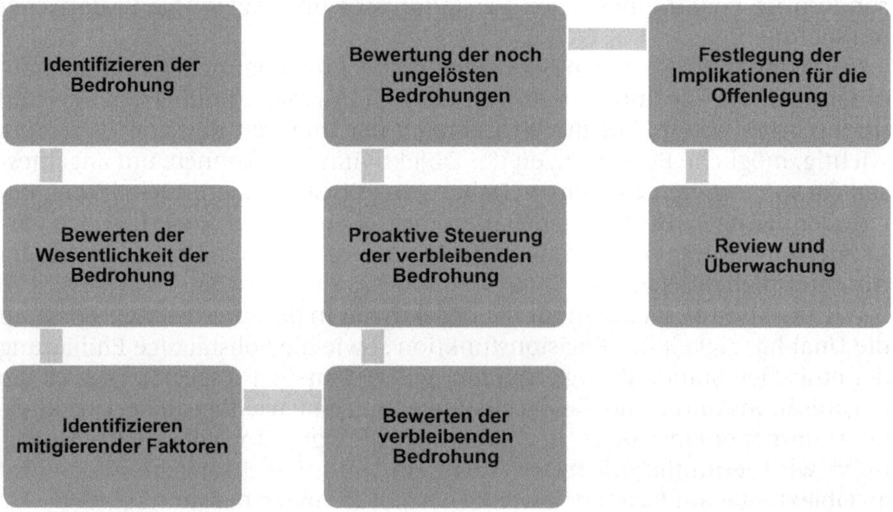

Abbildung 7: Modell des IIA zur Steuerung von Bedrohungen der Objektivität

Das Modell verfolgt den Ansatz, dass Objektivität in erster Linie eine Geisteshaltung und die Beurteilung von Bedrohungen für die Objektivität und deren Bewältigung im Wesentlichen ein Prozess der Selbsteinschätzung der Inter-

17 Vgl. IIA (2011a), S. 13.

nen Revision ist. Das Modell setzt in hohem Maße auf die Professionalität des Revisionspersonals, denn die Mitarbeiterinnen und Mitarbeiter müssen die Verantwortung für den Umgang mit und die Offenlegung von Bedrohungen der Objektivität übernehmen.

Der Praxisleitfaden bietet eine Übersicht möglicher Maßnahmen zur Steuerung der Objektivität auf fünf Ebenen (vgl. Abbildung 8): Ebene der Prüferinnen und Prüfer, der Prüfung, der Revisionsfunktion, der Gesamtorganisation und des Berufsstandes.[18]

Ebene	Maßnahme
Prüferinnen und Prüfer	• Management der Objektivität der Prüferinnen und Prüfer • Management der Professionalität der Prüferinnen und Prüfer
Prüfung	• Überprüfung der Objektivität der Prüferinnen und Prüfer • Überprüfung der Professionalität der Prüferinnen und Prüfer und des Revisionsprozesses
Interne Revision	• Job Rotation • Sicherstellen, dass Objektivität gesteuert wird (einschließlich des Outsourcings von Prüfungsleistungen) • Überprüfung des Einstellungsprozesses
Organisation	• Interesse des Managements für Objektivität • Personalprozesse (Einstellung, Entlassung, Beförderung) • Quality Assurance Reviews
Berufsstand	• Standardsetzung, Ausbildung und Durchsetzung • Aktive Förderung des Managements von Objektivität • Überwachung von Ergebnissen auf Berufsstandebene • Zertifizierung

Abbildung 8: Übersicht über die Maßnahmen zur Steuerung der Objektivität gemäß IIA-Praxisleitfaden

18 Vgl. IIA (2011a), S. 15.

Eine besondere Bedeutung kommt in diesem Zusammenhang der Geschäftsordnung der Internen Revision, dem Revisionshandbuch und dem Qualitätssicherungs- und Verbesserungsprogramm inklusive der Durchführung einer externen Qualitätsbeurteilung zu. Denn an diesen Stellen sind die konkreten Vorgaben für die Steuerung der Objektivität und deren Dokumentation und Kommunikation zu treffen und zu überprüfen.

Im Folgenden gehen wir auf die vier ersten Ebenen und die möglichen Maßnahmen zur Unterstützung der Objektivität ein. Maßnahmen der fünften Ebene unterstützen wir durch die Veröffentlichung dieses Buches direkt.

Mögliche Maßnahmen zur Herstellung, Steigerung und Unterstützung der Objektivität auf Organisationsebene sind:

- Offene Kommunikation mit der Geschäftsleitung über die Bedeutung von Objektivität.
- Verankerung der Pflicht zur Objektivität in der Geschäftsordnung der Internen Revision.
- Einstellungspraktiken, die die Wahrscheinlichkeit erhöhen, dass das Personal frei von Voreingenommenheit und in der Lage ist, bei der Durchführung von Revisionsaufträgen ein objektives Urteil zu fällen.
- Arbeitsanweisungen zur Wahrung der individuellen Objektivität, wie z.B. die regelmäßige schriftliche Anerkennung der ethischen Standards durch das gesamte Revisionspersonal.
- Angemessene Übergangsfristen für Mitarbeitende anderer Organisationseinheiten, die in die Interne Revision wechseln (sogenannte Cooling-off-Periode).
- Höchstaufenthaltsdauer für das Personal in der Internen Revision.
- Interne und externe Überprüfungen der Revisionsfunktion, ihrer Leistungen, Prozesse und Verfahren, z.B. durch regelmäßige Selbstbeurteilungen und externe Qualitätsbeurteilungen.

Mögliche Maßnahmen zur Herstellung, Steigerung und Unterstützung der Objektivität auf Revisionsebene sind:

- Einsatz von Prüfungsteams anstelle von Einzelprüfungen: Eine zusätzliche Perspektive kann potenzielle Beeinträchtigungen ausgleichen.
- Durchführung routinemäßiger Workshops oder Schulungen, die die Wichtigkeit der Objektivität betonen und dabei helfen, dass alle Revisorinnen und Revisoren ihre Bedeutung verinnerlichen.
- Entwicklung geeigneter Leistungsbewertungs- und Vergütungssysteme für die Interne Revision, die die Objektivität nicht durch Interessenkonflikte oder falsche Anreize beeinträchtigen.

- Turnusmäßige Befragung der Revisorinnen und Revisoren zu Beeinträchtigungen der individuellen Objektivität.
- Festlegung der Erwartungen an eine unvoreingenommene Denkweise im Revisionshandbuch. Beispielhaft sei hier auf das Online-Revisionshandbuch des DIIR-Arbeitskreises MaRisk hingewiesen. Objektivität im engeren Sinne wird dort im Kapitel 2.3 „Persönliche Unabhängigkeit und Objektivität der Revisionsmitarbeiter" behandelt.[19]

Mögliche Maßnahmen zur Herstellung, Steigerung und Unterstützung der Objektivität auf Prüfungsebene sind:

- Anlassbezogene Verpflichtung der Revisorinnen und Revisoren bei besonders sensiblen Prüfungssachverhalten.
- Berücksichtigung potenzieller Beeinträchtigungen der Objektivität, wenn Revisorinnen und Revisoren einer Prüfung zugeordnet werden.
- Enge Beaufsichtigung der Revisorinnen und Revisoren und ihrer Ergebnisse. Wenn andere in der Lage sind, die Arbeitspapiere zu einem Auftrag zu überprüfen und zu den gleichen Schlussfolgerungen zu gelangen, ist dies die Bestätigung dafür, dass eine objektive Überprüfung aller relevanten Umstände durchgeführt wurde.

Der DIIR-Arbeitskreis MaRisk weist im Onlinerevisionshandbuch darauf hin, dass das Revisionspersonal unabhängig von den spezifischen Regularien immer eine Unabhängigkeit als Charaktereigenschaft mitbringen muss und hebt die besondere Bedeutung dieses Themas auch bei der Rekrutierung hervor.[20]

Eine Beeinträchtigung der Objektivität kann viele Ursachen haben. Wichtige Beispiele sind:

- Sozialer Druck: Interne Revisorinnen und Revisoren passen ihre eigene Meinung an die in einer Gruppe vorherrschende Meinung an.
- Eigenes Interesse: Ein finanzielles oder anderes Interesse beeinflusst das fachliche Urteil oder Verhalten unangemessen.
- Fürsprache: Die Position einer geprüften Person wird derart befürwortet, dass die berufliche Objektivität beeinträchtigt ist.
- Einschüchterung: Tatsächliche oder wahrgenommene Ausübung von Druck.
- Vertrautheit: z.B. aufgrund einer familiären oder freundschaftlichen Beziehung zur geprüften Person oder zu Führungskräften. Persönliche

19 Vgl. DIIR-Arbeitskreis MaRisk, S.20.
20 Vgl. DIIR-Arbeitskreis MaRisk, S.21.

Vertrautheit mit den Prüfungspartnern[21] gibt es bei langjährigen Mitarbeitenden fast immer. Es besteht die Gefahr, dass sich die Revisorinnen und Revisoren auf vorherige, positive Erfahrungen stützen. Dies ist ein Grund dafür, dass manche Organisationen eine Höchstaufenthaltsdauer für Mitarbeiterinnen und Mitarbeiter in der Internen Revision definiert haben und umsetzen.

- Selbstbeurteilung: Die Revisorin oder der Revisor hat oder hatte eine Führungsfunktion in der Einheit, die geprüft wird, oder überprüft die Ergebnisse einer eigenen früheren Tätigkeit. Der Mangel an kritischer Perspektive kann dazu führen, dass Risiken übersehen werden.
- Bedürfnis nach Wertschätzung, Harmonie und Anerkennung: „Sie müssen nicht beliebt sein, es reicht, wenn Sie respektiert werden", lautet ein bekannter Spruch in der Internen Revision. Wenn es den Revisorinnen und Revisoren nicht genügt, respektiert zu werden, besteht eine Beeinträchtigung der Objektivität.
- Unbewusste Voreingenommenheit: Fehlinterpretation von Informationen basierend auf prädisponierten Vorstellungen oder Vorurteilen über Kultur, ethnische Zugehörigkeit, Geschlecht, Ideologie oder andere Merkmale. Die Liste der sogenannten kognitiven Verzerrungen ist lang. Unbewusste Voreingenommenheit ist am wenigsten ausgeprägt, wenn wir keinen Zeitdruck haben, ausgeruht sind und Dinge nicht beiläufig, sondern bewusst tun.

Interessenkonflikte können auch dadurch entstehen, dass Revisorinnen und Revisoren nicht ausschließlich in einem Arbeitsverhältnis mit ihrem Arbeitgeber stehen. So kann natürlich auch eine Revisorin oder ein Revisor Kunde oder Aktionär sein. Revisorinnen und Revisoren können Mitarbeitervertreter sein und sie können als Mitarbeiterin oder Mitarbeiter auch von Sozialleistungen und manchmal von betrieblichen Aufmerksamkeiten und Zuwendungen profitieren. Inwieweit die persönliche Objektivität dadurch im Einzelfall beeinträchtigt wird, ist gegebenenfalls zu hinterfragen und offenzulegen. Auch wenn betriebliche Regelungen, die ansonsten für alle Mitarbeiterinnen und Mitarbeiter gelten, „großzügig" für das Personal der Internen Revision außer Kraft gesetzt werden, korrumpiert dies die Objektivität. Ein weiteres Beispiel, das wohlüberlegte Maßnahmen gegen Beeinträchtigungen der Objektivität erfordert, ist der Fall, dass ein Leiter einer Internen Revision mit einer Abteilungsleiterin eines zu prüfenden Bereichs verheiratet ist.

21 Wir sprechen in diesem Buch häufig von Prüfungspartnern und nicht von geprüften Bereichen oder den Geprüften. Damit soll zum Ausdruck gebracht werden, dass die Interne Revision nicht gegen die Fachbereiche der Organisation tätig ist, sondern mit diesen zusammen an der Erreichung der Organisationsziele arbeitet.

Interne Revisorinnen und Revisoren müssen in der Lage sein, mit Bedrohungen ihrer Objektivität umzugehen, weil sie in den Prüfungen unvoreingenommene Beurteilungen, Bewertungen und Entscheidungen liefern müssen. Die Fähigkeit, mit Bedrohungen der Objektivität umzugehen, ist ein wichtiges Signal an alle Auftraggeber und alle anderen Stakeholder der Internen Revision, dass sie sich auf die Leistungen der Internen Revision verlassen können, wenn Urteile über das IKS, Compliance oder andere Prüfungsobjekte abgegeben werden.

Ein starker ethischer Kompass ist für Revisorinnen und Revisoren von besonderer Bedeutung. Prüferinnen und Prüfer werden von sich selbst und anderen als Fels in der Brandung und Leuchttürme ethischen Verhaltens in ihren Organisationen gesehen. Es entspricht dem allgemeinen Verständnis und dem Anspruch des Berufsstands, dass man Revisorinnen und Revisoren immer vertrauen und sich darauf verlassen kann, dass sie das Richtige tun. Doch auch Revisorinnen und Revisoren sind nur Menschen. Neben den offensichtlichen Verstößen gegen die ethischen Standards sind die ethischen Blind Spots, von denen die Internen Revisorinnen und Revisoren gar nicht merken, dass sie sie besitzen, ein besonders wichtiges Risiko für den Berufsstand der Internen Revision.

Blind Spots

Blind Spots sind „kognitive Begrenzungen, die dafür sorgen, dass uns die moralischen Auswirkungen unserer Entscheidungen nicht bewusstwerden". Begrenztes Bewusstsein kann unsere Wahrnehmung in Situationen beeinflussen, die ethische Implikationen und Auswirkungen auf die Objektivität der Internen Revision haben.[22] Blind Spots sind die blinden Flecken oder der tote Winkel unseres unbewusst unethischen Verhaltens. Das besondere Problem mit Blind Spots ist, dass man nur, wenn man weiß, was man nicht weiß, darauf achten und reagieren kann.

Menschen, die einen ethischen Verstoß begehen, müssen dies also nicht absichtlich tun. Wir können zwar unsere Absicht erklären und bestätigen, dass wir uns in einer Weise verhalten werden, die den Erwartungen an uns selbst entspricht. Aber wenn die Zeit kommt, eine konkrete Entscheidung zu treffen, verhalten wir uns oft so, wie wir uns verhalten wollen und wie es für uns am angenehmsten ist.

Der Mensch trifft jeden Tag Tausende von großen und kleinen Entscheidungen. Unser Gehirn hat nicht die Kapazität, alle Optionen durchzudenken. Es verwendet Abkürzungen, um die Entscheidungsfindung zu beschleunigen. Diese Abkürzungen haben jedoch Schlupflöcher: kognitive Verzerrung und Voreingenommenheit.

Kognitive Verzerrungen und Vorurteile sind nicht nur schlecht. Sie machen das Leben effizienter und helfen, mit begrenzter Zeit und begrenzten geisti-

22 Eine ausführliche Darstellung und Erläuterung findet man bei Bazerman und Tenburnsel (2011).

gen Ressourcen umzugehen, indem sie Genauigkeit für Schnelligkeit opfern. Sie nützen uns insbesondere auch in gefährlichen Situationen, die schnelle Reaktionen erfordern. Aber sie erzeugen auch eine verzerrte Wahrnehmung und können zu schlechten oder irrationalen Entscheidungen, Urteilen und Schlussfolgerungen führen.

Im Kontext der Internen Revision wirken sich kognitive Verzerrungen auf das Management der Revisionsfunktion, auf die Durchführung der Prüfungsprozesse und auf die Prüfungsergebnisse aus. Niemand ist immun gegen Vorurteile, und wir können sie nicht ausschalten. Wir können ihre negativen Auswirkungen durch Entschlossenheit und bewusste Aufmerksamkeit für Bedrohungen der Objektivität mindern. Weil Voreingenommenheit eine Gefahr darstellt, sind Objektivität, berufliche Sorgfalt und professionelle Skepsis für die Denkweise von Internen Revisorinnen und Revisoren unerlässlich. Skepsis kann ein wirksames Mittel zur Bekämpfung von Voreingenommenheit sein.[23]

Im Folgenden führen wir einige Beispiele für kognitive Verzerrungen auf, die Beeinträchtigungen der Objektivität von Revisorinnen und Revisoren zur Folge haben können. In der aktuellen Literatur lassen sich viele weitere Beispiele finden.[24]

- Ich-mag-dich-Fehler: Affinitätsvoreingenommenheit ist die Tendenz, Sympathie für Personen zu empfinden, mit denen wir ähnliche Erfahrungen, Herkunft, Interessen oder andere Faktoren teilen, und den Meinungen oder Perspektiven dieser Personen mehr Glaubwürdigkeit zu schenken oder sich auf sie zu verlassen. Haben Sie sich schon einmal durch ein sympathisches oder unsympathisches Gegenüber in Ihrer Objektivität beeinflussen lassen?
- Anker: Anchoring Bias ist die Tendenz, der ersten Information, die man erhält, die größte Bedeutung beizumessen, sich zu sehr auf sie zu verlassen und sie als Bezugspunkt zu verwenden, anhand dessen nachfolgende Informationen beurteilt werden. Übrigens auch, wenn kein logischer Zusammenhang zum zu beurteilenden Sachverhalt besteht. Das spricht dafür, in der Revisionsprüfung das Ergebnis der vorherigen Prüfung im gleichen Bereich außen vor zu lassen.
- Availability Bias: Hierunter versteht man die Tendenz, sich bei der Urteilsfindung auf bestimmte, verfügbare Informationen, emotionale Zustände oder Überzeugungen zu konzentrieren und andere auszublenden. Entscheidungen und Prüfungsurteile werden daher aufgrund unserer Wahrnehmung getroffen und nicht aufgrund aller möglichen Informationen. „Die Bandbreite dessen, was wir denken und tun, wird von dem begrenzt, was wir wahrzunehmen versäumen."[25] Ereignisse können aufgrund ihrer

---

23 Vgl. Chin (2022), S. 75.

24 Vgl. z. B. Dobelli (2018); Chin (2022), S. 41 ff.; Durmus (2022) oder Lager/Waymire (2022), S. 65.

25 Zitat von Ronald D. Laing.

Aktualität, ihrer Ungewöhnlichkeit oder einer umfangreichen Berichterstattung in den Medien eine größere Verfügbarkeit in unserem Gedächtnis haben. Wir neigen dazu, diese Ereignisse als bedeutsamer, häufiger oder wahrscheinlicher zu bewerten als andere (nicht verfügbare) Ereignisse und überschätzen die Wahrscheinlichkeit für deren Eintreten. Revisorinnen und Revisoren konzentrieren sich oft auf verfügbare und aktuelle Informationen. Diese sind aber möglicherweise nicht die relevantesten oder aussagekräftigsten. Diese Voreingenommenheit beeinträchtigt auch die objektive Risikobeurteilung im Rahmen der risikoorientierten Revisionsplanung. Und auch wenn Revisionsfunktionen in Organisationen das tun, was sie immer schon getan haben, und es versäumen wahrzunehmen, wie sich andere Revisionsfunktionen weiterentwickeln, hat das mit dem Availability Bias zu tun.

- Authority Bias: Den Meinungen einer Autoritätsperson (einfach aufgrund ihrer Position oder ihres Titels) wird eine größere Bedeutung zugeschrieben oder eher vertraut als anderen Meinungen. Im schlimmsten Fall geben Menschen ihre eigene Meinung und ihr Urteilsvermögen auf und folgen der Autorität. Auch Revisorinnen und Revisoren sind nicht davor gefeit, gegenüber Autoritäten und Expertenmeinungen zu unvorsichtig zu sein. Erfahrene Revisorinnen und Revisoren wissen das und können mit Skepsis auf allzu autoritäre oder dominante Hierarchen reagieren.

- Baader-Meinhof-Phänomen: Bei dieser Form des Availability Bias handelt es sich um die Illusion, dass eine Idee, ein Konzept, ein Modell oder ein Wort, das vor Kurzem z.B. auf einer Konferenz, durch unsere eigenen Erfahrungen oder in den Medien unsere Aufmerksamkeit erregt hat, plötzlich überall auftaucht. Wahrscheinlich kommt es aber nicht häufiger vor als vorher. Auch dies kann zu falschen Prioritäten in den Revisionsaktivitäten führen.

- Bandwagon-Effekt: Die Tendenz, blind dem zu folgen, was die Mehrheit denkt, tut, sagt, kauft oder glaubt, ohne es kritisch zu bewerten. Je mehr Menschen etwas tun oder glauben, desto eher schließen sich ihnen andere an. Wir arbeiten dann im Groupthink-Modus: Der unbewusste Wunsch nach Harmonie und danach, Teil der Gruppe zu sein, veranlasst uns, der Gruppe zu folgen. Auch ohne Anweisung entsteht ein kollektives Herdenverhalten. Nur weil aktuelle Trends und Diskussionen andere Themen in der täglichen Aufmerksamkeit überlagern, muss das nicht dazu führen, bewährte und gut begründete Revisionsaktivitäten und -methoden zu verändern.

- Confirmation Bias: Der Bestätigungsfehler kann in der Politik, in Organisationen und in Risikobeurteilungen zu Katastrophen führen. Das Problem besteht darin, dass Menschen unbewusst neue Informationen so interpretieren, dass sie mit ihren bestehenden Überzeugungen übereinstimmen. Wir suchen automatisch immer nach Conforming Evidence anstelle von Disconforming Evidence. Die Versuchung, dem Bestätigungsfehler zum Opfer zu fallen, ist groß, insbesondere, wenn Menschen unter Zeit- oder Kostendruck arbeiten. Für Prüferinnen und Prüfer ist es einfach, Nachweise für die Bestätigung der eigenen, schon vorab vorhandenen Überzeugungen zu finden. Aber dem Gedanken der Objektivität viel zuträglicher wäre es, in der Prüfung nach Disconforming Evidence zu suchen.

- Fluch des Fachwissens: Bei der Kommunikation besteht die Tendenz, unbewusst davon auszugehen, dass andere den Hintergrund, das Wissen und die Erfahrung haben, um die Botschaft zu verstehen. Die Absender versetzen sich nicht in die Lage des Empfängers. Daher erreicht die Nachricht nicht ihr Ziel. Für die Interne Revision heißt das: Wenn Revisorinnen und Revisoren sich nicht bei den Empfängern der Revisionsleistung vergewissern, dass diese die Botschaften verstanden haben, kann der Inhalt und der gelieferte Mehrwert verloren gehen.

- Framing Effekt: Menschen entscheiden über ihnen vorgelegte Optionen, je nachdem, ob die Optionen positiv oder negativ dargestellt werden. Dieselben Fakten, die auf unterschiedliche Weise präsentiert werden, können Menschen zu unterschiedlichen Entscheidungen führen. Risiken werden vermieden, wenn ein negativer Rahmen präsentiert wird, und Risiken werden gesucht, wenn ein positiver Rahmen präsentiert wird. Dies hat unmittelbar Bedeutung für die Darstellung von Revisionsergebnissen. Da Risiken immer Chancen und Gefahren beinhalten, kommt es darauf an, ob man Sachverhalte als Chance oder Gefahr darstellt, um gewünschte Maßnahmen herbeizuführen.

- Halo-Effekt: Oft lassen wir uns von einem einzigen, uns bekannten Aspekt blenden und schließen auf das Gesamtbild. Der Heiligenschein veranlasst uns, jemanden in allen Bereichen positiv oder negativ zu bewerten, weil er in bestimmten Bereichen positiv oder negativ gesehen wird. Der Effekt ist nicht auf die Beurteilung von Menschen beschränkt, sondern ist auch bei Geschäftsstrategien, Politik, Börsenkursen, Marken etc. beobachtbar. In der Revision besteht die Gefahr, von einfach zu beschaffenden Fakten auf schwieriger zu ergründende Sachverhalte zu schließen.

- Selbstüberschätzung: Der Overconfidence Effect begünstigt viele andere kognitive Verzerrungen. So wie die meisten Menschen glauben, dass sie in vielen Bereichen besser als der Durchschnitt sind, können sich auch Prüferinnen und Prüfer hinsichtlich ihrer Fähigkeit zur Risikobeurteilung erheblich überschätzen. Das könnte sogar dazu führen, dass die faktische Macht der Internen Revision, Änderungen durchzusetzen, kontraproduktiv ist. Die fatale Wirkung des Overconfidence Effect ist, dass Prüferinnen und Prüfer, die von ihrer außergewöhnlichen Fähigkeit zur Objektivität überzeugt sind, gerade dadurch anfällig für kognitive Verzerrungen und Blind Spots werden.[26] Da sich Experten noch schlimmer als Nichtexperten selbst überschätzen, mahnt uns der Overconfidence Effect außerdem, Vorhersagen gegenüber skeptisch zu sein, besonders, wenn sie von Experten stammen.

- Vogel-Strauß-Effekt: Dies ist die Tendenz, negative Informationen oder potenziell unangenehme Situationen, die psychologisches Unbehagen verursachen können, zu ignorieren, indem man den Kopf in den Sand steckt – wie es vermeintlich der Vogel Strauß tut (was aber nicht stimmt). In der Internen Revision hat dies direkt mit der oben zitierten und für die erforderliche Objektivität notwendigen Eigenschaft zu tun, couragiert zu handeln und eben nicht den Kopf in den Sand zu stecken, wenn es unangenehm wird.

Es gibt noch viele weitere interessante Beispiele für Verzerrungen. Insbesondere diejenigen, die mit unserem mangelhaften intuitiven Verständnis von Wahrscheinlichkeiten und dem Wunsch, Risiken grundsätzlich auf null zu reduzieren zu tun haben, können immense Auswirkungen auf Leistungen der Internen Revision haben, weil Wahrscheinlichkeiten ein wesentlicher Einflussfaktor der von der Internen Revision zu betrachtenden Risiken sind.

Um Blind Spots zu erkennen und ihnen wirksam zu begegnen, ist es wichtig, dass jede und jeder Einzelne

- erkennt, dass wir dazu neigen, uns auf eine Weise zu verhalten, die unseren eigenen Interessen dient.
- die eigenen Denk- und Entscheidungsprozesse hinterfragt.
- das Verhalten der Menschen um sie und ihn herum beobachtet und hinterfragt.
- sich selbst reflektiert und regelmäßig Selbsteinschätzungen zum ethischen Verhalten oder möglichen Beeinträchtigungen durchführt und sich darüber im Team austauscht.
- die HALT-Regel beachtet: „Treffe keine wichtigen Entscheidungen, wenn du hungrig (hungry), wütend (angry), einsam (lonely) oder müde (tired) bist."

26 Vgl. Lager/Waymire (2022), S. 65.

2.3 Kompetenz

2.3.1 Erwartungen an Kompetenz und Weiterbildung

Prinzip 3 Zeige Kompetenz

Interne Revisorinnen und Revisoren wenden die erforderlichen Kenntnisse, Fertigkeiten und Fähigkeiten an, um ihre Aufgaben und Verantwortlichkeiten erfolgreich zu erfüllen.

Quelle: IIA/DIIR, Global Internal Audit Standards

Kompetenz erfordert die Entwicklung und Anwendung der Kenntnisse, Fertigkeiten und Fähigkeiten zur Erbringung von Revisionsleistungen. Da Revisorinnen und Revisoren ein breites Spektrum an Dienstleistungen erbringen, sind auch die Kompetenzen, die sie benötigen, unterschiedlich. Da die Geschäftswelt und die für die Unternehmen relevanten Risiken sich dynamisch weiterentwickeln, ist die berufliche Weiterbildung für Revisorinnen und Revisoren enorm wichtig.

Standard 3.1 Kompetenz

Interne Revisorinnen und Revisoren müssen die für die erfolgreiche Wahrnehmung ihrer Aufgaben erforderlichen Kompetenzen besitzen oder erwerben. Zu den erforderlichen Kompetenzen gehören Kenntnisse, Fertigkeiten und Fähigkeiten, die für die jeweilige Position und den Verantwortungsbereich geeignet sind, und die Verantwortlichkeiten entsprechen dem Erfahrungsstand. Interne Revisorinnen und Revisoren müssen Kenntnisse der Global Internal Audit Standards des IIA besitzen oder erwerben.

Interne Revisorinnen und Revisoren dürfen nur solche Leistungen erbringen, für die sie die erforderlichen Kompetenzen besitzen oder erlangen können. Sie sind dafür verantwortlich, die zur Erfüllung der beruflichen Verantwortung erforderlichen Kompetenzen kontinuierlich weiterzuentwickeln und anzuwenden. Darüber hinaus muss die Revisionsleitung entweder sicherstellen, dass die Interne Revision insgesamt über die Kompetenzen verfügt, um die in der Geschäftsordnung der Internen Revision beschriebenen Dienstleistungen zu erbringen, oder dass sie die erforderlichen Kompetenzen erlangt.

Quelle: IIA/DIIR, Global Internal Audit Standards

Die Standards empfehlen die Entwicklung von Kompetenzen in diesen als besonders wichtig für eine erfolgreiche Interne Revision geltenden Bereichen:

- Kommunikation und Kooperation.
- Governance-, Risikomanagement- und Kontrollprozesse.
- Geschäftsfunktionen wie Finanzmanagement und IT.
- Allgegenwärtige Risiken wie Fraud.
- Tools und Techniken zur Datenanalyse.
- Aus wirtschaftlichen, ökologischen, rechtlichen, politischen und sozialen Bedingungen resultierende Risiken.
- Für die Branche und die Organisation relevante Vorschriften und Praktiken sowie Trends und neue Themen.
- Aufsicht und Führung.

Um sicherzustellen, dass die Interne Revision insgesamt über die notwendige Kompetenz verfügt, sollte die Revisionsleitung eine Kompetenzanalyse aktuell halten und diese bei der Zuweisung von Aufträgen, bei der Festlegung von Schulungsmaßnahmen und bei der Besetzung von Stellen berücksichtigen. Dazu gehört auch, die Kompetenz anderer Assurance Provider in Organisationen zu verstehen und deren Kompetenzen zu nutzen, wenn diese in der Internen Revision nicht verfügbar sind.[27]

Wenn die erforderlichen Kompetenzen intern nicht vorhanden sind, können externe Prüfungsdienstleister eingesetzt werden.

Standard 3.2 Kontinuierliche Berufliche Weiterbildung

Interne Revisorinnen und Revisoren müssen ihre Kompetenzen erhalten und kontinuierlich weiterentwickeln, um die Wirksamkeit und Qualität der Revisionsleistungen zu verbessern. Wenn sie eine berufliche Zertifizierung erlangt haben, müssen sie die Richtlinien zur kontinuierlichen Weiterbildung befolgen und die für ihre Zertifizierungen geltenden Anforderungen erfüllen.

Quelle: IIA/DIIR, Global Internal Audit Standards

27 Mit Assurance Provider sind alle Anbieter von Prüfungsleistungen gemeint. Diese unterscheiden sich hinsichtlich der Stakeholder, für die sie tätig sind, und den Grad der Unabhängigkeit von den Aktivitäten, für die sie Prüfungssicherheit liefern. Der Begriff umfasst die unabhängige Interne Revision, Funktionen der sogenannten zweiten Linie (wie Qualitätsmanagement, Risikomanagement, Compliance, IT-Sicherheit) und externe Prüfer wie Jahresabschlussprüfer, Rechnungshöfe oder Regulatoren.

Die regelmäßige Weiterbildung ist für Revisorinnen und Revisoren ganz besonders wichtig. Sie müssen im Rahmen ihrer Prüfungen oft ein breites Spektrum von Prozessen, Systemen, Produkten, Organisationen, rechtlichen Rahmenbedingungen und innerbetrieblichen Regelungen berücksichtigen. Überdies arbeiten sie oft nicht kontinuierlich in einem Themengebiet. Daher ist Weiterbildung für die Interne Revision eine besondere Herausforderung. Ständig auf dem aktuellen Stand des Wissens zu sein, auch wenn gerade kein Prüfungsauftrag zu dem betreffenden Thema zu bearbeiten ist, erfordert ein hohes Engagement bezüglich der eigenen Lernbereitschaft.

Dies erfordert aber auch von der Geschäftsleitung die Bereitschaft, die Interne Revision mit einem hohen Budget für Weiterbildung auszustatten. Nicht zuletzt muss auch die Revisionsleitung immer wieder in ihrer Kapazitätsplanung berücksichtigen, dass der Fortbildungsaufwand im Vergleich zu anderen Funktionen in der Organisation deutlich höher ausfallen kann.

Für die Weiterbildung empfehlen die Standards Berufszertifizierungen (wie z.B. CIA®), die Nutzung von Feedbacks von Revisionspartnern und Führungskräften, Konferenzen, Seminare, Mentoringprogramme, Abonnements von Nachrichtendiensten, Webinare und Fachveranstaltungen oder auch Training on the Job unter Aufsicht. Besonders wichtig ist es dabei, sich über Trends und neue Themen, neue Risiken und anstehende Veränderungen zu informieren, denn die Risiken, mit denen sich die Interne Revision beschäftigen muss, haben oft mit technologischem Fortschritt oder regulatorischen Anforderungen zu tun. In beiden Fällen müssen Revisorinnen und Revisoren sich schnell und detailliert informieren.

Für viele berufliche Zertifizierungen und Qualifikationen, die Revisorinnen und Revisoren erlangen können, ist eine Mindestanzahl von Weiterbildungsstunden (z.B. innerhalb eines Jahres) erforderlich. Darüber hinaus sollte die Revisionsleitung aber von allen Revisorinnen und Revisoren verlangen, dass sie bestimmte Arten und Mengen an regelmäßiger Weiterbildung absolvieren. Das gesetzte Weiterbildungsziel sollte in den Methoden der Internen Revision genannt und die Zielerreichung sollte überwacht werden. Das IIA verlangt von den Inhabern seiner Zertifizierungen, z.B. den CIAs®, mindestens zwei Stunden jährlicher Weiterbildung im Bereich Ethik. Es gibt aber keinen Anlass, eine solche Anforderung auf Zertifizierte zu beschränken. Alle Revisorinnen und Revisoren sollten sich regelmäßig in ethischen Fragen weiterbilden.

Die Revisionsleitung muss sicherstellen, dass die Investitionen in die Kompetenzen der Internen Revision als Ganzes und in die individuellen Ziele der Revisorinnen und Revisoren im Gleichgewicht sind.

Es ist kein Geheimnis, dass die Erwartungen der Prüfungspartner, Aufsichtsräte und Unternehmensleitungen an die Interne Revision steigen. Unter sich mit hohem Tempo verändernden Rahmenbedingungen der Arbeitswelt und stark veränderter Risikolandschaft der Unternehmen müssen Interne Revisorinnen und Revisoren ständig ihre Kompetenz und die Relevanz ihrer Tätigkeit nachweisen.

2.3.2 Das Examen zum Certified Internal Auditor (CIA®)

Eine besondere Form des Kompetenznachweises ist die Zertifizierung zum Certified Internal Auditor (CIA®). Weit über 200.000 Revisorinnen und Revisoren in über 150 Ländern der Welt haben das CIA®-Examen abgelegt. Als einzige weltweit anerkannte Zertifizierung für Interne Revisorinnen und Revisoren weist der Titel nach, dass die oder der Zertifizierte in der Lage ist, einen Prüfungsauftrag in Übereinstimmung mit den Standards durchzuführen, die Governance der Organisation versteht, Techniken zur Bewertung von Risiken und Kontrollen anwenden kann und das für die Interne Revision erforderliche Geschäfts-, IT- und Managementverständnis besitzt. Weltweit gilt die Zertifizierung zum CIA® als Nachweis und Merkmal für besondere Qualifikationen und hohe Professionalität auf dem Gebiet der Internen Revision. Durch die Ausbildung zum CIA® können Revisorinnen und Revisoren ihre Glaubwürdigkeit und den Respekt verbessern, Kompetenzen schärfen und ihr Aufstiegs- und Gehaltspotenzial steigern. Der CIA® ist die einzige Zertifizierung, die Internen Revisorinnen und Revisoren hilft, tief in die Standards und die tatsächliche Praxis der Internen Revision – auch außerhalb des eigenen Arbeitsumfelds – einzutauchen. Arbeitgeber wissen, dass CIAs® nicht nur über das Grundwissen verfügen, ihre Aufgaben erfolgreich zu erfüllen, sondern sich auch der persönlichen Weiterentwicklung verschrieben haben und in der Lage sind, beruflich voranzukommen. Die Zertifizierung zeugt von Disziplin und Ausdauer bei der Verfolgung von Zielen. CIA® zu sein hilft dabei, die tägliche Arbeit strukturierter, effizienter und effektiver zu erledigen, und trägt damit zur Wertschöpfung des Unternehmens bei.

In einem dreiteiligen Examen, welches vom IIA angeboten wird und das global einheitlich zu jedem beliebigen Zeitpunkt computerbasiert abgelegt werden kann, werden die Grundlagen der Internen Revision, die Praxis der Internen Revision und die notwendigen betriebswirtschaftlichen und IT-Kenntnisse in einem Multiple-Choice-Verfahren abgefragt.[28]

2.3.3 Digitalkompetenz

Es besteht kein Zweifel daran, dass die digitale Transformation weitreichende Auswirkungen auf die Methoden und die Arbeitsweise der Internen Revision haben wird. Revisorinnen und Revisoren müssen in ihren Tätigkeiten Digitalkompetenz zeigen. Zwar kann man Digitalkompetenz nicht ausschließlich mit speziellen und allgemeinen IT-Kenntnissen gleichsetzen. Schließlich sind auch Kompetenzen wie das allgemeine Verständnis von Digitalisierung, vernetztes Denken, verbesserte Kommunikationstechniken, Innovationsbereitschaft, kritisches Denken, proaktives Handeln und auch die Bereitschaft, Fehler zu begehen und daraus zu lernen, von Bedeutung. Aber ohne weitreichende IT-Kenntnisse wird die Digitalisierung in der praktischen Revisionsarbeit nur schwer gelingen.

28 Vgl. IIA (2022).

Die Digitalisierung zählt zu den drängendsten Themen der Gegenwart. Geschäftsmodelle verändern sich, Chancen und Risiken nehmen dramatisch zu. Konkurrenten tauchen auf, Produkte verschwinden. Die Bedrohungen für Informations- und Cybersicherheit nehmen dabei stetig zu. Wir erleben neue technologische Möglichkeiten, insbesondere im Bereich der künstlichen Intelligenz (KI), die unsere bisherigen Prüfobjekte, Arbeitsweisen und Prüfmethoden infrage stellen und verändern. Hieraus ergeben sich insbesondere auch neue Anforderungen an die Kompetenzen, Eigenschaften und das Wissen des Revisionspersonals. Im Future of Jobs Report 2020[29] des Weltwirtschaftsforums werden Qualifikationsgruppen revisionsunabhängig weiter in einzelne Qualifikationen unterteilt, wobei die fünf wichtigsten Gesamtqualifikationen mit Blick auf 2025 lauten:

- Analytisches Denken und Innovation.
- Aktives Lernen und Lernstrategien.
- Komplexe Problemlösung.
- Kritisches Denken und Analyse.
- Kreativität, Originalität und Initiative.[30]

Aktuelle Untersuchungen zeigen immer häufiger, dass Wissen und Kompetenzen lückenhaft und nicht ausreichend sind, um mit den revisionsrelevanten Themen angemessen umzugehen. Prüferinnen und Prüfer müssen sich daher neues Wissen aneignen und Wissenslücken schließen. Diese Lücken sind die Differenz zwischen der wahrgenommenen Relevanz eines Wissensbereichs (siehe dazu auch das Internal Audit Competency Framework des IIA)[31] und der vorhandenen Kompetenz in diesem Bereich. Im Rahmen einer globalen Studie der Internal Audit Foundation wurden 2020 die kritischsten Kompetenzlücken in den folgenden Bereichen festgestellt:[32] IT-Kontrollrahmenwerk, Datenanalytik, Sicherheit und Datenschutz, agile Revision, Fraud und Risikomanagement. Angesichts der aktuellen Herausforderungen ist wichtig, dass Revisorinnen und Revisoren grundlegende IT-Konzepte verstehen, ihre IT-Kenntnisse verbessern, stetig ihr Kompetenzprofil erweitern und innovative Fähigkeiten und Methoden einsetzen.

Der frühere Präsident des IIA, Richard Chambers, führt in seinem 2021 erschienenen Buch „Agents of Change“ aus, dass die Ziele der Internen Revision sich nicht darauf beschränken sollten, Prüfungssicherheit und Beratung zu bieten.[33] Viel wichtiger sei es, dass die Interne Revision einen positiven Wandel bewirkt, der den Wert der Organisation steigert. Dies erscheint vernünftig

29 Vgl. WEF (2020).
30 Vgl. Wright (2021), S. 6.
31 Vgl. IIA (2020a).
32 Vgl. Wright (2021), S. 7.
33 Vgl. Chambers (2021), Introduction.

und nachvollziehbar und sollte die Prämisse für die zukünftige Ausrichtung der Internen Revision sein.

Gemäß Richard Chambers sollten sich Mitarbeitende der Internen Revision zukünftig zu Agents of Change in Organisationen weiterentwickeln. Zunächst seien Interne Revisoren dazu da, ihre Organisationen mit Prüfungssicherheit und Beratung zu versorgen, und nur dann, wenn diese Dienstleistungen konsequent auf höchstem Niveau erbracht würden, könne man zu einem Change Agent werden. Damit Interne Revisoren als Change Agents in ihren Organisationen agieren können, müssen sie in der Art und Weise, wie sie den Wandel in der Internen Revision selbst vorantreiben, strategisch sein. Strategische Interne Revisoren erkennen, dass sie nur dann erfolgreich sind, wenn ihre Arbeit zu positiven, nutzbringenden Veränderungen führt.[34]

Wenn die Interne Revision sich nur auf die traditionellen Methoden zur Durchführung einer Prüfung konzentriert, wird sie nicht in der Lage sein, mit der Geschwindigkeit sich neu entwickelnder Risiken mitzuhalten, und sie wird schnell an Glaubwürdigkeit und Vertrauen verlieren. Die meisten Innovationen und die damit verbundenen Risiken werden direkt oder indirekt durch neue Technologien angetrieben. Daher ist das Verständnis neuer Technologien und ihrer Auswirkungen eine wesentliche Voraussetzung für erfolgreiche Revisionsarbeit.

Es obliegt den Führungskräften der Internen Revision, sich mit neuen Technologien vertraut zu machen und sicherzustellen, dass das Revisionspersonal über die erforderlichen technologischen Ressourcen und die notwendigen Schulungen verfügt. Die folgenden Schritte könnte man dazu in Betracht ziehen:[35]

- Priorisierung der Ressourcenzuweisung für die kritischsten Kompetenzlücken.
- Nutzung von Gelegenheiten zur übergreifenden Schulung von Mitarbeiterinnen und Mitarbeitern, möglicherweise sogar Rotation von Prüferinnen und Prüfern in eine eher technische Rolle für ein oder zwei Jahre und dann Rückführung in die Prüfungsfunktion.
- Ausgewogene Zusammensetzung von Prüfungsteams, indem technisch kompetente Mitarbeiterinnen und Mitarbeiter, die möglicherweise keine Prüfungserfahrung haben, eingestellt und zu Prüferinnen und Prüfern ausgebildet werden.
- Oder auch die Entwicklung von Wettbewerben mit Spielcharakter, die die Prüferinnen und Prüfer ermutigen, mit neuer Software oder neuen Tools zu experimentieren.

34 Vgl. Bünis und Gossens (2021) zur Etablierung einer Revisionsstrategie.

35 Vgl. Wright (2021), S. 9.

- Wie wäre es mit der Einrichtung funktionsübergreifender Teams, in denen neue Technologien daraufhin untersucht werden, wie sie einen Mehrwert für die Organisation schaffen können?

Interne Revisorinnen und Revisoren können bei den rasanten technologischen Entwicklungen nicht einfach nur Zuschauer sein. Stattdessen muss jeder Praktiker Trends und Entwicklungen proaktiv verfolgen und erkennen, wie sich neue Technologien auf seine Branche auswirken können und welche Gefahren und Chancen sie bieten. Sie müssen sich selbst und ihre Revisionsfunktion auf technologische Veränderungen vorbereiten, indem sie neue Kompetenzen entwickeln und neue Methoden zur Erledigung ihrer Aufgaben übernehmen. Um Organisationen dabei zu helfen, sich angesichts des Wandels anzupassen und erfolgreich zu sein, müssen auch die Revisorinnen und Revisoren auf die Zukunft vorbereitet sein.[36]

Der Umgang mit IT-Themen ist für die Revision in der digitalisierten Welt nicht neu: Die grundsätzlichen Vorgaben in den Berufsgrundlagen des IPPF bilden einen passenden Rahmen. Die Interne Revision soll gemäß Leitlinien des IIA:[37]

- ein ausreichendes Niveau an IT-Audit-Know-how in der Revisionsfunktion sicherstellen,
- die Bewertung der IT in den Planungsprozess einbeziehen,
- beurteilen, ob die IT-Governance in der Organisation Strategien und Ziele unterstützt,
- die Risikopositionen im Zusammenhang mit den Informationssystemen der Organisation ermitteln und bewerten,
- die Kontrollen zur Mitigation der Risiken innerhalb der Informationssysteme der Organisation beurteilen,
- sicherstellen, dass sie über die notwendigen IT-Kenntnisse verfügt, um ihre Aufgaben zu erfüllen, und
- den Einsatz von angemessenen technologiebasierten Prüfungstechniken erwägen.

Eine Interne Revision kann die Wirksamkeit von Governance-, Risikomanagement- und Kontrollprozessen ohne angemessene Berücksichtigung von Informationssystemen und Technologie nicht beurteilen.[38]

Die Kategorie Global Guidance innerhalb des IPPF enthält alle Praxisleitfäden und Global Technology Audit Guides (GTAGs) des IIA und liefert detaillierte Anleitungen für die Durchführung von Revisionsprüfungen. Dies

36 Vgl. Wright (2021), S. 4.
37 Vgl. IIA (2012b), S. 9.
38 Vgl. Anderson et al. (2017), S. 7–21.

umfasst aktuelle und branchenspezifische Themen, Richtlinien und Verfahren, Tools und Methoden, Programme, Schritt-für-Schritt-Anleitungen und Beispiele.

Die GTAGs befassen sich mit aktuellen Fragen der Steuerung, Kontrolle und Sicherheit der IT und enthalten Werkzeuge und Ressourcen zur Unterstützung der Prüfungen, wie z.B. Richtlinien für die Durchführung einer Prüfung der IT-Governance, einen Fragebogen zu internen Kontrollen und ein Beispiel für eine IT-Governance-Risiko- und Kontrollmatrix. Zum Zeitpunkt der Erstellung dieses Buches hat das IIA im Rahmen der Berufsgrundlagen 21 GTAGs veröffentlicht (siehe Abbildung 9).

Global Technology Audit Guides des IIA

- Assessing Cybersecurity Risk: The Three Lines Model
- Auditing Business Applications
- Auditing Cyber Incident Response and Recovery
- Auditing Cybersecurity Operations: Prevention and Detection
- Auditing Identity and Access Management
- Auditing Insider Threat Programs
- Auditing IT Governance
- Auditing IT Projects
- Auditing Mobile Computing
- Auditing Network and Communications Management
- Business Continuity Management
- Continuous Auditing: Coordinating Continuous Auditing and Monitoring to Provide Continuous Assurance
- Data Analysis Technologies
- Fraud Prevention and Detection in an Automated World
- Identity and Access Management
- Information Technology Outsourcing
- Information Technology Risk and Controls
- IT Change Management: Critical for Organizational Success
- IT Essentials for Internal Auditors
- Management of IT Auditing
- Understanding and Auditing Big Data

Abbildung 9: Veröffentlichte GTAGs des IIA, Stand 06/2024

Ein solides Basis-Know-how im Sinne eines Experten für das Revisionshandwerk umfasst auch IT-Kenntnisse und Datenanalysefähigkeiten. Relevant sind hierbei sowohl die IT-Kompetenz zur Beurteilung der Prüfungsobjekte als auch die Kompetenz zur Digitalisierung der Revisionsprozesse, insbesondere datenbasierte Prüfmethoden. Die jeweils optimale Ausprägung der Qualifikationsaspekte ist dabei organisationsspezifisch und geschäftsrisikorelevant zu definieren und im Zeitablauf dynamisch anzupassen.[39]

In der aktuellen Literatur werden zunehmend schwindende Grenzen in der Revisionspraxis beim Thema IT beschrieben. Fähigkeiten, die früher als Spezialgebiete von IT-Revisoren galten, werden heute von allen Revisorinnen und Revisoren gefordert.[40]

Die Top-IT-Kenntnisse betreffen:

- Cybersicherheit – Schlüsselkomponenten der Informationssicherheit, einschließlich Terminologie und Schlüsselrisiken.
- KI und disruptive Technologien – aktuelle Fragen zu neuen Technologien und ihre potenziellen Auswirkungen auf das Geschäft.
- Business Continuity, Disaster Recovery und Krisenmanagement – Verständnis für die wichtigsten Geschäftsfelder und -praktiken für den Wiederanlauf.
- Cloud- und virtuelle Computing-Umgebungen.
- Change-Management – Projektmanagement, Veränderungsprozesse und deren Auswirkungen auf die Organisation.
- Datenanalyse – Einsatz von Prüfungssoftware zur Erreichung von Prüfungszielen.

Bei der Anwendung von Datenanalysen ist die Interne Revision selbstverständlich verpflichtet, sich an geltendes Datenschutzrecht zu halten. Bei der Auswertung von personenbezogenen Daten (z.B. von Mitarbeiterinnen und Mitarbeitern oder Kunden) ist nicht alles erlaubt, was möglich ist! Aber die – durch eine wirksame Dokumentation von Prüfungszielen und -handlungen nachgewiesenermaßen – zum Erreichen der Prüfungsziele notwendigen Prüfungshandlungen sind grundsätzlich zulässig. Dabei sind Pseudonymisierung und Anonymisierung oftmals geeignete Verfahren, um dem Prinzip des mildesten Mittels gerecht zu werden. Im Zweifel empfiehlt sich immer eine vorherige Abstimmung der geplanten Prüfung mit dem betrieblichen Datenschutzbeauftragten oder auch mit der Mitarbeitervertretung.

Da ein IKS typischerweise manuelle und automatisierte Kontrollen umfasst und sich stark auf Anwendungskontrollen stützt, ist für eine ganzheitliche Be-

39 Vgl. Herold (2021), S. 164 ff.

40 Vgl. Wright (2021), S. 7.

urteilung der Kontrollumgebung die Fähigkeit, auch automatisierte Kontrollen prüfen zu können, unerlässlich. Daraus ergeben sich folgende Prämissen:

- Kein separates IT-Prüfungsuniversum,[41] sondern
- Einbettung der IT-Themen in das gesamte organisationsweite Prüfungsuniversum,
- Berücksichtigung neu aufkommender Risiken, die oft technologiegetrieben sind, bei der Aktualisierung des Prüfungsuniversums und
- Förderung von Input und Verbesserungsvorschlägen für Prüfungsthemen.

Das von CIA®-Kandidaten verlangte Fachwissen zum Fachgebiet IT kann als genereller Maßstab für das IT-Know-how von Internen Revisoren angesehen werden. Das relevante IT-Wissen wird im dritten Prüfungsteil „Business Knowledge for Internal Auditing" abgefragt. Im Syllabus dieses Prüfungsteils aus dem Jahr 2019 finden sich die Themen Datenanalysen, Informationssicherheit und Informationstechnologie mit insgesamt mit 56 Prozent des Inhalts wieder.[42] In der vorherigen Version des CIA®-Examens war der Umfang dieser Themen auf 15 bis 25 Prozent festgelegt. Dies zeigt nachdrücklich, wie sich die Schwerpunkte in den letzten Jahren verschoben haben.

Weitere Hinweise auf das erforderliche IT-Know-how in der Internen Revision finden sich in dem im Jahr 2020 vom IIA aktualisierten Internal Audit Competency Framework.[43] IT ist einer der 23 Wissensbereiche im Wissensgebiet „Umfeld".

Mit verschiedenen Maßnahmen können Revisionsabteilungen sicherstellen, dass das notwendige IT-Know-how vorhanden ist:

- Entwicklung einer Weiterbildungsstrategie für das Thema IT, die sich an der Digitalisierungsstrategie der Organisation orientiert. Hierbei ist der Austausch mit anderen Funktionen innerhalb der Organisation von zentraler Bedeutung.
- Führungsgrundsätze in der Internen Revision, die darauf ausgerichtet sind, alle Revisorinnen und Revisoren zu befähigen, effizient und effektiv zu prüfen. Hierbei sollten auch das oft ambivalente Verhältnis des Revisionspersonals zum Einsatz moderner Technologien sowie alle vorhandenen Ausbildungen, Karrierestufen und Altersgruppen berücksichtigt werden.

---

41 Alternativ zum Begriff Prüfungsuniversum werden in der Praxis häufig die Begriffe Prüfungslandkarte oder Audit Universe benutzt.

42 Der aktuelle Syllabus des CIA Examens findet sich auf den Seiten des IIA: https://www.theiia.org/en/certifications/cia/exam-prep-resources/exam-syllabus/ (Stand 13.06.2024).

43 Vgl. IIA (2020a).

- Regelmäßige Standortbestimmung zu erforderlichen Grund- und Spezialkenntnissen. Diese hängen vom zu prüfenden Geschäft und der Komplexität der genutzten Systeme und Technologien ab.

- Berücksichtigung von sich verändernden Arbeitswelten und der Notwendigkeiten, die sich daraus für das IT-Know-how ergeben.

- Angemessene Schulungen. Ein formelles Schulungsprogramm als Mix aus verschiedenen Trainings, Seminaren und Fachtagungen sollte in jeder Revisionseinheit sicherstellen, dass alle Revisorinnen und Revisoren sowohl Veränderungen in den IT-Risiken als auch Veränderungen in der IT-Landschaft der Organisation kennen. Seminare und Fachtagungen vermitteln solides Basiswissen, auf dessen Grundlage in spezifischen Bereichen Spezialwissen erworben werden kann. Nicht zu unterschätzen sind hier die Konkurrenz mit anderen Fachthemen und die beschränkten Ressourcen der Internen Revision für die Aus- und Weiterbildung.

- Unterstützung von außerhalb der eigenen Organisation. Einerseits können Seminaranbieter in Inhouse-Schulungen das gesamte Revisionsteam kostengünstig ausbilden. Andererseits muss, wenn der Revisionsplan feststeht, entschieden werden, welche Prüfungen aufgrund von erforderlichem Spezialwissen extern vergeben werden. Zu unterscheiden ist zwischen Co-Sourcing, bei dem externes Know-how in eigene Prüfungen hineingekauft wird, und Outsourcing, bei dem komplette Prüfungsdienstleistungen extern eingekauft werden. Der Bezug externer Unterstützung ist gerade auch für kleinere Revisionseinheiten ein probates Mittel, Expertenwissen gezielt in Anspruch zu nehmen. So können neue Themen flexibel in die Prüfungstätigkeit eingebunden, knappe Kapazitäten kompensiert und Know-how in die eigene Organisation transferiert werden.

- Darüber hinaus ist eine branchenspezifische und branchenübergreifende Vernetzung (z.B. mit Wirtschaftsprüfern, anderen Prüfungsdienstleistern, Schulungsanbietern und berufsständischen Organisationen und Verbänden) besonders wichtig, um aktuelle Trends und Veränderungen in den technologiegetriebenen Risiken rechtzeitig diskutieren und in der Revisionspraxis umsetzen zu können.

Das IIA hat 2018 mit einem Thesenpapier wesentliche Punkte für eine auch in der Zukunft erfolgreiche Revisionstätigkeit definiert.[44] Die Interne Revision muss ihre Verpflichtung auf Innovation anerkennen, um weiterhin eine wichtige Rolle für den Erfolg von Organisationen zu spielen. Innovation muss im Zentrum des Auftrags der Internen Revision stehen, wenn sie mit den Entwicklungen in der Organisation und darüber hinaus mithalten will. Da Innovationen im Wesentlichen durch neue Technologien getrieben werden,

44 Vgl. IIA (2018a).

ist die Bedeutung des ausreichenden IT-Know-hows der Internen Revision offensichtlich.

Da Innovationen in der Regel mit größeren Risiken behaftet sind als etablierte Geschäftsprozesse, Systeme oder Technologien, muss eine dem Grundsatz der Risikoorientierung verpflichtete Interne Revision Innovationen besonders in den Fokus nehmen. Das beste Mittel dazu ist, auch in der Internen Revision selbst Innovationen und neue Ansätze zu stärken und, wenn immer möglich,

- anstelle von inkrementellen Verbesserungen neu zu denken, wie Dinge erledigt werden können,
- Wege zu finden, Technologien von anderen zu adaptieren oder zu verbessern, um Vorteile zu realisieren,
- zu bedenken, dass die Fragestellungen von heute nicht die von morgen sind.

Da Risiken sich niemals auf die Vergangenheit, sondern immer auf die Zukunft beziehen, folgt daraus notwendig die revisionsseitige Beschäftigung mit der Innovationsagenda der Organisation.

Es ist praktisch unmöglich, dass eine Interne Revision ihren Organisationen wertsteigernde Dienstleistungen anbietet, wenn sie sich nicht mit IT-Risiken und -Kontrollen sehr gut auskennt und technologiebasierte Prüfungen anwendet.

In der im Jahr 2024 erschienenen zweiten Auflage seines Buches „Agents of Change“ führt der frühere Präsident des IIA, Richard Chambers, aus, dass, angetrieben durch Technologie und Disruption, das Tempo des Wandels sich heute im sich rasch entwickelnden Zeitalter der künstlichen Intelligenz extrem beschleunigt.[45] Es ist die Aufgabe der Internen Revision, sich inspirieren zu lassen und sich den Herausforderungen einer Welt zu stellen, die sich exponentiell verändert. Konzepte von Innovation und Wandel sind grundlegend in einer sich ständig verändernden Technologielandschaft, in der generative KI und weitreichende Sprachmodelle in den Mittelpunkt gerückt sind.

2.4 Berufliche Sorgfalt

Prinzip 4 Wende berufsübliche Sorgfalt an

Interne Revisorinnen und Revisoren wenden bei der Planung und Durchführung von Revisionsleistungen die gebotene berufliche Sorgfalt an.

Quelle: IIA/DIIR, Global Internal Audit Standards

45 Vgl. Chambers (2024).

Die im Folgenden beschriebenen Standards zur Anwendung der gebotenen beruflichen Sorgfalt fordern die Einhaltung der Global Internal Audit Standards, die Berücksichtigung der individuellen Umstände der auszuführenden Tätigkeiten und die Anwendung professioneller Skepsis. Revisorinnen und Revisoren handeln im besten Interesse der Empfänger der Revisionsleistungen. Es wird jedoch nicht erwartet, dass sie unfehlbar sind.

Standard 4.1 Einhaltung der Global Internal Audit Standards

Interne Revisorinnen und Revisoren müssen ihre Revisionsleistungen in Übereinstimmung mit den Global Internal Audit Standards planen und durchführen.

Die Methoden der Internen Revision müssen in Übereinstimmung mit den Standards festgelegt, dokumentiert und gepflegt werden. Interne Revisorinnen und Revisoren müssen die Standards und die Methoden der Internen Revision befolgen, wenn sie interne Revisionsleistungen planen und erbringen und Ergebnisse kommunizieren.

Wenn die Standards in Verbindung mit Anforderungen anderer maßgeblicher Stellen verwendet werden, muss in der Kommunikation der Internen Revision gegebenenfalls auch auf die Anwendung der anderen Anforderungen hingewiesen werden.

Wenn Gesetze oder Vorschriften Internen Revisorinnen und Revisoren oder der Internen Revision die Einhaltung eines Teils der Standards verbieten, ist die Einhaltung aller anderen Teile der Standards erforderlich und entsprechende Offenlegungen müssen vorgenommen werden.

Wenn Interne Revisorinnen oder Revisoren eine Anforderung nicht erfüllen können, muss die Revisionsleitung eine Beschreibung der Umstände, der ergriffenen Alternativmaßnahmen, der Auswirkungen der Maßnahmen und der Gründe dokumentieren und mitteilen.

Quelle: IIA/DIIR, Global Internal Audit Standards

Die Methoden der Internen Revision sollen es ermöglichen, dass Revisionsaufträge in Übereinstimmung mit den Anforderungen der Standards durchgeführt werden.

Standard 4.2 Berufliche Sorgfalt

Interne Revisorinnen und Revisoren müssen die erforderliche berufliche Sorgfalt walten lassen, indem sie Art, Umstände und Anforderungen der zu erbringenden Leistungen beurteilen, einschließlich:

- Strategie und Ziele der Organisation.
- Die Interessen derjenigen, für die interne Revisionsleistungen erbracht werden und anderer Stakeholder.
- Angemessenheit und Wirksamkeit von Governance-, Risikomanagement- und Kontrollprozessen.
- Kosten im Verhältnis zum potenziellen Nutzen der zu erbringenden Revisionsleistungen.
- Umfang und Zeitnähe der Arbeiten, die zur Erreichung der Auftragsziele erforderlich sind.
- Relative Komplexität, Wesentlichkeit oder Bedeutung der Risiken des Untersuchungsgegenstands.
- Wahrscheinlichkeit von wesentlichen Fehlern, Betrug, Compliance-Verstößen und anderen Risiken, die sich auf Ziele, Abläufe oder Ressourcen auswirken könnten.
- Verwendung geeigneter Techniken, Tools und Technologien.

Quelle: IIA/DIIR, Global Internal Audit Standards

Um Leistungen mit der erforderlichen beruflichen Sorgfalt zu erbringen, müssen Revisorinnen und Revisoren die Zielsetzung der Internen Revision, die Art der zu erbringenden Leistung, die Geschäftsordnung der Internen Revision, den Revisionsplan und die Umstände verstehen, die zur Aufnahme eines Auftrags in den Plan geführt haben. Sie berücksichtigen die Interessen der Kunden der Organisation und anderer Stakeholder, wie z.B. der Öffentlichkeit. Es ist notwendig, die Komplexität, Wesentlichkeit und Bedeutung der zu bewertenden Risiken im Kontext zu verstehen, um sie beurteilen zu können.

Die berufliche Sorgfalt erfordert auch eine Abwägung der Kosten einer Revisionsleistung gegenüber dem daraus resultierenden Nutzen. Darüber hinaus empfehlen die Standards ausdrücklich den Einsatz von Datenanalysesoftware und anderen Technologien zur Unterstützung der Überprüfungs- und Bewertungsprozesse.

Standard 4.3 Professionelle Skepsis

Interne Revisorinnen und Revisoren müssen bei der Planung und Erbringung von Revisionsleistungen professionelle Skepsis walten lassen. Um professionelle Skepsis walten zu lassen, müssen Interne Revisorinnen und Revisoren:

- Eine wissbegierige Haltung bewahren.
- Die Zuverlässigkeit von Informationen kritisch beurteilen.
- Direkt und aufrichtig sein, wenn sie Bedenken äußern und Fragen zu widersprüchlichen Informationen stellen.
- Nach zusätzlichen Nachweisen suchen, um ein Urteil über Informationen und Aussagen abzugeben, die möglicherweise unvollständig, widersprüchlich, falsch oder irreführend sind.

Quelle: IIA/DIIR, Global Internal Audit Standards

Professionelle Skepsis ermöglicht es, objektive Urteile abzugeben, die sich auf Fakten stützen, anstatt auf Vertrauen. Revisorinnen und Revisoren wenden professionelle Skepsis an, wenn sie relevante, zuverlässige und ausreichend Nachweise suchen, und vertrauen nicht einfach darauf, dass zur Verfügung gestellte Informationen wahr oder echt sind. Professionelle Skepsis erfordert Neugier und die Bereitschaft, einem bestimmten Thema auf den Grund zu gehen. Es ist wichtig, Voreingenommenheit zu vermeiden und eine offene und neugierige Geisteshaltung zu bewahren.

Revisorinnen und Revisoren sollten nichts als selbstverständlich hinnehmen. Sie hinterfragen ständig, was sie hören und sehen, und sie bewerten Prüfungsnachweise kritisch.[46] Sie gehen nicht standardmäßig davon aus, dass die Mitarbeitenden des Prüfungspartners entweder ehrlich oder unehrlich sind.[47] Die Anwendung von professioneller Skepsis hilft, unvoreingenommen zu bleiben und sich ein objektives Urteil zu bilden, das auf zuverlässigen Informationen beruht. Revisorinnen und Revisoren sind selten in der Lage, absolute Gewissheit über die Zuverlässigkeit von Informationen zu erlangen. Häufig müssen sie sich auf Nachweise stützen, die eher relativ als absolut überzeugend sind, und die zu prüfenden Verhältnisse sind selten schwarz oder weiß, sondern häufig im Graubereich. Sie sind selten komplett richtig oder komplett falsch. Hinzu kommt die Notwendigkeit, dass die Feststellungen der Internen Revision mit vertretbarem Aufwand innerhalb eines angemessenen Zeitraums getroffen werden müssen. Wer viel in die Zuverlässigkeit von Informationen investiert, wird möglicherweise unverhältnismäßig viel Prüfungsaufwand treiben müssen. Aber ohne ein angemessenes Maß an professioneller Skepsis werden die Prüfungsziele nur schwer zu erreichen sein.

46 Vgl. Reding et al. (2013), S. 8–3 und S. 10–2.

47 Vgl. Reding et al. (2013), S. 8–3 und S. 10–2.

Abbildung 10 listet sechs grundlegende Merkmale professioneller Skepsis auf.[48]

Hinterfragender Geist	• Nehmen Sie Informationen nicht für bare Münze, sondern suchen Sie nach Nachweisen, um Informationen zu untermauern, oder um Informationen zu widerlegen.
Aussetzung des Urteils	• Halten Sie Akzeptanz oder Ablehnung zurück, bis Sie genügend Informationen haben, um sich ein vollständiges Bild zu machen.
Suche nach Wissen	• Zeigen Sie echte Neugier und Freude am Lernen.
Zwischenmenschliches Verständnis	• Erkennen Sie, dass Menschen dieselben Informationen unterschiedlich wahrnehmen können.
Selbstvertrauen	• Wertschätzen Sie Ihre eigenen Erkenntnisse und zeigen Sie Bereitschaft, die Annahmen anderer infrage zu stellen.
Selbstbestimmtheit	• Handeln Sie auf der Grundlage Ihrer Erkenntnisse.

Abbildung 10: Grundlegende Merkmale professioneller Skepsis

Die angemessene Ausübung von professioneller Skepsis während des gesamten Beurteilungsprozesses ist das Herzstück einer effektiven Entscheidungsfindung in der Internen Revision. Dabei unterliegt die Beurteilung von Informationen durch Einzelpersonen unweigerlich ihrem persönlichen Erfahrungshintergrund und ihrer individuellen Voreingenommenheit. Auch Technologien können eine Herausforderung für die professionelle Skepsis darstellen. Es ist wichtig, bei der Bewertung der durch eine neue Technologie, z.B. einer künstlichen Intelligenz, gelieferten Informationen skeptisch zu bleiben. Technologie ist zwar ein leistungsfähiges Instrument, kann aber Wissen, Urteilsvermögen und professionelle Skepsis nicht ersetzen. Zu den umsetzbaren Schritten, die dabei helfen, die Fähigkeit zur Ausübung eines angemessenen Maßes an Skepsis zu verbessern, gehören das Verstehen der Grenzen der eigenen Objektivität, das Vermeiden voreiliger Schlüsse, Unvoreingenommenheit, das Vermeiden ungerechtfertigten Vertrauens in Daten, die Schärfung der Fähigkeit zum kritischen Denken und das Einholen von Expertenrat.[49]

Weil die Interne Revision als einzige unabhängige interne Überwachungsfunktion eine besondere Rolle einnimmt, sind die Erwartungen an Revisorinnen und Revisoren zur Ausübung einer professionellen Skepsis hoch.

48 Vgl. Chin (2022), S. 24.

49 Vgl. Bünis und Gossens (2023b), S. 161.

Professionelle Skepsis ist aber nicht gleichbedeutend mit Misstrauen. Manchmal ist es ein schmaler Grat zwischen einem gesunden Maß an professioneller Skepsis und einer grundlegend misstrauischen Haltung.[50] Sicherlich sollte die Interne Revision ihren Revisionspartnern nicht immer grundsätzlich misstrauen. Dies kann destruktiv sein, denn Misstrauen fördert Misstrauen: Revisorinnen und Revisoren, die als misstrauisch wahrgenommen werden, werden feststellen, dass ihnen ihre Prüfungspartner ebenfalls nicht trauen.

Wenn Revisorinnen und Revisoren ihre Prüfungspartner so behandeln, als ob sie sie des Betrugs verdächtigen, oder wenn sie sich so verhalten, als ob sie eine Vertuschung vermuten, werden die Prüfungspartner eher benötigte Informationen verheimlichen. Misstrauen verhindert partnerschaftliche Zusammenarbeit. Der Mehrwert, den eine Interne Revision in einer Organisation liefern kann, z.B. im Sinne der Verbesserung des Risikomanagements und der Kontrollen, wird umso größer sein, je intensiver und vertrauensvoller die Zusammenarbeit mit den Revisionspartnern gelingt.

Revisorinnen und Revisoren lassen sich leicht einschüchtern, wenn sie einen Bereich prüfen, der von erfahrenen Fachleuten bearbeitet wird. Die Expertinnen und Experten können mit ihrem detaillierten Verständnis für die Abläufe überzeugen. Dennoch haben auch kluge Leute schon ziemlich dumme Dinge unternommen. Es gibt Fälle, in denen sich Verstöße als vorsätzlich veranlasste Umgehungen von Kontrollen herausgestellt haben, weil die Betroffenen glaubten, solche Kontrollen seien für sie nicht notwendig.[51] Wenn Revisorinnen und Revisoren sich in solchen Fällen von autoritär auftretenden Prüfungspartnern blenden lassen, handelt es sich um die als Authority Bias bezeichnete Voreingenommenheit. Beim Authority Bias vertrauen Menschen den Aussagen einer Autoritätsperson, einer Expertin oder eines Experten aufgrund ihrer Position oder ihres Titels. Erfahrene und angemessen geschulte Revisorinnen und Revisoren können diese Voreingenommenheit erkennen und reagieren mit professioneller Skepsis.[52]

Für die Qualität der Revisionsergebnisse spielt die professionelle Skepsis eine wesentliche Rolle. Deshalb ist professionelle Skepsis unbestritten ein wesentlicher Erfolgsfaktor für die Interne Revision. Die Umsetzung beinhaltet Maßnahmen durch die Interne Revision, aber auch durch deren Stakeholder:[53]

- Schritt 1: Abklärung der Erwartungshaltung der Stakeholder.
- Schritt 2: Verankerung der professionellen Skepsis und der Erwartungshaltung der Stakeholder in der Geschäftsordnung der Internen Revision.
- Schritt 3: Integration der professionellen Skepsis in die Methoden im Revisionshandbuch.

50 Vgl. Chambers (2020).
51 Vgl. Chambers (2022).
52 Vgl. Bünis und Gossens (2023a), S.12.
53 Vgl. Bantleon (2018), S.280 und S.284.

- Schritt 4: Beurteilung der Konfliktwilligkeit und Neugier als Voraussetzung zur professionellen Skepsis bei Einstellung von Revisorinnen und Revisoren.
- Schritt 5: Schulungen zur professionellen Skepsis.
- Schritt 6: Umsetzung in der Prüfungsplanung, z.B. durch Teamprüfungen.
- Schritt 7: Umsetzung in der Prüfungsdurchführung.
- Schritt 8: Umsetzung in der Berichtskritik.
- Schritt 9: Umsetzung im Qualitätssicherungs- und Verbesserungsprozess der Revision.
- Schritt 10: Konsequente Einforderung und Überwachung.

Zur Anwendung kommt die professionelle Skepsis insbesondere, wenn Interne Revisorinnen und Revisoren bei einer Prüfung Informationen hinsichtlich ihrer Zuverlässigkeit bewerten. Die hierbei wichtigste Frage lautet: Genügt der Grad der Zuverlässigkeit, um das Prüfungsrisiko auf das angestrebte Niveau zu reduzieren und die Schlussfolgerung zu stützen?

Es gibt keine festen Regeln für die Zuverlässigkeit von Prüfungsnachweisen, aber an die folgenden nützlichen Hinweise kann man sich in der Regel halten:[54]

1. Von unabhängigen Dritten erlangte Nachweise sind zuverlässiger als von Mitarbeiterinnen und Mitarbeitern der geprüften Stelle erlangte Nachweise.
2. Nachweise, die auf einem Prozess oder System mit wirksamen Kontrollen beruhen, sind zuverlässiger als Nachweise, die auf einem Prozess oder System mit unwirksamen Kontrollen beruhen.
3. Direkt von Internen Revisorinnen und Revisoren erhobene Nachweise sind zuverlässiger als indirekt erlangte Nachweise.
4. Dokumentierte Nachweise sind verlässlicher als nicht dokumentierte Nachweise.
5. Rechtzeitige Nachweise sind zuverlässiger als nicht rechtzeitige Nachweise.
6. Bestätigte Nachweise sind aussagekräftiger als unbestätigte oder widersprüchliche Nachweise.
7. Größere Stichproben liefern hinlänglichere Nachweise als kleinere Stichproben.

54 Vgl. Reding et al. (2013), S. 10–3.

Die Möglichkeiten des Einsatzes künstlicher Intelligenz bei der Manipulation von Systemen, Informationen und Prüfungsnachweisen beeinträchtigen die Einschätzung der Zuverlässigkeit in besonderer Weise und erschweren die Aufdeckung insbesondere von Fraud massiv. Vertrauensvolle Quellen werden voraussichtlich auch in der Internen Revision zukünftig eine viel größere Rolle spielen.

Es wird in vielen Prüfungen eine Herausforderung sein, das angemessene Maß an professioneller Skepsis zu entwickeln, mit dem die Effizienzziele der Internen Revision noch erreicht werden können. Hinsichtlich der Reduzierung des Prüfungsrisikos durch zuverlässige Prüfungsnachweise sollte eine Interne Revision angemessen und wirtschaftlich agieren. Die Herausforderung für die Revisionsleitung ist es, das Maß an professioneller Skepsis so festzulegen, dass die relevanten Prüfungsdeterminanten optimiert werden und der Prüfungsauftrag bestmöglich erfüllt werden kann (vgl. Abbildung 11).

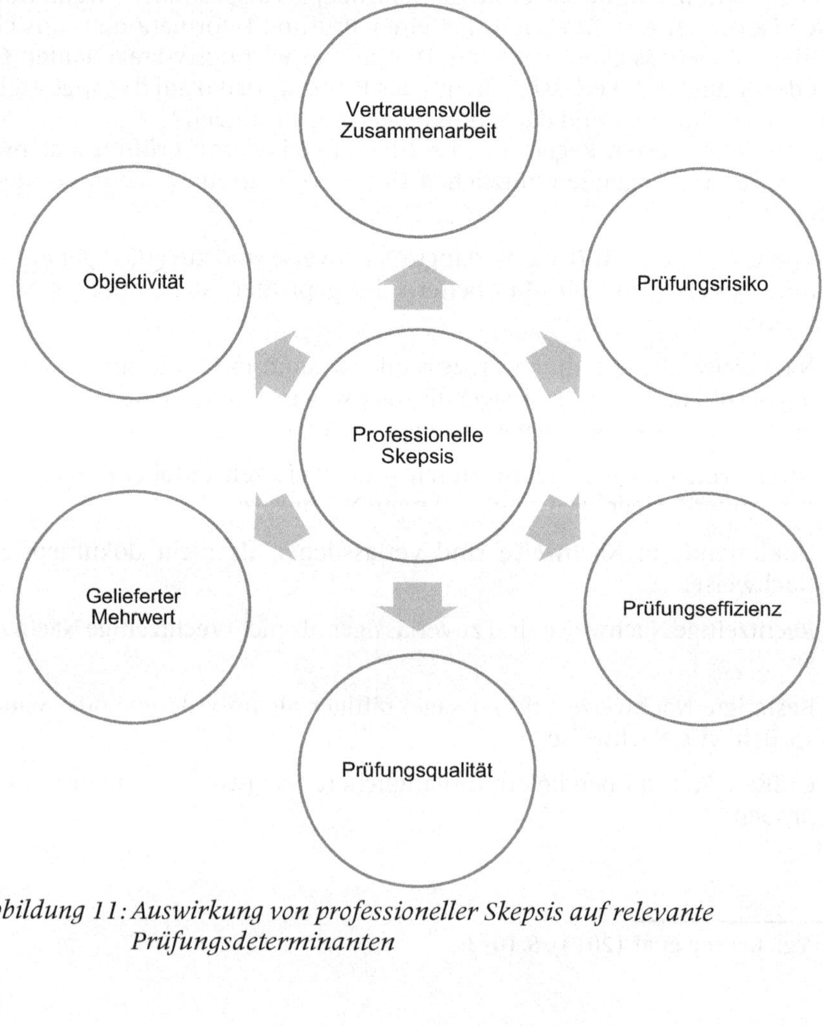

Abbildung 11: Auswirkung von professioneller Skepsis auf relevante Prüfungsdeterminanten

2.5 Vertraulichkeit

Prinzip 5 Wahre Vertraulichkeit

Interne Revisorinnen und Revisoren verwenden und schützen Informationen angemessen.

Quelle: IIA/DIIR, Global Internal Audit Standards

Weil Revisorinnen und Revisoren unbegrenzten Zugriff auf Daten, Aufzeichnungen und andere Informationen haben, die sie zur Erfüllung ihrer Aufgaben benötigen, erhalten sie oft Informationen, die vertraulich oder geschützt sind. Revisorinnen und Revisoren müssen den Wert von und das Eigentum an diesen Informationen respektieren, indem sie diese nur für berufliche Zwecke verwenden und sie vor unberechtigtem Zugriff oder Offenlegung schützen.

Standard 5.1 Verwendung von Informationen

Interne Revisorinnen und Revisoren müssen die relevanten Richtlinien, Verfahren, Gesetze und Vorschriften befolgen, wenn sie Informationen nutzen. Informationen dürfen nicht zur persönlichen Bereicherung oder in einer Weise verwendet werden, die den legitimen und ethischen Zielen der Organisation zuwiderläuft oder schadet.

Quelle: IIA/DIIR, Global Internal Audit Standards

Revisorinnen und Revisoren müssen erhaltene Informationen angemessen nutzen und handhaben. Die unsachgemäße Verwendung von vertraulichen oder geschützten Informationen kann z.B. Reputationsschäden und Geldstrafen wegen Verletzung von Gesetzen zur Folge haben.

Die Methoden der Internen Revision sollten den Umgang mit vom Zeitpunkt des Zugriffs auf die Informationen bis zu ihrer Erfassung, Übertragung, Speicherung und/oder Vernichtung regeln.

Standard 5.2 Schutz von Informationen

Interne Revisorinnen und Revisoren müssen sich ihrer Verantwortung für den Schutz von Informationen bewusst sein und Respekt für die Vertraulichkeit, den Datenschutz und das Eigentum an Informationen zeigen, die sie bei der Erbringung von internen Revisionsleistungen oder als Ergebnis beruflicher Beziehungen erworben haben.

Interne Revisorinnen und Revisoren müssen die Gesetze, Vorschriften, Richtlinien und Verfahren in Bezug auf Vertraulichkeit, Datenschutz und Informationssicherheit verstehen und einhalten, die für die Organisation und die Interne Revision gelten.

Zu den Überlegungen, die speziell für die Interne Revision relevant sind, gehören:

- Verwahrung, Aufbewahrungsfrist und Vernichtung von Auftragsunterlagen.
- Herausgabe von Auftragsunterlagen an interne und externe Parteien.
- Umgang mit Zugriffen auf oder Kopien von vertraulichen Informationen, wenn diese nicht mehr benötigt werden.

Interne Revisorinnen und Revisoren dürfen vertrauliche Informationen nicht an Unbefugte weitergeben, es sei denn, es besteht eine gesetzliche oder berufliche Verpflichtung dazu.

Interne Revisorinnen und Revisoren müssen das Risiko managen, dass Informationen versehentlich preisgegeben oder offengelegt werden.

Die Revisionsleitung muss sicherstellen, dass die Interne Revision und Personen, die die Interne Revision unterstützen, sich an dieselben Schutzanforderungen halten.

Quelle: IIA/DIIR, Global Internal Audit Standards

Die von der Internen Revision verwendeten und erstellten Informationen sind durch Gesetze und die Verfahren der Organisation und der Internen Revision geschützt. Diese decken die physische und digitale Sicherheit, den Zugriff, die Aufbewahrung und die Vernichtung von Informationen ab.

Wenn Revisorinnen und Revisoren keinen Zugriff mehr auf Daten benötigen, sind ihre temporär eingerichteten Benutzerberechtigungen wieder zu löschen.

3 Governance der Internen Revision

Dieses Buch ist als Basiswerk für Neu- und Quereinsteiger in der Internen Revision konzipiert. Diese werden mit den im Bereich der Governance der Internen Revision aufgeworfenen Themen in der Regel nicht täglich zu tun haben. Allerdings ist es unerlässlich, dass die diesbezüglichen Konzepte, Standards und Begriffe allen Revisorinnen und Revisoren bekannt sind.

Angemessene Governance-Regelungen sind für die Wirksamkeit der Internen Revision essenziell. Domain III innerhalb der Global Internal Audit Standards beschreibt die Anforderungen an die Revisionsleitung, eng mit der Geschäftsleitung und/oder dem Überwachungsorgan zusammenzuarbeiten. Die Tätigkeiten von Geschäftsleitung und Überwachungsorgan und die von ihnen geschaffenen Rahmenbedingungen sind von wesentlicher Bedeutung für die Fähigkeit der Internen Revision, ihre Zielsetzung zu erfüllen. Diese Rahmenbedingungen werden in den Standards als „wesentliche Bedingungen" bezeichnet.

Die Standards unterscheiden zwischen Board (übersetzt mit Leitungs- und Überwachungsorgan) und Senior Management (übersetzt mit Geschäftsleitung). Im dualistischen Modell der Unternehmensführung, das in Deutschland vorherrscht, kann man die Begriffe mit Aufsichts- bzw. Verwaltungsrat und Vorstand gleichsetzen. Die Standards lassen allerdings alle Möglichkeiten offen: Im Glossar der Standards wird erläutert, dass sich der Begriff Board (Leitungs- und Überwachungsorgan) auf das Gremium bezieht, das die Kompetenz besitzt, die Interne Revision mit den geeigneten Befugnissen, Aufgaben und Verantwortlichkeiten auszustatten. Wenn also in einem Unternehmen der Vorstand die notwendige Kompetenz hat, die Interne Revision mit Befugnissen, Aufgaben und Verantwortlichkeiten auszustatten, sollte man aus den Standards nicht ableiten, dass dies geändert werden und nun etwa der Aufsichtsrat die Verantwortung für die Interne Revision übernehmen müsse.

Die Standards gelten unabhängig davon, ob eine Organisation Interne Revisorinnen und Revisoren direkt beschäftigt oder sie über einen externen Dienstleister beauftragt. Die Revisionsleitung ist für die Einhaltung der Standards verantwortlich, was durch das Qualitätssicherungs- und Verbesserungsprogramm nachgewiesen wird.

3.1 Autorisierung der Internen Revision

Prinzip 6 Autorisierung durch das Leitungs- und Überwachungsorgan

Das Leitungs- und Überwachungsorgan definiert, genehmigt und unterstützt das Mandat der Internen Revision.

Quelle: IIA/DIIR, Global Internal Audit Standards

Die Interne Revision erhält ihr Mandat von der Geschäftsleitung oder dem Aufsichtsorgan, die man als Auftraggeber der Internen Revision bezeichnen kann. Das Mandat legt Befugnisse, Aufgaben und Verantwortlichkeiten der Internen Revision fest und ist in der Geschäftsordnung der Internen Revision zu dokumentieren. Hierdurch wird die Interne Revision ermächtigt, objektive Prüfungssicherheit und Beratungsleistungen zu liefern, indem sie die Wirksamkeit von Governance-, Risikomanagement- und Kontrollprozessen der Organisation bewertet.

Standard 6.1 Mandat der Internen Revision

Die Revisionsleitung muss dem Leitungs- und Überwachungsorgan die Informationen zur Verfügung stellen, die für die Festlegung des Mandats der Internen Revision erforderlich sind.

In Ländern und Branchen, in denen das Mandat der Internen Revision ganz oder teilweise in Gesetzen oder Vorschriften festgelegt ist, muss die Geschäftsordnung der Internen Revision die rechtlichen Anforderungen des Mandats enthalten.

Um Geschäftsleitung und Überwachungsorgan bei der Festlegung von Umfang und der Art der internen Revisionsleistungen zu unterstützen, muss sich die Revisionsleitung mit anderen internen und externen Assurance Providern abstimmen, um ein Verständnis für die Aufgaben und Zuständigkeiten des jeweils anderen zu gewinnen.

Die Revisionsleitung muss das Mandat in der Geschäftsordnung der Internen Revision, die vom Leitungs- und Überwachungsorgan genehmigt wird, dokumentieren oder darauf verweisen.

Regelmäßig muss die Revisionsleitung beurteilen, ob veränderte Umstände eine Diskussion mit Geschäftsleitung und Überwachungsorgan über das Mandat der Internen Revision rechtfertigen. Wenn dies der Fall ist, muss die Revisionsleitung das Mandat der Internen Revision mit Geschäftsleitung und Überwachungsorgan erörtern, um zu beurteilen, ob Befugnisse, Aufgaben und Verantwortlichkeiten der Internen Revision weiterhin ausreichen, um ihre Strategie zu verwirklichen und ihre Ziele zu erreichen.

Quelle: IIA/DIIR, Global Internal Audit Standards

Zur Erfüllung dieser Anforderungen ist es erforderlich, dass die Geschäftsordnung der Internen Revision genehmigt und das Mandat, also der Auftrag der Internen Revision, dort klar benannt wird.

Die Geschäftsordnung der Internen Revision ermöglicht den freien und uneingeschränkten Zugang zum Leitungs- und Überwachungsorgan sowie zu Aufzeichnungen, Personal und physische Einrichtungen in der gesamten Organisation.

Die Hauptaufgabe der Internen Revision ist die Erbringung von internen Revisionsleistungen. Es kann Situationen geben, in denen die Revisionsleitung auch für andere Aufgaben zuständig ist, z.B. für Risikomanagement oder Compliance.

Die Verantwortlichkeiten der Internen Revision umfassen die Erfüllung ihrer Aufgaben sowie der Erwartungen wichtiger Stakeholder. Zu den Erwartungen gehören wirksame Kommunikation, die Einhaltung von Vorschriften und Richtlinien und die Einhaltung der Global Internal Audit Standards.

Der Umfang der Tätigkeit der Internen Revision kann auf einen geografisch oder anders aufgeteilten Bereich beschränkt sein, deckt aber in der Regel die gesamte Organisation ab. Der Umfang kann die Art der internen Revisionsleistungen festlegen, z.B. nur Prüfung oder Prüfung und Beratung. Die Revisionsleistungen können einfach als Prüfungs- und Beratungsleistungen oder spezifischer definiert werden, wie z.B. Wirtschaftlichkeitsprüfung, Prüfung der internen Kontrollen der Finanzberichterstattung oder Fraud-Ermittlungen.

Die Revisionsleitung sollte die Notwendigkeit von Änderungen des Mandats aufgrund aktueller Erfordernisse mindestens einmal jährlich förmlich überprüfen.

Standard 6.2 Geschäftsordnung der Internen Revision

Die Revisionsleitung muss eine Geschäftsordnung für die Interne Revision entwickeln und pflegen, die mindestens Folgendes enthält

- Zielsetzung der Internen Revision.
- Verpflichtung zur Einhaltung der Global Internal Audit Standards.
- Mandat, einschließlich Umfang und Art der zu erbringenden Dienstleistungen sowie Zuständigkeiten und Erwartungen von Leitungs- und Überwachungsorgan in Bezug auf die Unterstützung der Internen Revision durch das Management. (Siehe auch Standard 6.1 Mandat der Internen Revision.)
- Organisatorische Positionierung und Berichtslinien.

Die Revisionsleitung muss die vorgeschlagene Geschäftsordnung mit Geschäftsleitung und Überwachungsorgan erörtern, um zu bestätigen, dass sie deren Verständnis und Erwartungen an die Interne Revision genau wiedergibt.

Quelle: IIA/DIIR, Global Internal Audit Standards

Die Basis der Tätigkeit der Internen Revision ist immer ihre Geschäftsordnung (auch Revisionsordnung, Revisionsrichtlinie oder Revisionscharta genannt). Die Interne Revision nimmt für sich eine besondere Stellung in Anspruch, die sich u.a. in einem umfassenden Prüfungsrecht, im Recht auf Informationsversorgung und in ihrer unabhängigen Stellung innerhalb der Aufbauorganisation widerspiegelt. Diese besondere Stellung muss der Internen Revision explizit und formell im Rahmen der Geschäftsordnung zuerkannt werden. Gleichzeitig wird aber auch die Verantwortung der Internen Revision definiert, d.h. neben den besonderen Rechten (wie Prüfungsrecht, Informationsrecht) werden auch die Pflichten (wie Pflicht zur Berichterstattung über Revisionsergebnisse, Pflicht zur Risikoorientierung, Pflicht zu kontinuierlicher Verbesserung) festgelegt.

Zuständig für die Genehmigung der Geschäftsordnung der Internen Revision ist in Deutschland in der Regel die Geschäftsleitung. Es kann aber auch geregelt sein, dass die Genehmigung durch einen Aufsichts- oder Verwaltungsrat erfolgt.

Es gibt zwar Muster für eine Geschäftsordnung der Internen Revision, z.B. hat das IIA eine Mustergeschäftsordnung im Rahmen der Global Internal Audit Standards herausgegeben,[55] aber die Geschäftsordnung muss immer die individuellen organisatorischen Aspekte adressieren, die sich auf das Mandat, den Umfang und die Revisionsleistungen auswirken können.

Es hat sich bewährt, die Geschäftsordnung in regelmäßigen Abständen zu überprüfen und zu aktualisieren. Einerseits ändert sich das betriebliche Umfeld immer wieder überraschend schnell, sodass neben redaktionellen auch inhaltliche Anpassungen notwendig werden. Andererseits bringt die Vorlage einer aktualisierten Geschäftsordnung für die Interne Revision diese bei der Geschäftsleitung immer wieder ins Gespräch. Die Gelegenheit kann zudem für grundsätzliche Überlegungen zur Ausrichtung der Internen Revision genutzt werden.

In der Geschäftsordnung der Internen Revision sollen die administrativen Zuständigkeiten für die Interne Revision beschrieben werden, z.B. die Verfahren für die Genehmigung von Personal oder Budgets oder die Überprüfung der Leistung der Internen Revision.

Für das Formulieren einer Geschäftsordnung für die Interne Revision bietet sich damit beispielsweise die Berücksichtigung der folgenden Inhalte an:

55 Vgl. IIA (2024).

Geschäftsordnung für die Interne Revision

1. Grundlagen

- Unterstellung direkt unter die Geschäftsleitung oder das Überwachungsorgan zur Wahrung der Unabhängigkeit
- Verbindlichkeit des Global Internal Audit Standards
- Weisungsunabhängigkeit bei der Wertung von Prüfungsergebnissen
- Informationsrecht und uneingeschränkter Zugang zu Daten, Aufzeichnungen, Informationen, Personal und physischen Einrichtungen, die zur Erfüllung der Aufgaben erforderlich sind
- Befugnis oder Auftrag zur Prüfung bei Mehrheitsbeteiligungen, falls zutreffend

2. Ziele und Aufgaben

- Definition der zu prüfenden Aktivitäten und Prozesse
- Prüfung der Governance-, Risikomanagement- und Kontrollprozesse und der Einhaltung von Gesetzen und internen Regelungen
- Objektivität und Vorkehrungen zum Schutz von Objektivität und Unabhängigkeit
- Verpflichtung, einen Mehrwert zu generieren und Prozessverbesserungen zu verfolgen
- Risikoorientierte Planung und Durchführung der Prüfungen
- Begleitung von wesentlichen Projekten und Durchführung von anderen Beratungsaufträgen
- Sonderprüfungen, falls zutreffend
- Unterstützung bei Fraud-Ermittlungen, falls zutreffend

3. Organisation

- Genehmigung des Prüfungsprogramms durch die Geschäftsleitung
- Erwartungen an den Revisionsprozess, z. B. hinsichtlich der Kommunikation mit dem Management und der Klärung von Meinungsverschiedenheiten
- Abstimmung mit internen und externen Assurance Providern
- Keine Übernahme von operativen Aufgaben
- Vorkehrungen zur Wahrung der Unabhängigkeit, falls revisionsfremde Aufgaben in der Verantwortung der Revisionsleitung liegen

- Möglichkeit des Zukaufs externer Prüfungsunterstützung, falls zutreffend
- Erbringung von Prüfungsleistungen für Dritte, falls zutreffend

4. Berichterstattung

- Kommunikation von Prüfungsergebnissen einschließlich Art, Zeitpunkt und Adressaten
- Berichtspflichten und Berichtsrechte gegenüber dem Aufsichtsorgan
- Auskunftsrecht des Aufsichtsorgans
- Erstellung von Quartals- und Jahresberichten
- Überwachung der Mängelverfolgung

5. Qualität

- Sicherstellung von Fachkompetenz und berufsüblicher Sorgfalt
- Erwartungen an das Qualitätssicherungs- und Verbesserungsprogramm einschließlich interner und externer Beurteilungen

Ohne eine Unterstützung der Internen Revision durch ihre Auftraggeber ist eine Erfüllung der Zielsetzung der Internen Revision nicht möglich. Dies macht der Standard 6.3 deutlich.

Standard 6.3 Unterstützung durch Geschäftsleitung und Überwachungsorgan

Die Revisionsleitung muss der Geschäftsleitung und dem Überwachungsorgan die Informationen zur Verfügung stellen, die erforderlich sind, um die Anerkennung der Internen Revision in der gesamten Organisation zu unterstützen und zu fördern.

Die Revisionsleitung muss die Kommunikation der Internen Revision mit dem Leitungs- und Überwachungsorgan mit der Geschäftsleitung koordinieren, um das Leitungs- und Überwachungsorgan bei der Erfüllung seiner Anforderungen zu unterstützen.

Quelle: IIA/DIIR, Global Internal Audit Standards

Die Geschäftsleitung muss die Interne Revision aktiv unterstützen, damit diese ihre Aufgaben wirksam erfüllen kann. Dazu gehört die Durchsetzung von Zugangs- und Zugriffsrechten, die direkte Kommunikation mit der Revisionsleitung und die Genehmigung des Revisionsplans und des Budgets und Ressourcenplans der Internen Revision.

Es hat sich bewährt, dass die Revisionsleitung administrativ einer Person innerhalb der Organisation unterstellt ist, die die Ausübung des Mandats der Internen Revision unterstützen kann. Dies ist z.B. ein Chief Executive Officer, eine Vorsitzende oder ein Vorsitzender der Geschäftsleitung oder des Vorstands oder die Leitung einer Behörde.

3.2 Unabhängigkeit

Prinzip 7 Unabhängigkeit

Das Leitungs- und Überwachungsorgan etabliert und schützt die Unabhängigkeit und Qualifikationen der Internen Revision.

Quelle: IIA/DIIR, Global Internal Audit Standards

Unabhängigkeit und Objektivität bilden die Grundsteine einer effektiven Revisionsarbeit. Während die Objektivität eine individuelle Eigenschaft der Revisorinnen und Revisoren ist, handelt es sich bei Unabhängigkeit um ein organisatorisches Merkmal, das die Interne Revision als Ganzes besitzen muss. In der Praxis herrscht oft eine Begriffsverwirrung, da Unabhängigkeit und Objektivität häufig synonym verwendet werden. Aber es handelt sich um zwei verschiedene Attribute: Jemand kann unabhängig sein, aber nicht objektiv. Jemand kann objektiv sein, aber nicht unabhängig. Es ist wichtig, den Unterschied zwischen beiden Eigenschaften zu verstehen, um Beeinträchtigungen und Vorkehrungen gegen Beeinträchtigungen einschätzen zu können.

Die Geschäftsleitung ist dafür verantwortlich, die Unabhängigkeit der Internen Revision sicherzustellen. Für die Unabhängigkeit sind zwei Kriterien entscheidend:

- Die Möglichkeit, die Aufgaben der Internen Revision unbeeinflusst wahrzunehmen.
- Die direkte Berichtslinie an das Leitungs- und Überwachungsorgan.

Die in Deutschland traditionell vorherrschende Berichtslinie der Internen Revision an die Geschäftsleitung oder den Vorstand eines Unternehmens, gegebenenfalls mit Berichtsrechten an den Aufsichts- oder Verwaltungsrat, widerspricht nicht dem Konzept der Unabhängigkeit, allerdings ist die Interne Revision dann nicht gegenüber der Geschäftsleitung unabhängig. Ähnlich gelagerte Aufgabenbereiche (z.B. Compliance, Qualitätsmanagement, Risikomanagement) innerhalb einer Organisation, die aber nicht den Anspruch der organisatorischen Unabhängigkeit und der individuellen Objektivität in der Aufgabenerledigung vertreten, werden nicht als Interne Revision bezeichnet.

Da es sich bei der Internen Revision um eine Unterstützungsfunktion für die Geschäftsleitung handelt, wird sie in der Regel als Stabsfunktion unterhalb der Geschäftsleitung organisiert. Hierdurch erhält die Interne Revision eine starke Position der Unabhängigkeit, um ihre Überwachungsfunktion wirksam ausüben zu können.

Außerdem gilt die Prozessunabhängigkeit der Revisorinnen und Revisoren. Diese können nicht für das Ergebnis eines Prozesses verantwortlich sein und dürfen nicht in den Arbeitsablauf integriert werden. In der Konsequenz heißt das, dass in einer Organisation alle Geschäfts- und Unterstützungsprozesse auch ohne das Vorhandensein einer Internen Revision unverändert ablaufen würden, da sich die Interne Revision ausschließlich um die unabhängige Überwachung der Prozesse kümmert.

Standard 7.1 Organisatorische Unabhängigkeit

Die Revisionsleitung muss dem Leitungs- und Überwachungsorgan mindestens jährlich die organisatorische Unabhängigkeit der Internen Revision bestätigen. Dazu gehört die Kommunikation von Vorfällen, bei denen die Unabhängigkeit beeinträchtigt worden sein könnte, und der Maßnahmen oder Vorkehrungen, die ergriffen wurden, um die Beeinträchtigung zu beheben.

Die Revisionsleitung muss in der Geschäftsordnung der Internen Revision die von dem Leitungs- und Überwachungsorgan festgelegten Berichtslinien und die organisatorische Positionierung dokumentieren.

Die Revisionsleitung muss mit Geschäftsleitung und Überwachungsorgan alle aktuellen oder geplanten Aufgaben und Verantwortlichkeiten besprechen, die die Unabhängigkeit der Internen Revision tatsächlich oder dem Anschein nach beeinträchtigen könnten. Die Revisionsleitung muss Geschäftsleitung und Überwachungsorgan über die Art der Vorkehrungen informieren, mit denen tatsächliche, potenzielle oder vermeintliche Beeinträchtigungen bewältigt werden können.

Wenn die Revisionsleitung eine oder mehrere laufende revisionsfremde Aufgaben hat, müssen die Verantwortlichkeiten, die Art der Arbeit und die eingerichteten Vorkehrungen in der Geschäftsordnung der Internen Revision dokumentiert werden. Wenn diese Verantwortungsbereiche Gegenstand einer Revisionsprüfung sind, müssen alternative Verfahren zur Erlangung der Prüfungssicherheit eingerichtet werden, z. B. die Beauftragung eines objektiven, kompetenten und externen Assurance Providers, der unabhängig an das Leitungs- und Überwachungsorgan berichtet.

Wenn die revisionsfremden Verantwortlichkeiten der Revisionsleitung temporär sind, muss Prüfungssicherheit für diese Bereiche sowohl während der temporären Verantwortlichkeiten als auch für die folgenden 12 Monate von einem unabhängigen Dienstleister erbracht werden. Darüber hinaus muss die Revisionsleitung einen Plan aufstellen, um diese Verantwortlichkeiten an das Management zu übertragen.

> Wenn die Governancestruktur die organisatorische Unabhängigkeit nicht unterstützt, muss die Revisionsleitung die Merkmale der Governancestruktur, die die Unabhängigkeit einschränken, und alle Vorkehrungen, die zur Umsetzung dieses Prinzips eingesetzt werden können, dokumentieren.
>
> Quelle: IIA/DIIR, Global Internal Audit Standards

Die Revisionsleitung muss gemäß Standard 7.1 der Geschäftsleitung mindestens jährlich die Unabhängigkeit der Internen Revision bestätigen. In der Regel wird sie durch Würdigung von verschiedenen Einflussfaktoren zu der Einschätzung kommen, ob ein hinreichender Grad der Unabhängigkeit eine Bestätigung rechtfertigt.[56] Um eine fundierte Bestätigung abgeben zu können, ist es notwendig, Unabhängigkeit und Objektivität regelmäßig systematisch zu überprüfen und zu belegen. Vor die Bestätigung ist also die interne Beurteilung durchzuführen. Hier bietet es sich an, dies als eine Komponente des Qualitätssicherungs- und Verbesserungsprogramms der Internen Revision zu definieren und Regelungen dafür zu dokumentieren. Die Überprüfung selbst kann dann entweder von der Revisionsleitung oder einer von ihr benannten, möglichst nicht in die Prüfungsaktivitäten eingebundenen Person durchgeführt werden.

Es erscheint sinnvoll, die Bestätigung der organisatorischen Unabhängigkeit und die Einhaltung der ethischen Standards in den Jahresbericht der Internen Revision zu integrieren. Wird mit dem Jahresbericht insbesondere das Ziel verfolgt, Außenstehende von der Qualität der Revisionsarbeit zu überzeugen, so stellt die Bestätigung der organisatorischen Unabhängigkeit und der Objektivität einen überaus wichtigen Baustein für die Empfänger dar. Für die Darstellung der Themen Unabhängigkeit und Objektivität gilt, wie für alle anderen Punkte des Jahresberichts auch, dass die Interne Revision den gesetzlichen Auftrag des Aufsichtsrats einer Aktiengesellschaft, die Wirksamkeit des Internen Revisionssystems zu überwachen, durch transparente und offene Informationen erheblich unterstützen kann.

Die spezifische Rolle der Internen Revision variiert von Organisation zu Organisation und ist abhängig von Faktoren wie Größe, Art des Geschäfts, Rechtsform und regulatorischem Umfeld. Die besondere Rolle der Internen Revision in einer Organisation bestimmt die angemessene Struktur der Verantwortlichkeiten, der Berichtslinien und den Grad der Verlässlichkeit der erbrachten Prüfungs- und Beratungsdienstleistungen. Dabei hängt die Fähigkeit, eine angemessene Unabhängigkeit der Internen Revision zu erreichen, ganz entscheidend davon ab, dass die Interne Revision innerhalb der Aufbauorganisation angemessen platziert ist. Der organisatorische Status der Internen Revision soll es ihr erlauben, ihre Aktivitäten so durchzuführen, wie sie in ihrer innerhalb der Organisation definierten Rolle vorgesehen sind.[57]

56 Vgl. hierzu ausführlich Bünis und Gossens (2017b).

57 Vgl. IIA (2011a), S. 5.

Zu den Rahmenbedingungen, die die Unabhängigkeit der Internen Revision unterstützen, gehören:

- Die direkte Berichtslinie an die Geschäftsleitung (oder sogar an das Überwachungsorgan), die auch für die Ernennung oder Abberufung der Revisionsleitung sowie deren Leistungsbeurteilung und Vergütung zuständig ist.
- Die Möglichkeit, dass die Interne Revision direkt mit dem Aufsichts- oder Verwaltungsrat kommuniziert.
- Treffen geeigneter Vorkehrungen, wenn die Aufgaben der Revisionsleitung über den Umfang der Internen Revision hinausgehen (z. B. Beauftragung externer Prüfungsdienstleister für die betroffenen Prüfungsobjekte).
- Sicherstellen, dass die Interne Revision unbeeinflusst ihre Aufgaben wahrnehmen kann. Beeinflussungen wären z. B. die nicht rechtzeitige Bereitstellung angeforderter Informationen, die Einschränkung des Zugangs zu Informationen, Personal oder physischen Einrichtungen oder die Beschränkung von Budgets oder Ressourcen in einer Weise, die die Wirksamkeit der Internen Revision entscheidend behindert.

Relativ häufig gibt es in Deutschland den Fall, dass die Interne Revision in einer Organisationseinheit zusammen mit anderen Überwachungs- oder Steuerungsfunktionen ausgeübt wird, wie z. B. Risikomanagement, Datenschutz, IKS oder Compliance. Dabei kann es auch sein, dass die Interne Revision erst in einer nachgeordneten Berichtsebene und nicht direkt unterhalb der Geschäftsleitung angesiedelt ist. Hieraus würden sich zunächst Beeinträchtigungen der Unabhängigkeit ergeben, denen man mit organisatorischen Maßnahmen begegnen muss.

Eine Beeinträchtigung der Unabhängigkeit wäre auch gegeben, wenn

- die Revisionsleitung nicht direkt mit Geschäftsleitung und Überwachungsorgan kommunizieren kann.
- das Management versucht, den Umfang der Revision zu begrenzen, der in der Geschäftsordnung dokumentiert wurde.
- das Management Interne Revisorinnen oder Revisoren unter Druck setzt, Feststellungen zu unterdrücken oder zu ändern.
- die Interne Revision nicht über eigene Budgets verfügt, sondern diese z. B. vom Personalbereich oder IT-Bereich gesteuert werden.

Daraus ist allerdings nicht abzuleiten, dass die Interne Revision gegen die Geschäftsleitung agiert. Sie bleibt ein Instrument der Geschäftsleitung, die ja auch den Revisionsplan genehmigt, auch wenn die Interne Revision im Einzelfall unabhängig über Prüfungsumfänge, Wertung von Feststellungen und Berichtsverteiler entscheidet.

Im Unterschied zu Mitarbeitervertretungen oder dem Datenschutzbeauftragten genießen Revisorinnen oder Revisoren aber keinen besonderen, gesetzlich garantierten Schutz bei der Wahrung der Unabhängigkeit. Die Interne Revision muss sich also selbst darum bemühen, die Anforderungen erfüllen zu können.

Die Interne Revision sollte keine Aufgaben durchführen, die mit der Übernahme von Managementverantwortung einhergehen, da sich dies auf die Unabhängigkeit auswirkt. Die Beratung durch die Interne Revision (z.B. in Projektteams) ist grundsätzlich keine Beeinträchtigung der Unabhängigkeit. Auch routinemäßige Aktivitäten in Verbindung mit untergeordneten Angelegenheiten gelten nicht als Managementverantwortung und sind der Unabhängigkeit nicht abträglich.

Der zweite Standard, der dem Prinzip der Unabhängigkeit zugeordnet ist, beschäftigt sich mit der Qualifikation der Revisionsleitung. Nur eine ausreichend kompetente und qualifizierte Person wird die Aufgabe der Revisionsleitung so ausüben können, dass die Unabhängigkeit der Internen Revision gewahrt bleibt.

Standard 7.2 Qualifikation der Revisionsleitung

Die Revisionsleitung muss dem Leitungs- und Überwachungsorgan helfen, die Qualifikationen und Kompetenzen einer Revisionsleitung zu verstehen, die für die Leitung der Internen Revision erforderlich sind. Die Revisionsleitung erleichtert dieses Verständnis, indem sie Informationen und Beispiele für gängige und führende Qualifikationen und Kompetenzen liefert.

Die Revisionsleitung muss die Qualifikationen und Kompetenzen aufrechterhalten und erweitern, die zur Erfüllung der vom Leitungs- und Überwachungsorgan erwarteten Aufgaben und Verantwortlichkeiten erforderlich sind.

Quelle: IIA/DIIR, Global Internal Audit Standards

Von der Geschäftsleitung wird erwartet, dass sie die Verantwortlichkeiten der Revisionsleitung und die dazu erforderlichen Qualifikationen versteht. Da die Geschäftsleitung in Zusammenarbeit mit dem Überwachungsorgan über die Besetzung der Revisionsleitung entscheidet, ist dieses Verständnis eine notwendige Voraussetzung.

Die notwendigen Qualifikationen einer Revisionsleitung können je nach Mandat der Internen Revision, den spezifischen Bedürfnissen und dem Risikoprofil der Organisation sowie der Branche und den regulatorischen Anforderungen variieren. Typischerweise sollten aber in einem Anforderungsprofil für die Revisionsleitung ein umfassendes Verständnis der Global Internal Audit Standards und bewährter Praktiken der Internen Revision,

Erfahrung in der Internen Revision, die CIA®-Zertifizierung und Führungserfahrung enthalten sein.

Aber natürlich kann die Revisionsleitung auch aufgrund anderer Qualitäten oder Expertise ausgewählt werden, wenn die Revisionskompetenzen durch Mitarbeiterinnen und Mitarbeiter der Internen Revision ergänzt werden.

3.3 Aufsicht über die Interne Revision

Von wesentlicher Bedeutung für die Wirksamkeit der Internen Revision ist die Aufsicht durch die auftraggebenden Organe der Organisation. Dazu sind eine kooperative und interaktive Kommunikation zwischen der Geschäftsleitung, dem Überwachungsorgan und der Revisionsleitung sowie die Unterstützung der Internen Revision durch diese erforderlich. Damit kann sichergestellt werden, dass die Interne Revision ausreichende personelle, finanzielle und technologische Ressourcen erhält, um ihr Mandat zu erfüllen. Die Global Internal Audit Standards enthalten daher das folgende Prinzip:

Prinzip 8 Aufsicht durch das Leitungs- und Überwachungsorgan

Das Leitungs- und Überwachungsorgan beaufsichtigt die Interne Revision, um deren Wirksamkeit sicherzustellen.

Quelle: IIA/DIIR, Global Internal Audit Standards

Für Aktiengesellschaften ist dies in Deutschland nach §107 Abs. 3 AktG seit 2010 auch Wille des Gesetzgebers: Der Prüfungsausschuss des Aufsichtsrats muss sich von der Wirksamkeit der Internen Revision überzeugen.

Gewissheit über die Qualität der Leistung der Internen Revision erhalten die Auftraggeber durch die Ergebnisse des Qualitätssicherungs- und Verbesserungsprogramm der Internen Revision, die von der Internen Revision direkt an die Auftraggeber zu kommunizieren sind.

3.3.1 Interaktion mit dem Leitungs- und Überwachungsorgan

Standard 8.1 Interaktion mit dem Leitungs- und Überwachungsorgan

Die Revisionsleitung muss dem Leitungs- und Überwachungsorgan die Informationen zur Verfügung stellen, die zur Erfüllung seiner Aufsichtspflichten erforderlich sind. Diese Informationen können vom Leitungs- und Überwachungsorgan ausdrücklich angefordert werden oder sie sind nach Einschätzung der Revisionsleitung für die Ausübung der Aufsichtsverantwortung des Leitungs- und Überwachungsorgans nützlich.

> Die Revisionsleitung muss an die Geschäftsleitung und das Überwachungsorgan Folgendes berichten:
>
> - Revisionsplan und Budget sowie spätere wesentliche Überarbeitungen derselben.
> - Veränderungen, die sich möglicherweise auf das Mandat oder die Geschäftsordnung auswirken.
> - Potenzielle Beeinträchtigungen der Unabhängigkeit.
> - Ergebnisse der internen Revisionsleistungen, einschließlich Gesamturteile, Themen, Prüfung, Beratung, Erkenntnisse und Ergebnisse der Überwachung.
> - Ergebnisse des Qualitätssicherungs- und Verbesserungsprogramms.
>
> Es kann vorkommen, dass sich die Revisionsleitung mit der Geschäftsleitung oder anderen Stakeholdern in Bezug auf Umfang, Feststellungen oder andere Aspekte eines Auftrags nicht einig ist, was die Fähigkeit der Internen Revision, ihre Aufgaben zu erfüllen, beeinträchtigen kann. In solchen Fällen muss die Revisionsleitung dem Leitungs- und Überwachungsorgan die Fakten und Umstände darlegen, damit es erwägen kann, in seiner Aufsichtsfunktion bei der Geschäftsleitung oder anderen Stakeholdern zu intervenieren.
>
> Quelle: IIA/DIIR, Global Internal Audit Standards

Von der Geschäftsleitung wird erwartet, dass sie ihre Sicht auf Strategie, Ziele und Risiken der Organisation vermittelt, damit die Interne Revision ihre Prioritäten risikoorientiert und geeignet festlegen kann.

Das Kerngeschäft der Internen Revision ist es, Prüfungs- und Beratungsdienstleistungen zu erbringen. Wenn sie diese Aufgabe – unterstützt durch wohldefinierte Prozesse auf Basis der Standards – bewältigt, ist ein großer Teil der Voraussetzungen für eine erfolgreiche Interne Revision bereits erfüllt. Ferner gibt es – neben der Berichterstattung über Prüfungsergebnisse – weitere Möglichkeiten, die Leistungen der Internen Revision wirksam zu erweitern und darzustellen. Denn der Mehrwert der von der Internen Revision erbrachten Leistungen bemisst sich insbesondere an der Wahrnehmung dieses Mehrwerts durch die Stakeholder der Internen Revision.

Die Revisionsleitung kann viele Kommunikationsmethoden anwenden, z.B. schriftliche und mündliche Berichte und Präsentationen, formelle Sitzungen und informelle Gespräche. Die Anforderung der Standards, zeitnah, vollständig, objektiv, prägnant, richtig und verständlich zu kommunizieren, muss sich ja nicht nur auf die Berichterstattung erstrecken. Die Interne Revision soll entscheidungsrelevante Informationen liefern und dabei das Ziel des Erkenntnisgewinns für die Empfänger verfolgen. Insbesondere mit Jahres- und Quartalsberichten kann die Interne Revision zu solch einem Erkenntnisgewinn wesentlich beitragen. Diese Berichte sind also ein geeignetes Instrument der Interaktion mit den Leitungsorganen.

Potenzielle Empfänger zusammenfassender Berichte sind Geschäftsleitung, Aufsichtsorgan, Abschlussprüfer, externe Qualitätsprüfer, die Prüfungspartner, Interne Revisionen von Mandanten und Regulatoren. Diese Aufzählung macht deutlich, dass es sich lohnen kann, neben der klassischen Berichterstattung über die Prüfungsergebnisse an die Geschäftsleitung und die Prüfungspartner auch zusammenfassende Quartals- oder Jahresberichte zu erstellen.

Die Interne Revision sollte verschiedene Ansätze für die Berichterstattung an Geschäftsleitung und Aufsichtsorgan berücksichtigen. Dazu gehören Zusammenfassungen aus mehreren einzelnen Prüfungsergebnissen oder der Wunsch nach einem Gesamturteil, das z.B. das Interne Kontrollsystem rund um Governance, Risikomanagement und Compliance abdeckt.[58]

Im Folgenden werden Jahres- und Quartalsberichte der Internen Revision detailliert behandelt.

3.3.2 Der Jahresbericht und der Quartalsbericht der Internen Revision

Beim Jahresbericht der Internen Revision handelt es sich um eine spezielle Form der zusammenfassenden Berichterstattung an die Geschäftsleitung bzw. das Aufsichtsorgan einer Organisation. Eine besondere Bedeutung erhält der Jahresbericht der Internen Revision für Kreditinstitute durch seine explizite Erwähnung in den MaRisk.[59]

Die Mindestanforderungen an das Risikomanagement für Banken (MaRisk) können als Grundlage für die Erstellung und die Inhalte eines Gesamtberichts in Form eines Jahresberichts dienen, die vielfach als Best Practice für Interne Revisionen allgemein angesehen werden. Für Interne Revisionen in Banken sind einige Inhalte sogar in Form eines Quartalsberichts zu liefern:[60]

MaRisk, BT 2.4 Tz. 4: „Die Interne Revision hat zeitnah einen Quartalsbericht über die von ihr seit dem Stichtag des letzten Quartalsberichts durchgeführten Prüfungen zu verfassen und zeitnah der Geschäftsleitung und dem Aufsichtsorgan vorzulegen. Der Quartalsbericht muss über die wesentlichen oder höher eingestuften Mängel, die beschlossenen Maßnahmen sowie den Status dieser Maßnahmen informieren. Es ist ferner darzulegen, ob und inwieweit die Vorgaben des Prüfungsplans eingehalten wurden. Die Interne Revision hat außerdem über die im Jahresablauf festgestellten schwerwiegenden sowie über die noch nicht behobenen wesentlichen Mängel in inhaltlich prägnanter Form an die Geschäftsleitung und das Aufsichtsorgan zu berichten (Jahresbericht). Die aufgedeckten schwerwiegenden Mängel, die beschlossenen Maßnahmen sowie der Status dieser Maßnahmen sind dabei

58 Vgl. Sawyer (2019), S. 293 f.
59 Vgl. BaFin (2024), BT 2.4 Tz. 4.
60 Vgl. BaFin (2024), BT 2.4 Tz. 4.

besonders hervorzuheben. Über besonders schwerwiegende Mängel hat die Interne Revision unverzüglich zu berichten."

Mit der Auswahl der aus Sicht der Internen Revision relevanten Themen ist ein hohes Maß an Verantwortung verbunden. Es ist die Herausforderung an die Interne Revision, das flexible Instrument des Jahresberichts wirkungsvoll zu nutzen.[61]

Nicht unerheblich ist dabei die Positionierung der Internen Revision zwischen unterschiedlichen Auftraggebern und Stakeholdern. Die Interne Revision untersteht zwar meistens funktional und disziplinarisch der Geschäftsleitung, ist aber als Informationsquelle zunehmend auch wichtig für das Aufsichtsorgan. Ein wesentlicher Bestandteil einer erweiterten Informationsversorgung des Aufsichtsorgans kann der Jahresbericht der Internen Revision sein. Nachfolgend wird dargestellt, wie ein Jahresbericht sinnvoll inhaltlich ausgestaltet werden kann.[62]

Bevor sich die Interne Revision mit den Inhalten des Jahresberichts beschäftigt, muss sie sich über die Adressaten im Klaren sein. Erst dann kann der Inhalt des Jahresberichts adressatengerecht ausgewählt und aufbereitet werden.

Die Frage der äußerlichen Gestaltung und des Layouts ist dabei weniger spannend. Hier ist es naheliegend und unmittelbar einleuchtend, sich am Corporate Design der Organisation und damit auch an den sonstigen Revisionsberichten zu orientieren. Selbstverständlich ist die redaktionelle Gestaltung (Lesbarkeit, Verständlichkeit und Art der Aufbereitung) bedeutend für den Erfolg der Berichterstattung.

Der Jahresbericht der Internen Revision wird vornehmlich an die Geschäftsleitung und den Vorsitzenden oder alle Mitglieder des Aufsichtsorgans verteilt.

Geschäftsleitung: Der Revisionszweck besteht auch darin, der Organisation einen Mehrwert zu schaffen. Daher nimmt die Darstellung der Revisionsergebnisse im Jahresbericht einen breiten Raum ein. Hierzu zählt insbesondere auch die Information über Mängel im Internen Kontrollsystem oder im Risikomanagementsystem und über eventuelle weitere bestehende Risiken. Mit dem Jahresbericht können die Adressaten zudem hinsichtlich der Wichtigkeit und Notwendigkeit der Internen Revisionsfunktion in der Organisation sensibilisiert werden. Es genügt nicht, nur Gutes zu tun. Man muss auch darüber reden! Der Jahresbericht erfüllt als Kommunikationsmittel der Internen Revision damit einen wichtigen Marketingzweck. Daher ist die Geschäftsleitung ein überaus wichtiger Adressat des Jahresberichts.

61 Vgl. Hannemann et al. (2022), S. 2090 f.

62 Vgl. hierzu auch ausführlich Bünis und Gossens (2013), S. 178 f.

Aufsichtsorgan: Gemäß Aktiengesetz hat der Aufsichtsrat den Auftrag, die Wirksamkeit des Internen Revisionssystems zu überwachen.[63] Für Aufsichts- bzw. Verwaltungsräte in Banken und sonstigen Finanzdienstleistungsunternehmen wurde eine entsprechende Verpflichtung im Kreditwesengesetz (KWG) festgeschrieben.[64] Mit dem zusammenfassenden Jahresbericht hat der Aufsichtsrat bzw. Verwaltungsrat oder ein Prüfungsausschuss ein wesentliches Instrument, diese Überwachungsfunktion auszuüben. Die oben aufgeführten Informationsziele gelten sowohl für die Geschäftsleitung als auch für das Aufsichtsorgan. Daneben ist es auch Ziel einer umfassenden Berichterstattung im Jahresbericht, das Aufsichtsorgan davon zu überzeugen, dass es keine weiteren Instrumente zur Qualitätsbestätigung der Internen Revision einsetzen muss. Der Jahresbericht und eine externe Qualitätsbeurteilung nach Standard 8.4 sollten im Regelfall genügen. Zu beachten ist, dass die Art und Weise der Berichterstattung in der Geschäftsordnung der Internen Revision von der Geschäftsleitung klar geregelt wird. Eine Berichterstattung an das Aufsichtsorgan kommt ohne vorherige Abstimmung des Verfahrens mit der Geschäftsleitung nicht infrage.[65]

Als zusätzliche Empfänger kommen im Wesentlichen drei Interessengruppen infrage:

- Abschlussprüfer: Der Abschlussprüfer hat laut Prüfungsberichtsverordnung bei Kreditinstituten die Angemessenheit und Wirksamkeit der Internen Revision des Instituts zu beurteilen.[66] Was liegt näher, als dem Abschlussprüfer quasi als Einstieg in seine Prüfung den zusammenfassenden Jahresbericht der Internen Revision zu übergeben, und ihn so in seiner Urteilsfindung zu unterstützen? Bei Versicherungsunternehmen muss laut Prüfungsberichteverordnung über die Ausgestaltung der Internen Revision berichtet werden.[67] Auch hierzu kann der Jahresbericht eine gute Grundlage bieten.

- Prüfer im Rahmen einer externen Qualitätsbeurteilung der Internen Revision: Einem vergleichbaren Zweck dient es, den externen Qualitätsprüfern der Internen Revision im Rahmen der für die Qualitätsprüfung zur Verfügung gestellten Dokumentation den zusammenfassenden Jahresbericht auszuhändigen. Das Prüfungsteam kann übersichtlich und verlässlich mit

63 Vgl. § 107 Abs. 3 AktG.

64 Vgl. § 25d Abs. 9 KWG.

65 Vgl. DIIR (2014). In diesem Positionspapier hat das DIIR konkrete Handlungsempfehlungen zum Umgang mit der Serving-Two-Masters-Problematik veröffentlicht.

66 Vgl. § 11 Abs. 2 PrüfBV, für Investmentgesellschaften vgl. § 21 Abs. 4 InvPrüfBV.

67 Vgl. § 4 PrüfV.

zentralen Informationen über die Interne Revision versorgt werden, die es bei seiner Untersuchung unterstützen.

- Mandanten: Wesentliche Teile des Jahresberichts können in die Berichte für Mandanten im Rahmen von Outsourcing-Verträgen übernommen werden. Diese Berichte dienen dem Zweck, die Interne Revision des Mandanten von der Qualität der Internen Revisionsfunktion ihres Dienstleisters zu überzeugen. Falls das gelingt, kann der Mandant z. B. darauf verzichten, eigene Prüfungen beim Dienstleister durchzuführen. Dies ist in vielen Fällen allein schon aus Wirtschaftlichkeitsgründen für beide Seiten erstrebenswert.[68]

Weitere Adressaten: Je nach den Verhältnissen in der betroffenen Organisation kann es aber auch sinnvoll sein, den Jahresbericht der Internen Revision internen Empfängern zukommen zu lassen. Hier kommen insbesondere die ebenfalls mit Überwachungsaufgaben betrauten Organisationseinheiten infrage: Risikomanagement, Compliance, Sicherheit etc. Auch Aufsichtsbehörden oder Rechnungshöfe (bei öffentlichen Institutionen) dürften ein großes Interesse am Jahresbericht der Internen Revision haben.

Den gewöhnlich jährlich mit einem Bericht bedachten Adressaten kann man auch unterjährig einen zusammenfassenden Bericht zuleiten. Gründe hierfür können z.B. die besondere Situation des Unternehmens/der Organisation, kurzfristige Auskunftswünsche oder spezielle Themen sein, die eine kurzfristige Darstellung erfordern.

In allen erwähnten Fällen geht es darum, mit dem Jahresbericht in Bezug auf die Revisionsfunktion der Organisation Außenstehende von der Qualität der Revisionsarbeit zu überzeugen. Daher gibt es gute Argumente, diesen Bericht als „das Highlight des Jahres" der Internen Revision zu betrachten. Wo sonst kann die Interne Revision eine so breite Aufmerksamkeit bei den relevanten Interessengruppen erlangen und wo sonst hat sie die Freiheit, sich selbst so darzustellen, wie sie es wünscht?

Trotz aller unterschiedlichen Interessen und der Informationsasymmetrie zwischen Aufsichtsorgan und Interner Revision als Instrument der Geschäftsleitung kann die Interne Revision den gesetzlichen Auftrag des Aufsichtsrats, die Wirksamkeit des Internen Revisionssystems zu überwachen, nur durch transparente und zutreffende Informationen unterstützen. Auch

68 Auch die MaRisk ermöglichen den Verzicht auf eigene Prüfungshandlungen, wenn bestimmte Voraussetzungen gegeben sind: „Im Fall von Auslagerungen auf ein anderes Unternehmen kann die Interne Revision des Instituts auf eigene Prüfungshandlungen verzichten, sofern die anderweitig durchgeführte Revisionstätigkeit den Anforderungen in AT 4.4.3 und BT 2 genügt. Die Interne Revision des auslagernden Instituts hat sich von der Einhaltung dieser Voraussetzungen regelmäßig zu überzeugen. Die für das Institut relevanten Prüfungsergebnisse sind an die Interne Revision des auslagernden Instituts weiterzuleiten." (BT 2.1, Tz. 3).

die Mandanten im Rahmen von Outsourcing-Verträgen wird man langfristig nicht mit Halbwahrheiten abspeisen oder über wesentliche Schwächen hinwegtäuschen können. Langfristig wird sich nur die vertrauensvolle Zusammenarbeit mit Geschäftsleitung, Aufsehern, Prüfern und Mandanten bewähren. Diese kann nur auf vollständigen und wahrheitsgemäßen Informationen basieren – transparent und offen.

Vor der Verletzung von Betriebsgeheimnissen braucht man sich dabei nicht zu fürchten. Sämtliche Adressaten des Jahresberichts sind auch mit anderen vertraulichen Informationen der Organisation/des Unternehmens in Kontakt und sind im Rahmen ihres Auftrages oder vertraglich zur Vertraulichkeit verpflichtet.

Die Inhalte des Jahresberichts sollten zielgerichtet ausgewählt werden. Auswahl und Darstellung der behandelten Themen sollten sich an den Adressaten und ihren Ansprüchen und Informationsbedürfnissen orientieren. Üblich und sicherlich gerechtfertigt ist es, den Jahresbericht im Sinne eines Rechenschaftsberichts zu nutzen, um über die personellen, finanziellen und organisatorischen Rahmenbedingungen und die jeweilige Zielerreichung zu berichten. In diese Kategorie von Inhalten fällt auch die Berichterstattung über die Erfüllung des Revisionsplans und die Nachverfolgung von Feststellungen.

Der Jahresbericht sollte flexibel gehandhabt werden. Sollte beispielsweise im vorangegangenen Jahresbericht ein bestimmter Schwerpunkt thematisiert worden sein (z.B. Mängel bei der Abarbeitung der Feststellungen), so sollte ein Fortschritt genau zu diesem Thema im aktuellen Bericht ausgeführt werden.

Die folgende Liste ist eine beispielhafte Sammlung möglicher Inhalte des Jahresberichts. Sie soll eine Leitlinie darstellen, anhand derer eine Interne Revision die für sie zielführenden Inhalte des Jahresberichts auswählen und die Detaillierung der Darstellung wählen kann.

Mögliche Inhalte des Jahresberichtes der Internen Revision

1. Inhaltsverzeichnis
2. Zusammenfassung
3. Motivation
4. Mandat der Internen Revision
5. Aufbauorganisation und Revisionsprozess
6. Unabhängigkeit und Erfüllung der Global Internal Audit Standards
7. Erfüllung des Revisionsplans oder Jahresplans
8. Prüfungsschwerpunkte und Ergebnisse in der Berichtsperiode
9. Externe Prüfungen

10. Übersicht über Projektbegleitungen und sonstige Beratungsleistungen
11. Sonderprüfungen
12. Gesamtaussage zur Wirksamkeit des Risikomanagement- und/oder Internen Kontrollsystems
13. Aktivitäten von selbstständigen Revisionseinheiten in Tochtergesellschaften
14. Eingesetzte personelle, finanzielle und technologische Ressourcen
15. Erledigung der berichteten Feststellungen aus dem Vorjahr
16. Besondere Vorkommnisse
17. Aktuelle Situation der Internen Revision
18. Ausblick
19. Ergebnisse des Qualitätssicherungs- und Verbesserungsprogramms der Internen Revision
20. Qualitative und quantitative Personalausstattung
21. Weiterbildung im Berichtszeitraum
22. Revisorische Überwachung der Auslagerungen
23. Erfüllung vertraglicher Prüfungs- und Berichtspflichten
24. Methoden der risikoorientierten Planung
25. Revisionsplanung für die kommende Periode
26. Vertraulichkeit, Disclaimer
27. Übersicht aller Prüfungsergebnisse, statistische Auswertung
28. Übersicht wesentlicher Feststellungen und vereinbarter Maßnahmen, statistische Auswertung
29. Erläuterung der verwendeten organisationsinternen Begriffe, wie z.B. Feststellungskategorien

Nach dem Inhaltsverzeichnis bietet sich – wie bei sonstigen Revisionsberichten auch – eine Zusammenfassung an. Unter Motivation ist eine Darlegung zu verstehen, welche Anforderungen der Bericht erfüllt (z.B. MaRisk, Serviceverträge oder Global Internal Audit Standards). Unter Mandat kann man kurz darstellen, welche Aufgaben die Interne Revision gemäß Geschäftsordnung hat. Im Weiteren kann eine Darstellung der Aufbauorganisation und der wesentlichen Komponenten des Revisionsprozesses erfolgen. Die Berichterstattung über den Status der Unabhängigkeit und die Erfüllung der Global Internal Audit Standards ist gemäß Standards Pflicht.

Ein Abschnitt des Jahresberichts sollte sich mit der Frage der Erfüllung des beauftragten Revisionsplans beschäftigen. Hierzu gehört auch eine Aussage, wo Abweichungen bestehen, worin sie begründet sind, ob sie ggf. einem Genehmigungsprozess unterliegen, und insbesondere welche Auswirkungen diese auf die Risikolage haben oder haben könnten. Sodann könnte man über die Prüfungsschwerpunkte und die wesentlichen Ergebnisse aus diesen Prüfungen berichten.

Sofern externe Prüfungen im Berichtszeitraum stattgefunden haben, kann die Interne Revision berichten, was sie aus den Prüfungsergebnissen abgeleitet hat und wie sie im Nachverfolgungsprozess mit externen Feststellungen umgegangen ist.

Interne Revisionen, die sich auch mit Ex-ante-Fragestellungen beschäftigen, begleiten oft wesentliche Projekte. In Banken sind sie dazu sogar verpflichtet. Worin diese Projektbegleitung bestanden hat und welchen Mehrwert diese und andere Beratungsleistungen für die Organisation erbracht haben, kann die Interne Revision im Jahresbericht ausführen.

Prüfungen, die abweichend vom ursprünglich genehmigten Revisionsplan stattgefunden haben, sollten im Jahresbericht aufgeführt werden. Hier kann zu Anlass, Ergebnis und vereinbarten bzw. umgesetzten Maßnahmen Stellung genommen werden.

Eine zusammenfassende Aussage zur Wirksamkeit des Risikomanagements- und/oder des Internen Kontrollsystems ist bei vielen Internen Revisionen üblich und gewünscht.

Sofern in einem Konzern selbstständige Revisionseinheiten in Tochterunternehmen tätig sind, kann die Konzernrevision über die Tätigkeit und die Ergebnisse dieser Revisionen berichten und darstellen, wie sie dies in ihrer Planung berücksichtigt hat.

Die Interne Revision sollte Rechenschaft darüber ablegen, wie die vorhandenen personellen, finanziellen und technologischen Ressourcen genutzt worden sind. Der Anteil der Prüfungstätigkeit sollte den größten Anteil an den verbrachten Ressourcen ausmachen. Der weitere Aufwand für z.B. Projektbegleitungen, Überwachung von Dienstleistern, Unterstützung externer Prüfungen, Follow-up, Aus- und Weiterbildung, Beratung etc. sollte genannt werden.

Über eine Darstellung und Auswertung der Erledigung von berichteten Feststellungen kann die Interne Revision darlegen, dass sie einen wirksamen Follow-up-Prozess implementiert hat.

Im Abschnitt „Besondere Vorkommnisse" sind Besonderheiten der Berichtsperiode denkbar, die einmaligen, gravierenden oder zukunftsweisenden Charakter hatten. Die Beschreibung der aktuellen Situation der Internen Revision bietet Raum, die Herausforderungen des neuen Jahres und den Umgang damit zu beschreiben. Ein Ausblick auf die konkreten Prüfungsanforderungen im neuen Jahr könnte hierauf folgen.

Eine Darstellung des Qualitätsmanagementprozesses ist insbesondere für diejenigen Adressaten wichtig, denen die Interne Revision mit dem Jahresbericht ein Mittel bereitstellt, ihre Qualitätsurteile zu treffen. Hier sollten sowohl die laufenden Qualitätskontrollen im Revisionsprozess als auch die Ergebnisse der Leistungsmessung sowie interne und externe Qualitätsbeurteilungen erwähnt werden.

Angaben zur zahlenmäßigen Personalausstattung der Internen Revision können durch Details über revisionsrelevante Zusatzqualifikationen (CIA®, CISA, ...) ergänzt werden. Aussagen zu durchgeführten Weiterbildungsmaßnahmen sollten dies abrunden.

Sofern die Organisation wesentliche Auslagerungen an Dienstleister vorgenommen hat, verbleibt die revisorische Verantwortung für die ausgelagerten Prozesse bei der Revision des Auslagerers. Daher sollte im Jahresbericht dargelegt werden, wie die revisorische Überwachung der Dienstleister erfolgt ist, bspw. über die Auswertung von Mandantenberichten, die Zulieferung externer Prüfungsberichte oder eigene Prüfungshandlungen beim Dienstleister. Im Falle des Insourcings ergibt sich umgekehrt die Notwendigkeit, über die Erfüllung der vertraglichen Berichtspflichten an den Auslagerer zu berichten.

Zum Thema Revisionsplanung für die kommende Periode können sowohl die Methoden der risikoorientierten Planung als auch die konkrete Planung selbst berichtet werden.

Abgerundet wird der Jahresbericht durch eine Erklärung zur Vertraulichkeit der Informationen, zum Urheber- und Nutzungsrecht und zur Haftungsbegrenzung.

Es ist zu entscheiden, ob in den Jahresbericht eine Liste aller Prüfungen und Berichte mit einem zusammenfassenden Prüfungsergebnis aufgenommen werden soll. Es kann auch die Situation als Ganzes beschrieben werden oder die Darstellung über eine statistische Auswertung erfolgen. Allerdings ist nicht zu unterschätzen, dass die fortlaufende und lückenlose Liste aller Prüfungsergebnisse mit ihren Gesamtwertungen den Leserinnen und Lesern in vortrefflicher Weise die Vollständigkeit und Transparenz der Darstellung signalisiert.

Eine Übersicht der wesentlichen Feststellungen und der vereinbarten Maßnahmen ist für die Finanzbranche verpflichtend und kann durch statistische Auswertungen ergänzt werden.

Im Sinne eines Glossars sollten schließlich die verwendeten organisationsinternen Begriffe, wie z.B. die Klassifizierung von Feststellungen, erläutert werden.

In vielen Organisationen ist es üblich, dass die Interne Revision die Geschäftsleitung und/oder das Aufsichtsorgan vierteljährlich in zusammenfassenden Berichten informiert. Für Kreditinstitute ist diese Berichterstattung nach § 25c KWG Pflicht.[69] Auch in anderen Branchen nutzen Interne Revisio-

69 Nach § 25c KWG hat die Geschäftsleitung dafür Sorge zu tragen, dass die Interne Revision in angemessenen Abständen, mindestens aber vierteljährlich, an die Geschäftsleitung und an das Aufsichts- oder Verwaltungsorgan berichtet.

nen das Instrument des Quartalsberichts, um pointierte Informationen wirksam zu kommunizieren, auch wenn es dort keine Pflicht ist. Nach § 107 Abs. 3 AktG muss sich der Prüfungsausschuss von der Wirksamkeit der Internen Revision überzeugen. Wie kann das besser unterstützt werden als durch eine direkte Berichterstattung der Internen Revision an das Aufsichtsorgan?

Denkbar sind zwei Varianten der Berichterstattung:
(1) Die Interne Revision kann zunächst an die Geschäftsleitung berichten. Diese leitet den Quartalsbericht dann an das Aufsichtsorgan weiter. Dabei sind Informationsfilterungen und inhaltliche Differenzen auszuschließen.
(2) Möglich ist auch, dass die Interne Revision dem Aufsichtsorgan direkt berichtet. Dies setzt ein erhebliches Vertrauen zwischen der Geschäftsleitung und der Leitung der Internen Revision voraus (wovon aber idealerweise auszugehen ist). Die Interne Revision kann in diesem Fall auch eine gekürzte oder zusammenfassende Variante des Berichts an die Geschäftsleitung für die Berichterstattung an das Aufsichtsorgan wählen.

Quartalsberichte sind eine hervorragende Möglichkeit, pointiert Prüfungsergebnisse für wichtige Stakeholder der Internen Revision zusammenfassend darzustellen. Für die Empfänger können diese Informationen sehr wertvoll sein, da diese ansonsten nur auf die Folge einzelner Berichte über Prüfungsergebnisse angewiesen wären, die der Internen Revision kaum die Möglichkeit bieten, übergreifende Risiken darzustellen. Außerdem ist die Interne Revision grundsätzlich vollkommen frei in der Entscheidung, welche sonstigen Informationen in die Quartalsberichterstattung aufgenommen werden. Dies kann z.B. aufbau- und ablauforganisatorische Aspekte der Internen Revision selbst, Personalfragen, Ergebnisse des Qualitätssicherungs- und Verbesserungsprogramms oder Informationen zum Stand des Follow-up betreffen. Die folgende Liste zeigt eine Übersicht möglicher Inhalte des Quartalsberichts.

Mögliche Inhalte des Quartalsberichts

- Organisatorische Veränderungen
- Personelle Veränderungen, Soll/Ist Personal
- Veränderungen im Revisionsplan, neue Risikoeinschätzungen
- Erfüllung des Revisionsplans
- Aktuelle Prüfungsergebnisse
- Wichtige Einzelfeststellungen
- Externe Feststellungen (Abschlussprüfer, Dienstleister, Mandanten)

- Aussagen zu laufenden Prüfungen, Beratungen oder Projektbegleitungen
- Aussagen und Statistiken zum Follow-up und zu Eskalationen bei Terminüberschreitungen
- Ergebnisse interner und externer Qualitätsbeurteilungen

Für die Quartalsberichterstattung ist der Aspekt der adressatengerechten Berichterstattung besonders wichtig. Die folgenden Hinweise sollen helfen, Fallstricke in der Quartalsberichterstattung zu vermeiden (vgl. auch Abbildung 12).

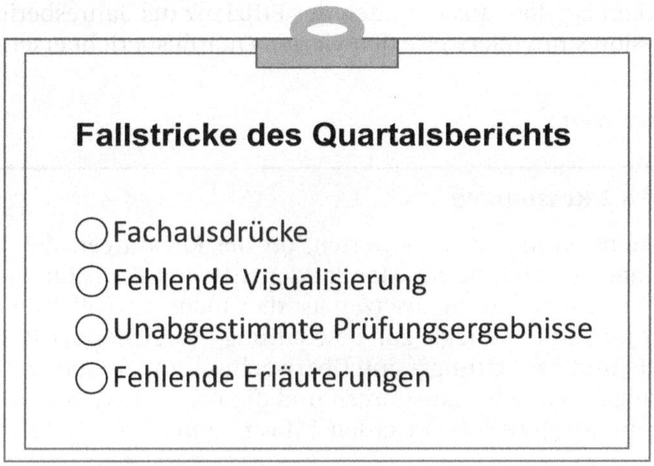

Abbildung 12: Fallstricke des Quartalsberichts

1. Wer sitzt im Aufsichtsorgan? Oftmals sind es nicht Fachleute, sondern Politiker, Ehrenamtler oder fachfremde Experten, die mit den Fachausdrücken der Organisation oder der Internen Revision nicht unbedingt vertraut sind. Eine adressatengerechte Sprache und die Vermeidung von Fachausdrücken sind daher besonders wichtig. Gegebenenfalls sind Erläuterungen einzufügen.
2. Sind die Berichte interessant genug gestaltet? Die Visualisierung von Sachverhalten durch Diagramme, Grafiken und Tabellen kann die Attraktivität des Berichts für die Empfänger deutlich erhöhen.
3. Werden unerwünschte Nachfragen provoziert? Die Interne Revision kann auch über den Stand laufender Prüfungen berichten. Dabei sollte auf eine Darstellung nicht abgestimmter Prüfungsergebnisse verzichtet werden.

4. Sind die enthaltenen Statistiken aussagekräftig? Möglicherweise sind in den Quartalsbericht eingefügte Statistiken ohne weitere Erläuterung für den Empfängerkreis nicht aussagekräftig oder führen zu Fehlinterpretationen. Beispielsweise kann es sein, dass eine Statistik über die Anzahl von Feststellungen aus Prüfungen nur zusammen mit einer Definition der Wertung von Feststellungen und im Zeitvergleich aussagekräftig ist.

Umfang und Art der Quartalsberichterstattung sollten in das Gesamtgefüge der Berichterstattung passen. Dies betrifft sowohl die Form und das Layout der Berichte als auch die Qualität der Informationen, das Medium der Übermittlung und die Zeitnähe der Berichte.

Anzumerken ist, dass aus Gründen der Effizienz der Jahresbericht der Internen Revision sinnvollerweise den vierten Quartalsbericht ersetzen sollte.

3.3.3 Ressourcen

Standard 8.2 Ressourcen

Die Revisionsleitung muss bewerten, ob die Ressourcen der Internen Revision ausreichen, um das Mandat der Internen Revision zu erfüllen und den Revisionsplan umzusetzen. Ist dies nicht der Fall, muss die Revisionsleitung eine Strategie zur Beschaffung ausreichender Ressourcen entwickeln und das Leitungs- und Überwachungsorgan über die Auswirkungen unzureichender Ressourcen und die Art und Weise, wie etwaige Ressourcenmängel behoben werden, informieren.

Quelle: IIA/DIIR, Global Internal Audit Standards

In den „wesentlichen Bedingungen" zu diesem Standard ist ausgeführt, dass die Leitungsorgane der Organisation für eine ausreichende Ressourcenausstattung der Internen Revision zu sorgen haben, damit diese ihr Mandat erfüllen und den Revisionsplan umsetzen kann. Dazu ist mindestens jährlich eine Diskussion mit der Revisionsleitung erforderlich, die auf Basis einer Abweichungsanalyse stattfinden sollte. Bestandteil der Strategie der Revisionsleitung soll ein Ressourcenplan sein, der Budgets und Optionen für die personelle und technische Ausstattung der Internen Revision enthalten sollte. Diese Optionen können auch das Co- und Outsourcing von Revisionsleistungen, den Einsatz von Gastrevisorinnen oder -revisoren sowie den Einsatz von Technologie zur Verbesserung der Effizienz der Internen Revision umfassen.

3.3.4 *Qualitätsmanagement*

Die Global Internal Audit Standards sehen ein Programm zur Qualitätssicherung und -verbesserung verbindlich vor.

> **Standard 8.3 Qualität**
>
> Die Revisionsleitung muss ein Qualitätssicherungs- und Verbesserungsprogramm, das alle Aspekte der Internen Revision abdeckt, entwickeln, umsetzen und aufrechterhalten. Das Programm umfasst zwei Arten von Beurteilungen:
>
> - Externe Beurteilungen.
> - Interne Beurteilungen.
>
> Mindestens jährlich muss die Revisionsleitung die Ergebnisse der internen Qualitätsbeurteilung der Geschäftsleitung und dem Überwachungsorgan mitteilen. Die Ergebnisse der externen Qualitätsbeurteilung müssen bei Abschluss mitgeteilt werden. In beiden Fällen enthält die Kommunikation:
>
> - Die Einhaltung der Standards durch die Interne Revision und das Erreichen der Leistungsziele.
> - Wenn anwendbar, Einhaltung der für die Interne Revision relevanten Gesetze und/oder Vorschriften.
> - Gegebenenfalls Maßnahmenpläne, die die Schwächen der Internen Revision und Verbesserungsmöglichkeiten adressieren.
>
> Quelle: IIA/DIIR, Global Internal Audit Standards

Die Ausgestaltung des Qualitätssicherungs- und Verbesserungsprogramms der Internen Revision wird im folgenden Standard 8.4 und unter Prinzip 12 weiter thematisiert. Aber im Standard 8.3 wird schon deutlich, dass es beim Nachweis der Qualität der Internen Revision nicht nur um die Einhaltung der Standards geht, sondern dass auch die Erfüllung der mit den Auftraggebern abgestimmten Leistungsziele zu berücksichtigen ist. Dies ist eine der wesentlichen Veränderungen in den Global Internal Audit Standards, die im Jahr 2024 die bisherigen Internationalen Standards für die berufliche Praxis der Internen Revision abgelöst haben.

Außerdem kann die Beurteilung der Qualität der Internen Revision weitere Aspekte berücksichtigen, wie den Beitrag zur Verbesserung von Governance-, Risikomanagement- und Kontrollprozessen oder die Kosteneffizienz der Revisionsprozesse.

Das Qualitätsmanagement in der Internen Revision umfasst mehrere Instrumente und Ausgestaltungen:[70]

- Prozessintegrierte Qualitätskontrollen, die in den Standards als laufende Überwachung bezeichnet werden.
- Definition von Leistungszielen und deren Implementierung und Messung über Key Performance Indicators.
- Regelmäßige Selbstbeurteilungen.
- Externe Qualitätsbeurteilungen mindestens alle 5 Jahre.

Die Ausnutzung dieser Instrumente wird ausschlaggebend dafür sein, dass die Stakeholder eine hochwertige Leistung mit der Revisionstätigkeit verbinden. Dabei kann man unter Qualität diejenigen Merkmale der Revisionsleistung verstehen, die sich auf die Eignung zur kundenorientierten Erfüllung der Aufgaben beziehen. In diesem Sinne bedeutet Qualität nicht die Schaffung einmaliger Meisterwerke, die mit hohem Aufwand bisherige Leistungen in den Schatten stellen, sondern schlicht die Professionalisierung der Internen Revision in allem, was sie tut.[71] Diese Qualität ist nicht absolut messbar. Die Qualität der Revisionsleistung ist der Grad, zu dem sie die Erwartung der Auftraggeber bzw. Prüfungspartner erfüllt.[72] Eine wesentliche Rolle spielen die Global Internal Audit Standards, deren vollständige Einhaltung als ein Merkmal hoher Qualität der Internen Revision gilt und anerkannt ist.

Das Ziel des Qualitätsmanagements in der Internen Revision besteht insgesamt darin, die Revisionsarbeit im Sinne eines kontinuierlichen Verbesserungsprozesses zu optimieren.[73] Dazu bestehen Gestaltungsmöglichkeiten auf verschiedenen Ebenen (vgl. Abbildung 13).

Zunächst bieten sich die folgenden qualitätsorientierten und in der nachfolgenden Liste beispielhaft aufgezählten Gestaltungselemente des Revisionsprozesses und der Revisionssteuerung für das Qualitätsmanagement an. Dabei ist die Auswahl der für die eigene Revisionseinheit zweckmäßigen Instrumente z.B. abhängig von der Größe der Internen Revision, der Organisationskultur oder dem Geschäftsmodell.

70 Vgl. hierzu ausführlich Bünis und Gossens (2014b), S. 78 f.

71 Vgl. Peemöller und Kregel (2014), S. 343.

72 Vgl. IIA (2012), S. 2.

73 Vgl. Bungartz und Henke (2011), S. 160.

Abbildung 13: Gestaltungsfelder des Qualitätsmanagements

Qualitätsorientierte Steuerungsprozesse der Internen Revision

- Zeitnahe Identifikation von Veränderungen in den Risiken der Prüfungsobjekte (Continuous Risk Assessment)
- Kontrollwirksame und vollständige Bewertung des Prüfungsuniversums (Jahresprüfungsplanung)
- Angemessene Planung der Revisionsaufträge, Sicherstellung der Erfüllung des Revisionsplans (Prüfungseinsatzplanung)
- Richtige, objektive, klare, prägnante, konstruktive, vollständige und zeitnahe Kommunikation (adressatenorientierte Prüfungsberichterstattung)
- Zeitnahe, vollständige Follow-up-Berichte und Eskalationsverfahren[74]
- Quartalsberichte, Jahresberichte[75] und Mandantenberichte[76]

74 Vgl. hierzu auch ausführlich Bünis und Gossens (2014a), S. 24 f.
75 Vgl. hierzu auch ausführlich Bünis und Gossens (2013), S. 178 f.
76 Vgl. hierzu auch ausführlich Bünis und Gossens (2012), S. 184 f.

- Informationserhalt und -weitergabe sicherstellen durch Teilnahme der Revisionsleitung an Vorstands- und Prüfungsausschusssitzungen, Führungskräftemeetings und Komitees, Gespräche mit dem Management der Prüfungspartner
- Klare Definition der Revisionsprozesse und der Kontrollen mit Fokus auf Kundenorientierung und Qualität (Methoden, Revisionshandbuch)
- Einsatz einer professionellen Revisionsmanagementsoftware mit Fokus auf: Durchdringung des gesamten Revisionsprozesses, Kommunikation mit den Stakeholdern, Erhöhung der Prozesstreue, Vereinfachung der Qualitätssicherung, Verbesserung der Datenqualität und Konsistenz der Informationen
- Einsatz von Umfragen zum Feedback der Stakeholder an die Interne Revision[77]

Für die Interne Revision ist die Unterstützung durch eine professionelle Revisionsmanagementsoftware für die Qualität, Effizienz und Nachvollziehbarkeit der Revisionsleistungen von großer Bedeutung. Bei der Auswahl des Softwareproduktes sollte sich die Interne Revision von ihren Bedürfnissen nach Prozessunterstützung, ihrem eigenen Reifegrad bzw. ihrem Grad an Standardisierung und ihrer Fähigkeit, Aufwand in die Datenqualität zu investieren, leiten lassen.

Wesentlichen Einfluss auf die Qualität hat auch die Qualitätssicherung. Die Qualitätssicherung umfasst Kontrollen im Rahmen der laufenden Revisionstätigkeit, mit denen sichergestellt wird, dass die Interne Revision ihre Aufgaben gemäß ihrer Geschäftsordnung wirksam und effizient wahrnimmt und dass ihre Arbeit den Standards und den eigenen Methoden entspricht.

Ein vollständiges Qualitätssicherungs- und Verbesserungsprogramm muss die Elemente laufende Überwachung, regelmäßige Selbstbeurteilung und regelmäßige externe Beurteilung durch unabhängige Beurteiler enthalten. Zu den Schlüsselfaktoren für die Qualität gehören Wirksamkeit der Prozesse, kontinuierliche Verbesserungen, Erfüllung der Erwartungen der Stakeholder und die Zusage des Managements, die notwendigen Ressourcen und Werkzeuge bereitzustellen.[78]

Das Qualitätsmanagement in der Internen Revision kann man wie folgt definieren:

77 Vgl. hierzu auch ausführlich Bünis und Gossens (2011a), S. 139f.

78 Vgl. IIA (2013a), S. 18.

Definition Qualitätsmanagement

Qualitätsmanagement in der Internen Revision ist ein von der Revisionsleitung eingerichtetes Qualitätssicherungs- und Verbesserungsprogramm zur Bewertung und Sicherstellung, dass die Global Internal Audit Standards eingehalten, die Leistungsziele erreicht und kontinuierliche Verbesserungen angestrebt werden. Das Programm umfasst alle Aspekte der Revisionstätigkeit und dient zur kontinuierlichen Überwachung ihrer Wirksamkeit. Zweck des Qualitätsmanagements ist es, hinreichend sicherzustellen, dass die Revisionsleistungen die Zielsetzung der Internen Revision erfüllen.

Mit der Definition wird deutlich, dass das Qualitätsmanagement der Internen Revision kein eitler Selbstzweck ist. Durch kontinuierliche Verbesserungen in der Internen Revision wird die Zielsetzung der Internen Revision besser erreicht, wodurch der Organisation insgesamt ein höherer Nutzen entsteht.

Die externe Beurteilung der Internen Revision durch den Abschlussprüfer kann wegen der von ihm einzubringenden Branchenerfahrung und Kenntnis vergleichbarer Rahmenbedingungen in Unternehmen die Qualitätsüberprüfungen der Internen Revision abrunden. Gegenstand der Jahresabschlussprüfung ist auch das Interne Kontrollsystem, das gemäß PS 261 des IDW aus dem internen Steuerungssystem und dem internen Überwachungssystem besteht. Zum Überwachungssystem gehören die Aktivitäten der Internen Revision.[79] Damit wird sie Gegenstand der Beurteilung durch den Abschlussprüfer. Im PS 321 beschreibt das IDW Art und Umfang der durch den Abschlussprüfer durchzuführenden Prüfungshandlungen zur vorläufigen Einschätzung der Wirksamkeit der Internen Revision. Er muss dazu u.a. Vorgehen und Umfang der Arbeit der Internen Revision beurteilen.[80]

Die Global Internal Audit Standards regeln zunächst das Thema der externen Qualitätsbeurteilung innerhalb des Prinzips 8 „Aufsicht durch das Leitungs- und Überwachungsorgan". Die anderen Qualitätsmanagementinstrumente werden beim Prinzip 12 „Verbessere die Qualität" innerhalb der Verantwortungen der Revisionsleitung behandelt.

3.3.5 Externe Qualitätsbeurteilung

Die Tätigkeit der Internen Revision ist durch dafür qualifizierte unabhängige und externe Prüfer zu untersuchen. Dies hat eine unabhängige und kritische Auseinandersetzung mit der Arbeit der Internen Revision zur Folge und gibt neue Impulse für die Revisionstätigkeit.[81] Das Quality Assessment eignet sich gut zur Dokumentation der Wirksamkeit und Qualität einer Internen Revi-

79 Vgl. IDW (2019), IDW PS 261, Tz.20.
80 Vgl. IDW (2019), IDW PS 321, Tz.16f.
81 Vgl. Füss (2005), S.231.

sion gegenüber internen und externen Adressaten. Ohne Zweifel können mit einem Quality Assessment gleichzeitig Qualität und Vertrauen in die Arbeit der Internen Revision gesteigert werden.[82] Externe Quality Assessments bedürfen einer Vorbereitung durch interne Qualitätsmanagementaktivitäten.

> **Standard 8.4 Externe Qualitätsbeurteilung**
>
> Die Revisionsleitung muss einen Plan für eine externe Qualitätsbeurteilung entwickeln und diesen mit dem Leitungs- und Überwachungsorgan besprechen. Die externe Beurteilung muss mindestens einmal alle fünf Jahre von einer qualifizierten, unabhängigen Beurteilerin oder einem Beurteiler oder Beurteilungsteam durchgeführt werden. Das Erfordernis einer externen Qualitätsbeurteilung kann auch durch eine Selbstbeurteilung mit unabhängiger Validierung erfüllt werden.
>
> Bei der Auswahl der unabhängigen Beurteilerin oder des Beurteilers oder Beurteilungsteams muss die Revisionsleitung sicherstellen, dass mindestens eine Person eine aktive Zertifizierung als Certified Internal Auditor® besitzt.
>
> Quelle: IIA/DIIR, Global Internal Audit Standards

Das DIIR regelt mit dem durch die beauftragten Qualitätsprüfer anzuwendenden DIIR Revisionsstandard Nr. 3 „Prüfung von Internen Revisionssystemen (Quality Assessments)" die externe Qualitätsbeurteilung der Internen Revision im Detail.[83] Der Standard ist im Jahr 2017 zeitgleich und fast identisch auch durch das Institut der Wirtschaftsprüfer (IDW) als IDW PS 983 veröffentlicht worden. Es ist damit gelungen, einen einheitlichen Standard für beide Berufsgruppen – Interne Revision und Wirtschaftsprüfung – zu etablieren, der sicherstellt, dass die zu prüfende Organisation nicht verschiedene Anforderungen an die Wirksamkeit ihre Internen Revision erfüllen muss, die davon abhängen, wer als Prüfer beauftragt wird. Zudem wird festgelegt, dass für die Wirksamkeit der Internen Revision entscheidend ist, dass sie die Standards einhält. Hierdurch wird das IPPF auch national zu einem anerkannten Marktstandard mit hoher Verbindlichkeit.

Umfang und Häufigkeit der externen Qualitätsbeurteilung müssen in Abstimmung von Überwachungsorgan, Geschäftsleitung und Revisionsleitung festgelegt werden. Das Überwachungsorgan sollte in jedem Fall einbezogen werden, denn das Ergebnis der externen Qualitätsbeurteilung ist ein wichtiges Kriterium zur Beurteilung der Wirksamkeit der Internen Revision durch das Überwachungsorgan. Es kann sinnvoll sein, früher als nach Ablauf von

---

82 Vgl. Bungartz und Henke (2011), S. 168.

83 Vgl. DIIR (2017). Eine überarbeitete Fassung auf Basis der Global Internal Audit Standards ist zum Zeitpunkt der Erstellung dieses Buches in Arbeit.

fünf Jahren eine externe Qualitätsbeurteilung in Betracht zu ziehen, z.B. bei Wechsel in der Geschäftsleitung oder der Revisionsleitung, bei Zusammenlegung von zwei oder mehr Internen Revisionseinheiten oder bei erheblichem Personalwechsel.

Der Umfang der externen Qualitätsbeurteilung soll sich auch auf die in bestimmten Branchen existierenden regulatorischen Anforderungen an die Internen Revision erstrecken, wie z.B. die MaRisk der BaFin[84] oder die Verwaltungsvorschrift über die Interne Revision in der Bundesverwaltung.[85]

Die externe Qualitätsbeurteilung ist eine umfassende Überprüfung der Internen Revision und sollte Folgendes beinhalten:

- Einhaltung der Global Internal Audit Standards.
- Mandat, Geschäftsordnung, Strategie, Methoden, Prozesse, Risikobeurteilung und Revisionsplan.
- Einhaltung geltender Vorschriften.
- Leistungskriterien, -messungen und Beurteilungsergebnisse.
- Ausreichenden Verwendung von Tools und Techniken
- Fokus auf kontinuierliche Verbesserungen.
- Integration in die Governanceprozesse und Sicherstellung der Unabhängigkeit.
- Beitrag zu den Governance-, Risikomanagement- und Kontrollprozessen und zur Verbesserung der Arbeitsabläufe
- Erfüllung der Erwartungen der Auftraggeber und Stakeholder.

Die externe Qualitätsbeurteilung kann auch als sogenanntes Peer Review durchgeführt werden. Dabei können Interne Revisorinnen und Revisoren rotierend Beurteilungen von drei oder mehr beteiligten Organisationen innerhalb der gleichen Branche oder einer anderen Affinitätsgruppe durchführen.

Eine weitere Gestaltungsform ist die Selbstbeurteilung mit unabhängiger Validierung. Basis ist eine umfassende und vollständig dokumentierte interne Beurteilung. Diese Beurteilung wird durch unabhängige externe Qualitätsbeurteiler validiert.

84 Vgl. BaFin (2024).
85 Vgl. BMI (2023).

4 Leitung der Internen Revision

Domain IV der Global Internal Audit Standards beschreibt die Verantwortlichkeiten einer Revisionsleiterin oder eines Revisionsleiters. Die Liste ist lang und liest sich fast wie eine Stellenbeschreibung.

Die Revisionsleitung ist für die Erfüllung der in der Geschäftsordnung der Internen Revision formulierten Pflichten und die Einhaltung der Global Internal Audit Standards verantwortlich. Dies umfasst die strategische und risikoorientierte Planung, die Beschaffung von Ressourcen, die Kommunikation mit Auftraggebern und Prüfungspartnern und die kontinuierliche Verbesserung der Qualität. Die Revisionsleitung kann geeignete Aufgaben an andere qualifizierte Fachleute der Internen Revision delegieren, behält aber die Verantwortung.

4.1 Strategische Planung

Strategische Planung erfordert, dass die Revisionsleitung das Mandat der Internen Revision und die Governance-, Risikomanagement- und Kontrollprozesse der Organisation kennt. Eine gut positionierte Interne Revision entwickelt und implementiert eine Strategie, die den Erfolg der Organisation unterstützt, und Methoden, um den Revisionsplan zu entwickeln und die Internen Revisorinnen und Revisoren bei ihrer Tätigkeit anzuleiten.

Prinzip 9 Plane strategisch

Die Revisionsleitung plant strategisch, um die Interne Revision so zu positionieren, dass sie ihr Mandat erfüllen kann und langfristig erfolgreich ist.

Quelle: IIA/DIIR, Global Internal Audit Standards

4.1.1 Verstehen von Governance-, Risikomanagement- und Kontrollprozessen

Ein tiefes Verständnis der Governance-, Risikomanagement- und Kontrollprozesse der Organisation ermöglicht es der Internen Revision, Möglichkeiten zur Erbringung von Revisionsleistungen zu identifizieren und zu priorisieren, die den Erfolg der Organisation steigern können. Die identifizierten Möglichkeiten bilden die Grundlage für die Revisionsstrategie und den Revisionsplan.

Standard 9.1 Verstehen von Governance-, Risikomanagement- und Kontrollprozessen

Um eine wirksame Strategie für die Interne Revision und einen Revisionsplan zu entwickeln, muss die Revisionsleitung die Governance-, Risikomanagement- und Kontrollprozesse der Organisation verstehen.

Um die Governanceprozesse zu verstehen, muss die Revisionsleitung berücksichtigen, wie die Organisation:

- Strategische Ziele festlegt und strategische und operative Entscheidungen trifft.
- Risikomanagement und Kontrollen überwacht.
- Eine ethische Organisationskultur fördert.
- Wirksames Leistungsmanagement und Verantwortung ermöglicht.
- Ihre Leitungs- und operativen Funktionen strukturiert.
- Risiko- und Kontrollinformationen in der gesamten Organisation kommuniziert.
- Tätigkeiten von und Kommunikation zwischen dem Leitungs- und Überwachungsorgan, internen und externen Assurance Providern und dem Management koordiniert.

Um die Risikomanagement- und Kontrollprozesse zu verstehen, muss die Revisionsleitung berücksichtigen, wie die Organisation wesentliche Risiken identifiziert und beurteilt und wie sie geeignete Kontrollprozesse auswählt. Dazu gehört das Verständnis, wie die Organisation die folgenden Hauptrisikobereiche identifiziert und steuert:

- Zuverlässigkeit und Integrität von Finanz- und operativen Informationen.
- Wirksamkeit und Effizienz von Betriebsabläufen und Programmen.
- Sicherung von Vermögenswerten.
- Einhaltung von Gesetzen und Vorschriften.

Quelle: IIA/DIIR, Global Internal Audit Standards

Standard 9.1 macht deutlich, wie wichtig der Überblick über Entscheidungs-, Informations- und Steuerungsprozesse in der gesamten Organisation für die Interne Revision ist. Nur auf der Basis dieses Wissens kann die Interne Revision ihre strategische und operative Planung risikoorientiert entwickeln und umsetzen. Governance-, Risikomanagement- und Kontrollprozesse können von Merkmalen wie Art, Größe, Komplexität, Reifegrad, Kultur und regulatorischen Anforderungen beeinflusst sein.

4.1.2 Revisionsstrategie

Standard 9.2 Revisionsstrategie

Die Revisionsleitung muss eine Strategie für die Interne Revision entwickeln und umsetzen, die die strategischen Ziele und den Erfolg der Organisation unterstützt und mit den Erwartungen der Geschäftsleitung, des Überwachungsorgans und anderer wichtiger Stakeholder übereinstimmt.

Eine Strategie für die Interne Revision ist ein Aktionsplan, mit dem ein langfristiges oder allgemeines Ziel erreicht werden soll. Die Revisionsstrategie muss eine Vision, strategische Ziele und unterstützende Initiativen für die Interne Revision umfassen. Eine Strategie für die Interne Revision hilft der Internen Revision bei der Erfüllung ihres Mandats.

Die Revisionsleitung muss die Revisionsstrategie regelmäßig mit Geschäftsleitung und Überwachungsorgan überprüfen.

Quelle: IIA/DIIR, Global Internal Audit Standards

Basis einer Revisionsstrategie und der Formulierung von strategischen Zielen sind die Strategie und die Ziele der Organisation und die Erwartungen der Auftraggeber und der anderen Stakeholder der Internen Revision. Die Vision beschreibt die Revision in der mittelfristigen Zukunft und kann eine Inspiration für die kontinuierliche Verbesserung darstellen. Die Vision ist in umsetzbare strategische Ziele zu überführen.

Es gibt mehrere Ansätze zur Entwicklung einer Strategie, z.B. die Analyse von Stärken, Schwächen, Chancen und Risiken der Internen Revision (SWOT-Analyse) oder die Durchführung einer Abweichungsanalyse zwischen Ist-Zustand und gewünschtem Soll-Zustand der Internen Revision. Die zu entwickelnden Initiativen und Maßnahmen zur Erreichung der Ziele sollten priorisiert und mit Zielterminen versehen werden.

Eine Strategie für die Interne Revision ist nicht statisch. Sie muss angepasst werden, wenn sich die Rahmenbedingungen verändern, z.B. die Erwartungen der Stakeholder, die Strategie der gesamten Organisation, zu beachtende Vorschriften oder Schlüsselpersonen bei den Auftraggebern oder in der Internen Revision.

Bei der Veröffentlichung der Global Internal Audit Standards wurde viel darüber diskutiert, ob die Verpflichtung, ein Strategiedokument für die Internen Revision nach Standard 9.2 zu entwickeln, sinnvoll ist. Benötigt eine erfolgreiche Revisionsfunktion eine individuelle Revisionsstrategie? Ohne Zweifel kann die Festlegung und Formulierung einer Revisionsstrategie die Kommunikation zu den Auftraggebern und anderen wesentlichen Interessengruppen über die zukünftige Ausrichtung und Entwicklung deutlich erleichtern. Eine Revisionsstrategie kann ein Fahrplan in eine erfolgreiche Zukunft sein. In disruptiven Zeiten, die in vielerlei Hinsicht eine Veränderung der Internen Revision erforderlich machen, kann einer Revisionsstrategie eine besondere Bedeutung zukommen. Ohne eine ausformulierte Revisionsstrategie erscheint eine Diskussion über eine strategische Planung zumindest recht schwierig.[86]

Für jede erfolgreiche Organisation ist eine klar definierte, transparente, fokussierte, wertstiftende und leicht zu kommunizierende Strategie von besonderer Bedeutung. Sie unterstützt die Organisation bei ihrer Mission, ihrer Vision und bei der Erfüllung ihrer Ziele und ihres Auftrags. Das gleiche gilt auch für jede erfolgreiche Interne Revision.[87]

Die Interne Revision muss Entscheidungen treffen, die ihren künftigen Einfluss auf die Organisation und die Wahrnehmung des von ihr geschaffenen Wertes durch die wesentlichen Interessengruppen stark beeinflussen. Diese Entscheidungen werden in einer längerfristigen Revisionsstrategie durch Vorgaben und Ziele abgesteckt.

Die methodische Einordnung der Strategie für die Interne Revision und deren Bedeutung für die operativen Aufgaben und Tätigkeiten wird in Abbildung 14 verdeutlicht. Die Abbildung geht auf eine Veröffentlichung des IIA UK & Ireland zurück.[88]

Die Revisionsstrategie bildet demnach das Bindeglied zwischen der Geschäftsordnung und der strategischen Revisionsplanung. Die Revisionsstrategie wird unter anderem aus der Organisationsstrategie abgeleitet. Geschäftsordnung der Internen Revision, Revisionsstrategie und strategische Revisionsplanung sind mit den Auftraggebern und den wesentlichen Interessengruppen abgestimmt und werden von diesen genehmigt.

„Sawyer's Internal Auditing" (Sawyer's), seit Jahrzehnten ein Standardwerk in der Internen Revision, beginnt in der aktuellen, siebten Auflage im ersten Kapitel mit der „Entwicklung einer Revisionsstrategie" und hebt die Bedeutung einer Revisionsstrategie dadurch besonders hervor. Ähnlich wie in der Veröffentlichung des IIA UK and Ireland werden im Sawyer's die strategischen Anforderungen an die Interne Revisionsfunktion aus zwei wesentlichen Quellen abgeleitet: Aus den Erwartungen der wesentlichen Stakeholder und den Erwartungen des Berufsstandes der Internen Revision.[89]

86 Vgl. Bünis und Gossens (2021).

87 Vgl. Sawyer (2019), S. 1.

88 In Anlehnung an IIA UK (2020), S. 2.

89 Vgl. Sawyer (2019), S. 1.

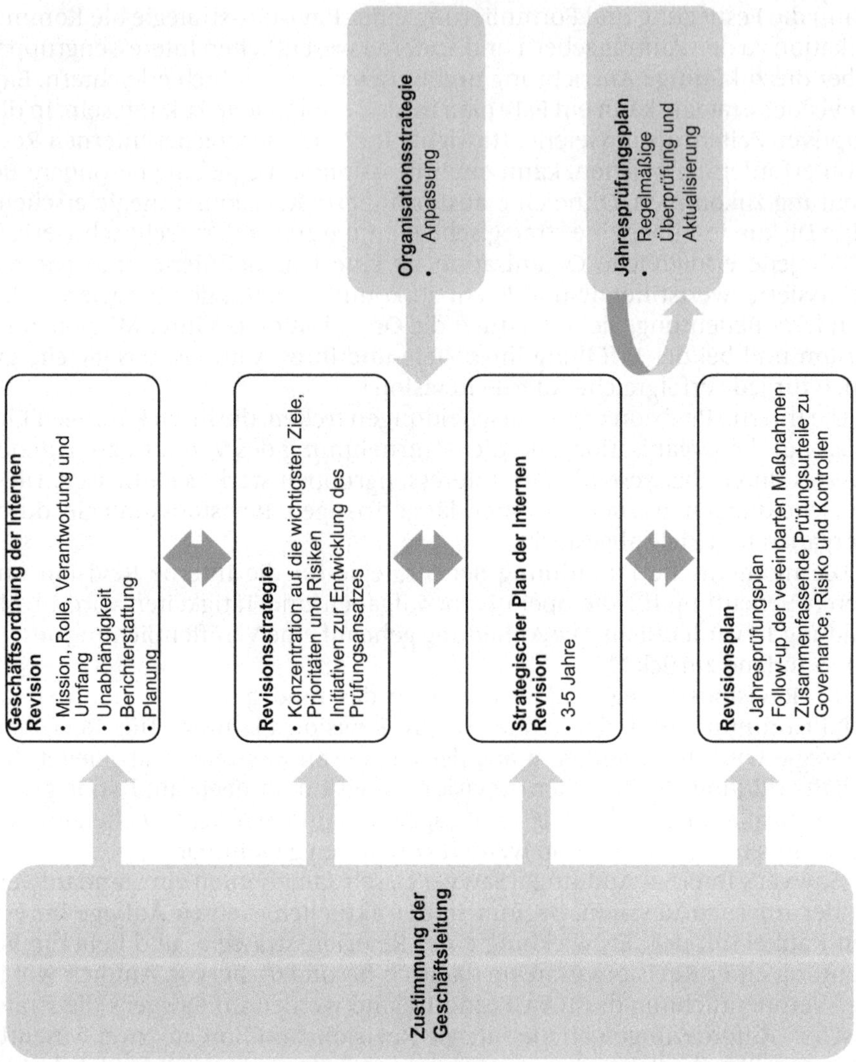

Abbildung 14: Der Planungsrahmen für die Interne Revision

Zu den wesentlichen Stakeholdern gehören die Geschäftsleitung, das Überwachungsorgan, das Management der zu prüfenden oder zu beratenden Organisationseinheiten, die Funktionen der zweiten Linie, das Personal der Internen Revision und natürlich auch externe Gruppen, wie Abschlussprüfer, Regulatoren, Mandanten und Investoren. Die Erwartungen des Berufsstandes sind in den verbindlichen Elementen des IPPF festgelegt.[90] Die Global Internal Audit Standards müssen also Grundlage der Revisionsstrategie sein. Die Erwartungen

90 Vgl. IIA/DIIR (2024).

der Revisionsleitung bilden den dritten Eckpfeiler der Revisionsstrategie. Die Revisionsleitung steht hier stellvertretend für die gesamte Revisionsfunktion, denn sie trägt die Gesamtverantwortung für eine qualitativ hochwertige Revisionsarbeit und den gelieferten Mehrwert (vgl. Abbildung 15).[91]

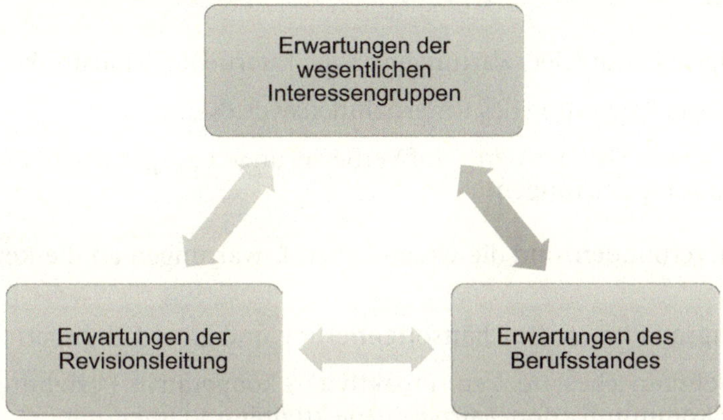

Abbildung 15: Die drei Eckpfeiler einer Revisionsstrategie

Entscheidenden Einfluss auf die Elemente der Revisionsstrategie haben damit die Rahmenbedingungen der Organisation. Gegliedert nach den drei Eckpfeilern der Abbildung 15 sind das z.B.:

Erwartungen der Stakeholder:

- Berücksichtigung des Feedbacks von Auftraggebern und Prüfungspartnern.
- Erfüllung gesetzlicher Anforderungen und der Erwartungen von Regulatoren.
- Berücksichtigung der Unternehmenskultur.

Erwartungen des Berufsstands:

- Einhaltung der Global Internal Audit Standards.
- Ausrichtung der Governance der Organisation am Drei-Linien-Modell.
- Fachkompetenz des Revisionspersonals.

Erwartungen der Revisionsleitung:

- Angemessene technische und finanzielle Ressourcenausstattung.
- Nutzung neuer Technologien und Methoden.

91 In Anlehnung an Sawyer (2019), S.2.

Die Strategie der Internen Revisionsfunktion sollte ausgerichtet sein an den Erwartungen der wesentlichen Interessengruppen und den Erwartungen des Berufsstandes der Internen Revision. Diese Erwartungen sollten implizit die Erwartungen der Revisionsleitung treiben und die kritischen Erfolgsfaktoren bestimmen.

Die wichtigsten Strategieerwartungen an die Interne Revisionsfunktion sind:

- Schutz und Steigerung des Unternehmenswertes und
- zielgerichtete, risikobasierte, auf Verbesserungen ausgerichtete Prüfungs- und Beratungsleistungen.

Eng damit verbunden sind die wesentlichen Erwartungen an die Revisionsleitung:

- Führungsqualitäten, Geschäftsorientierung und gutes Urteilsvermögen.
- Unternehmerisches Denken, Proaktivität, kooperative Beziehungen, effektive Kommunikation, Fairness, Objektivität und Integrität.
- Unterstützen, Motivieren, Fördern und Fordern der Mitarbeiterinnen und Mitarbeiter der Internen Revision.

Das Erkennen der Erwartungen der Stakeholder, des Berufstandes und der Revisionsleitung erfolgt nicht isoliert. Sie sind maßgebliche Treiber für einen integrierten Strategiemanagementprozess. Der Strategiemanagementprozess bietet eine Anleitung für die Erstellung und Umsetzung eines wertorientierten strategischen Plans für die Interne Revision und gliedert sich in fünf Hauptphasen: Zielsetzung, Ist-Analyse, Lückenanalyse, Maßnahmenumsetzung und Leistungskontrolle (vgl. Abbildung 16).[92]

Der Strategiemanagementprozess ermöglicht der Revisionsleitung einen strukturierten und standardisierten Ansatz. Die konsequente Anwendung der fünf Phasen ist dabei ein kritischer Erfolgsfaktor. Dabei sind zwei Organisationen und auch zwei Interne Revisionen niemals identisch. Eine allgemein gültige, universell anwendbare Revisionsstrategie kann es deshalb nicht geben. Es ist die Herausforderung und Verantwortung der Revisionsleitung, durch die Anwendung solcher theoretischen Konzepte in der Praxis und durch einen zielgerichteten Planungsprozess die Revisionsstrategie mit den Anforderungen der Organisation, der Stakeholder und der Berufsstandards in Einklang zu bringen.

Die Strategie ist ein Mittel, um den Zweck der Organisation festzulegen und die Art des Beitrags zu bestimmen, den sie zu leisten beabsichtigt, wobei sie auch die Richtung für Entscheidungen und Handlungen vorgibt. Eine Strategie für die Interne Revision ermöglicht die Zuweisung finanzieller, personeller und technologischer Ressourcen, um die in der Vision und Mission der Revision

92 Vgl. Sawyer (2019), S.25.

definierten Ziele zu erreichen, die zur Erreichung der Ziele der Organisation beitragen. Sie muss darauf abzielen, die Erwartungen der Stakeholder zu erfüllen.[93] Die Interne Revision ist kein Selbstzweck, sondern muss ihre Existenz durch den gelieferten Mehrwert für die Organisation rechtfertigen.

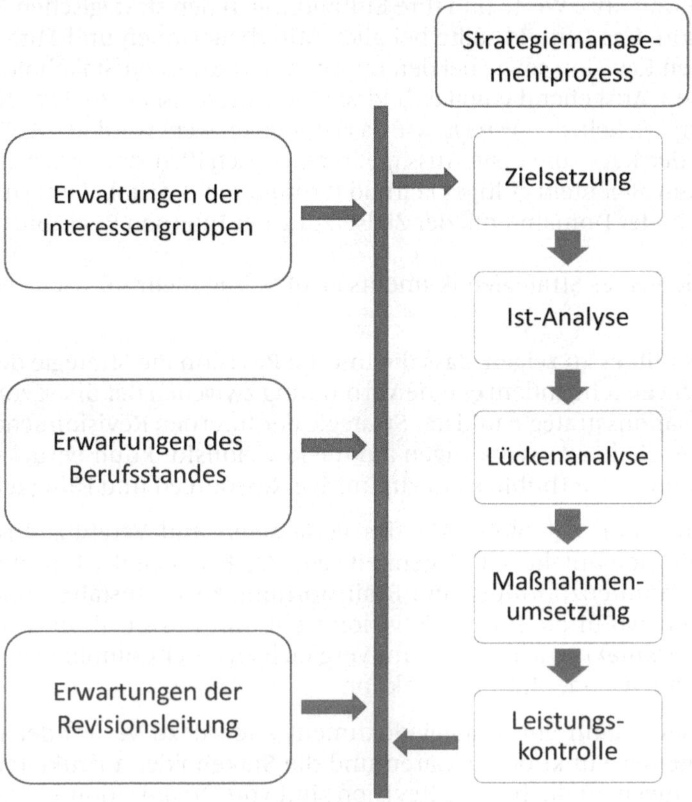

Abbildung 16: Die Bedeutung der Eckpfeiler einer Revisionsstrategie für den Strategiemanagementprozess

Interne Revisionen ergänzen die Geschäftsordnung oft durch formale Aussagen zu Vision und/oder Mission sowie durch eine detailliertere langfristige Strategie für die Interne Revision. Häufig sind diese ergänzenden Informationen zusammen mit den operativen Budgets und den Ressourcenplänen in einem jährlichen Revisionsplan enthalten, der der Geschäftsleitung zur Überprüfung und Genehmigung vorgelegt wird.[94]

Der Zweck eines Vision-Statements ist es, die Philosophie der Internen Revision zu formulieren und zu zeigen, was sie zur Organisation beitragen

93 Vgl. IIA (2012c), S. 2.

94 Vgl. Anderson et al. (2017), S. 9–4.

möchte. Eine Vision geht über die Zielsetzungen hinaus. Sie drückt den gewünschten zukünftigen Zustand aus und ist daher hochambitioniert.

Die Mission oder das Leitbild, welches auf der Grundlage der Vision erstellt wird, beschreibt den primären Geschäftszweck der Internen Revision, ihre Ziele für die Zukunft, ihre Werte und ihre Einbindung in den strategischen Plan der Organisation. Das Leitbild sollte bei allen Mitarbeiterinnen und Mitarbeitern der Internen Revision sowie bei den internen und externen Stakeholdern Anklang finden. Ausgehend vom Leitbild wird der strategische Plan der Internen Revision entwickelt, der festlegt, wie das Leitbild erreicht werden soll. Das Leitbild ist in der Regel die erste Aussage in der Geschäftsordnung der Internen Revision. Ein allgemein gültiges Leitbild formulieren die Global Internal Audit Standards in der Domain I mit der Zielsetzung der Internen Revision.

Das Erstellen eines Strategiedokuments erfüllt einige sehr nützliche Funktionen:[95]

- Erstens hilft es zu zeigen, dass die Interne Revision die Strategie der Organisation versteht, indem es eine Verbindung zwischen der übergeordneten Organisationsstrategie und der Strategie der Internen Revision schafft und die potenziellen Auswirkungen auf die Revisionsfunktion berücksichtigt, insbesondere im Hinblick auf zukünftige Ressourcen und Fähigkeiten.
- Zweitens kann der bloße Akt des Verfassens (und Vereinbarens) einer Strategie eine nützliche Gelegenheit sein, das Personal der Internen Revision zusammenzubringen, ein Brainstorming zu veranstalten und dabei zu klären, wofür die Interne Revision steht und was sie als ihr Alleinstellungsmerkmal betrachtet (z.B. im Vergleich zu einer Compliance-, Risikomanagement- oder Kontrollfunktion).
- Schließlich kann ein Strategiedokument auch dazu verwendet werden, die Rolle der Funktion zu klären und die Stakeholder aufzuklären.[96] Die Erwartungen an die Interne Revision sind von Organisation zu Organisation unterschiedlich und hängen oft von den bisherigen Erfahrungen und persönlichen Vorlieben der Leitungsgremien ab.

Das IIA UK and Ireland hat im Jahr 2020 Tipps zur Erstellung einer Revisionsstrategie veröffentlicht,[97] auf die wir uns hier beziehen:

1. Stellen Sie ausreichende Recherchen an, bevor Sie die Strategie formulieren. Das klingt selbstverständlich, aber stellen Sie sicher, dass Sie das Geschäftsumfeld, die strategischen Ziele und die Risiken der Organisation genau kennen.

95 Vgl. IIA UK (2020).

96 Vgl. hierzu Porter (2019): „Das Wesen der Strategie ist die Entscheidung, was nicht zu tun ist.“, in: IIA UK (2020).

97 Vgl. IIA UK (2020).

2. Bereiten Sie auf dieser Grundlage einen Entwurf der Strategie vor, aus dem hervorgeht, wie die Interne Revision ihre Vision und ihren Prüfungsauftrag auf die Ziele der Organisation abstimmen wird.
3. Eine kurze und fokussierte Strategie wird die notwendige Aufmerksamkeit erhalten. Betonen Sie
   - den Wert, den die Interne Revision für die Organisation erbringt,
   - die wichtigsten Ziele und Prioritäten in Bezug auf Risiken,
   - spezifische Projekte und die Beteiligung an Veränderungen,
   - wichtige Entwicklungen in der Praxis der Internen Revision und
   - die für die Umsetzung der Strategie erforderlichen Ressourcen.
4. Verwenden Sie das Format, das auch von anderen Bereichen der Organisation verwendet wird. Das spart Zeit und erfüllt die Erwartungen.
5. Tauschen Sie sich mit vertrauenswürdigen Personen aus, die Kritik an dem Entwurf üben können. Teilen Sie den Entwurf auch innerhalb des Revisionsteams, fragen Sie nach Ideen und stellen Sie sicher, dass alle Mitarbeiterinnen und Mitarbeiter die Bedeutung verstehen.
6. Wenn es Aufgabe der Internen Revision ist, Gesamturteile zu bestimmten Themen abzugeben, beispielsweise zur Wirksamkeit des Risikomanagementsystems oder des IKS, dann hat dies Auswirkungen auf die Strategie.
7. Erklären Sie, wie Sie den Erfolg messen und darüber berichten werden.
8. Diagramme und Grafiken helfen, die Inhalte prägnant darzustellen.
9. Unterstützen Sie – vielleicht in einem Anhang zur Strategie – auch den Risikomanagementprozess der Organisation, indem Sie die Risiken für die Interne Revision aufzeigen und erläutern, wie Sie diese Risiken mitigieren werden.
10. Es unterstreicht Ihren professionellen Ansatz, wenn Sie in der Strategie auf die Zielsetzung der Internen Revision und die Global Internal Audit Standards verweisen.
11. Die Strategie wird einen Zeitraum von drei bis fünf Jahren abdecken, aber jährliche Aktualisierungen sind erforderlich, weil die Bedingungen sich laufend ändern.
12. Planen Sie die Kommunikation der Strategie auch in persönlichen Treffen. Zeigen Sie hierbei auch auf, wie wichtig die Beteiligung von Personen außerhalb der Internen Revision für die Revisionsstrategie ist.

Drei Fragen sind bei der Identifikation von kritischen Erfolgsfaktoren bezüglich der Revisionsstrategie hilfreich:

- Ist die Interne Revision strategisch positioniert und wird sie unterstützt?
- Sind die Revisionsprozesse in der Lage, die Anforderungen der Organisation zu erfüllen, und sind sie dynamisch?
- Verfügt die Interne Revision über die richtige Personalstrategie, um ihren Auftrag zu erfüllen?

Welche Themen sind in die strategische Planung aufzunehmen? Unabhängig von der konkreten Ausgestaltung in Ihrer Organisation gibt es aktuelle, generelle und wichtige Fragestellungen in der Internen Revision, die durch einen strategischen Revisionsplan beantwortet werden sollten. Im Folgenden wollen wir anhand von ausgewählten Themen beispielhaft einige Hinweise geben, wie es gelingen kann, einen an den aktuellen Herausforderungen ausgerichteten, sinnvollen strategischen Plan zu erstellen und zu kommunizieren.

Produktstrategie der Internen Revision
Soll die Interne Revision „nur" Prüfungen liefern oder nutzt sie ihr Wissen auch für Beratungsaufträge oder Insights? Die Zielsetzung der Internen Revision im IPPF erfordert bereits durch die Erwähnung von Beratung und Insights, dass diese mehr tut, als Prüfungen durchzuführen. Daher sind Beratungsaufträge anzustreben. Die Stakeholder wollen, dass die Interne Revision Prüfungssicherheit (Assurance) bietet und gleichzeitig dabei hilft, Prozesse und Kontrollen zu verbessern und Risiken zu antizipieren.

Aber selbst ohne formelle Beratungsaufträge gibt es viele Möglichkeiten, den durch die Interne Revision erzielten Mehrwert zu erhöhen. Was abseits der Prüfungsergebnisse damit gemeint ist, zeigt diese beispielhafte Aufzählung von in der Regel äußerst sinnvollen Revisionsaktivitäten:

- Berichterstattung zu Beratungsaufträgen.
- Teilnahme an Komitees, Task Forces und Projektgruppen. (Das IIA nennt dies „a seat at the table".)
- Persönliche Treffen mit Mitgliedern der Geschäftsleitung, des Überwachungsorgans, des Managements der ersten und zweiten Linie und mit externen Prüfern.
- Präsentationen vor und Schulungen von Fachbereichen.
- Berichterstattung abseits der Revisionsberichte (z.B. in Quartals- und Jahresberichten, Statusberichten zu Projekten, Stellungnahmen zu Initiativen etc.).

Die Revisionsleitung und das Personal der Internen Revision verfügen üblicherweise über ein immenses Wissen über die Organisation, Systemzusammenhänge, Risiken, Prozesse, IT-Anwendungen, Informationsflüsse und Standorte. Dieses umfassende Wissen in der Organisation nur für Prüfungsaufträge und in Zusammenhang mit Mängeln zu nutzen und nicht in Form von Insights an die Stakeholder weiterzugeben, wäre eine bewusste Beschränkung und würde mit Sicherheit dazu führen, nicht den optimal möglichen Mehrwert zu liefern. Das kann nicht im Interesse der Auftraggeber und der Internen Revision selbst sein. Das Ziel des Schutzes von Werten mag man mit risikoorientiert ausgewählten Prüfungsaufträgen noch erreichen, auf die Wertschöpfung in der Organisation würde die Interne Revision damit aber verzichten.[98]

> Eine beratende Denkweise geht über die bloße Identifikation von Risiken hinaus und sucht nach Ursachen und Lösungen. Geben Sie eher früher als später Ratschläge, nennen Sie Ihre Ideen und Standpunkte und seien Sie darauf vorbereitet, dass sie darum gebeten werden. Beratungsleistungen sind der sicherste Weg, den Wert der Internen Revision für die Stakeholder zu steigern.

In ihrer Produktstrategie muss die Interne Revision daher eine Aussage darüber treffen, was die von ihr zu liefernden Leistungen sein sollen. Wohlgemerkt, wie auch immer das Leistungsportfolio der Revision aussieht, im Rahmen der Standards ist vieles möglich und im Wesentlichen von den Erwartungen der Auftraggeber abhängig:

- Sowohl die Positionierung als Unternehmenspolizei und „Wachhund der Geschäftsleitung" als auch die Positionierung als Trusted Advisor und geschätzter Berater der Geschäftsleitung und des Managements.
- Sowohl die Beschränkung auf die Prüfung der Einhaltung von regulatorischen und internen Regeln (Compliance) als auch die Verfolgung von Prüfungszielen, die einen völlig anderen Charakter haben, z.B. Wirksamkeit von Managementsystemen (Risiko, Datenschutz, Informationssicherheit, Nachhaltigkeit, Diversity).
- Sowohl die Übernahme von Ermittlungsaufträgen bei Fraud-Fällen als auch die Beschränkung auf Fraud-Prävention.

Entwickeln Sie eine Serviceorientierung, bei der der Revisionskunde im Mittelpunkt steht. Dies hilft, die Wahrnehmung der Internen Revision hin zur Beratungsfunktion zu verändern. Und es wirkt sich auf ihren Revisionsplan aus: Enthält er die Prüfungen, die für die Stakeholder relevant sind, oder nur die Punkte, die für Regulatoren oder Sie selbst relevant sind? Wenn sie für die Stakeholder nicht relevant sind, sollten Sie genau diese Aktivitäten effizienter durchführen, damit Sie mehr Ressourcen für das Wesentliche einsetzen können. Natürlich müssen die Prüfungspläne Kontrollen und die Einhaltung von

98 Vgl. Bünis und Gossens (2021), S.215.

Vorschriften beinhalten. Aber die möglichst effiziente Erledigung dieser Aufgaben setzt Ressourcen frei, um sich auf Schlüsselinitiativen und strategische und neue Risiken zu konzentrieren.

Gerade weil die Standards so viel Raum für die individuelle Gestaltung der Revisionstätigkeit lassen, ist die Formulierung, Abstimmung und Umsetzung einer Revisionsstrategie so wichtig, um die von den Auftraggebern gewünschten Mehrwerte erzielen zu können.

Kommunikations- und Marketingstrategie der Internen Revision
Die wahrgenommene Leistung der Internen Revision resultiert auch aus starken zwischenmenschlichen Fähigkeiten wie Kommunikation, Kooperation, Teambildung, Konsensfindung und Führungsqualitäten. Daher sollte die Bedeutung von Soft Skills keinesfalls unterschätzt werden. Organisationen brauchen Revisionsleitungen, die wie Führungskräfte handeln. Sie wollen Prüfungssicherheit auf dem richtigen Niveau, nicht zu oberflächlich und nicht zu pessimistisch, und sie wollen die Berücksichtigung von Chancen, nicht nur von Gefahren. Sie wollen Empfehlungen, die auf gut recherchierten und durchdachten Lösungen basieren und auf geschäftliche Risiken eingehen.

Dabei ist die Kommunikation der Revisionsergebnisse wesentlich für den wahrgenommenen Mehrwert der Internen Revision. Entscheiden Sie, wie sie künftig berichten wollen! Viele Revisionen berichten mittlerweile sehr zeitnah und nur noch das, was die Stakeholder erfahren müssen. Dabei werden grafische Dashboards und kurz gehaltene Kernbotschaften verwendet.

Aber gleichzeitig ist bei anderen Internen Revisionen immer noch ein großer Teil der Berichterstattung für die Belange der Stakeholder irrelevant. Berichte, die hauptsächlich zu Compliance- und regulatorischen Zwecken geschrieben werden, könnte man so weit wie möglich automatisieren, damit die Revisionsressourcen auf die Berichterstattung über die wichtigsten Risiken und deren Bewältigung ausgerichtet werden können.

Verstecken Sie dabei wichtige Erkenntnisse nicht in der Berichterstattung. Beziehen Sie Ihre Feststellungen immer auf Geschäftsziele und machen Sie die ermittelten Risiken deutlich. Sie sollten dazu grafische Darstellungen nutzen. Und vermitteln Sie Einblicke, nicht Rückblicke. Das Berichten von alten Nachrichten wird die Revision nicht als zukunftsorientierte Governance-Funktion in der Organisation stärken. Hingegen werden Verbesserungen im Berichtswesen dafür sorgen, dass die Leistung der Internen Revision wahrgenommen wird.

Wollen Sie, dass die Interne Revision dafür bekannt ist, Mehrwert zu schaffen und Erkenntnisse zu liefern? Dann bauen Sie die Beratungsleistungen aus, während Sie gleichzeitig die Prüfungen effizienter gestalten. Wenn Sie nur objektive Prüfungsleistungen versprechen, kommunizieren Sie eine begrenzte Relevanz für die Stakeholder. Setzen Sie sich höhere Ziele. Liefern Sie Wert, indem Sie den Stakeholdern helfen, operative Leistungen, Risikomanagement und Governance zu verbessern. Streben Sie in Ihrer Kommunikation nach Klarheit und Relevanz. Liefern Sie mehr Wert, als die Stakeholder erwarten.

Professionalisierungs- und Qualitätsstrategie der Internen Revision

Die Tätigkeit in der Internen Revision ist anspruchsvoll. Sie erfordert – wenn sie den hohen Ansprüchen der Standards gerecht werden soll – Professionalität und Qualitätsorientierung. Da dies bei wirklich risikoorientierter Ausrichtung gleichzeitig die Abkehr von Routinetätigkeiten bedeutet, stellt sich zunächst die Frage nach dem geeigneten Personal. Aktuelle Veröffentlichungen gehen davon aus, dass eine künftige Interne Revision sich durch schlankere Strukturen und flexibles Resourcing auszeichnet. Je nach Bedarf werden dann Fähigkeiten und Kapazitäten bei internen und externen Partnern flexibel beschafft. Selbst große und gut ausgestattete Revisionseinheiten müssen alternative Resourcing-Modelle in Betracht ziehen. Dazu gehören Gastprüfer und Rotationsprogramme sowie Co-Sourcing und Outsourcing.

Offenbar sind Qualifikationsdefizite häufig Ursache für die begrenzte Wirkung der Internen Revision. Mehr als die Hälfte (57 Prozent) der von Deloitte befragten Revisionsleitungen ist nicht davon überzeugt, dass ihre Teams über die notwendigen Fähigkeiten verfügen und die Erwartungen der Stakeholder erfüllen.[99] Die Interne Revision beschränkt sich oft auf Bereiche, in denen sie sich mit ihren Fähigkeiten wohlfühlt – aber die daraus resultierende und kommunizierte falsche Sicherheit kann gefährlich sein. Hingegen wollen die Stakeholder, dass die Interne Revision in Entscheidungen einbezogen wird, bevor Probleme auftreten und nicht nur im Nachhinein aufzeigt, was schiefgelaufen ist. Die dazu erforderlichen Fähigkeiten werden von Strategie und Geschäftsmodell, dem Einsatz von Technologien sowie dem regulatorischen Umfeld bestimmt. Daher muss die Interne Revision diese Faktoren und die erforderlichen Fähigkeiten kontinuierlich im Blick haben.

Risiken verändern sich schneller als früher. Die Risikoorientierung der Internen Revision erfordert daher, dass sie schnell reagieren kann, z.B. mit agilen Methoden, und sie erfordert die Fähigkeit der Risikomessung, -überwachung und -modellierung in Echtzeit. Die Professionalisierung der Internen Revision geht also auch mit einer Abkehr von der jährlichen Revisionsplanung einher.

Ein wichtiger Schlüssel zur Qualitätsverbesserung kann die umfassende Nutzung von Datenanalysen sein. Nutzen Sie Daten sehr früh im Revisionsprozess und auch im Sinne von Continuous Auditing, um Prozesse im Detail zu verstehen. Dies hilft, Beziehungen, Trends und Anomalien zu entdecken, die sonst unbemerkt bleiben würden. Datenanalysen führen direkt zu Kosteneinsparungen durch gezieltere und effizientere Prüfungen und setzen damit Zeit für Beratungstätigkeiten frei. Außerdem führen sie zu qualitativ hochwertigeren Ergebnissen. Die Anpassung des Revisionsprozesses an verfügbare Technologien ist der Schlüssel zu Qualitätsverbesserungen.

99 Vgl. Deloitte (2017), S.9.

Erweiterung des Prüfungsuniversums

Da ständig neue Risiken auf die Organisation zukommen oder Risiken in ihrer Bedeutung steigen, muss das Prüfungsuniversum der Internen Revision stetig erweitert werden. Nur selten fallen bisher beobachtete Risiken weg oder nehmen in ihrer Bedeutung so weit ab, dass sie irrelevant für die Interne Revision werden. Entscheidend ist, das wichtige oder neue Risiken frühzeitig in die Aktivitäten der Internen Revision einbezogen werden.

Ein Beispiel ist das vieldiskutierte Cyberrisiko. Es ist keine Frage, ob, sondern wann eine Organisation von einem Cyberangriff betroffen sein wird. Cyberrisiken stehen ganz oben auf der Tagesordnung der Stakeholder. Sie erwarten von der Internen Revision eine objektive Prüfungssicherheit, dass die Aktivitäten im Informations- und Informationssicherheitsmanagement in der ersten und zweiten Linie das Cyberrisiko angemessen berücksichtigen. Das Thema erfordert spezialisierte Fähigkeiten in der Internen Revision und es gehört zu den Bereichen, in denen die Interne Revision großen Einfluss ausüben kann.

Ein weiteres Beispiel ist die Prüfung der Wirksamkeit des Risikomanagements. Als Funktion der dritten Linie spielt die Interne Revision eine entscheidende Rolle bei der Sicherstellung der Wirksamkeit der Risikomanagementaktivitäten, die von der ersten und zweiten Linie durchgeführt werden. Management und Geschäftsleitung müssen die risikobezogenen Rollen und Verantwortlichkeiten in der ersten und zweiten Linie kennen und erwarten von der Internen Revision Aussagen über die Wirksamkeit des Risikomanagements. Die Interne Revision sollte dabei unbedingt strategische Risiken berücksichtigen, also Risiken, die das Erreichen der strategischen Ziele gefährden. Sie sollte aber auch berücksichtigen, welche Risiken den Stakeholdern aktuell die meisten Sorgen bereiten, und diese in ihre Prüfungen einbeziehen. Die Prüfung der Wirksamkeit des Risikomanagementprozesses stärkt die Wirkung der Internen Revision, indem sie Klarheit in einen Bereich bringt, in dem es oft an Klarheit mangelt. Ein fragmentiertes, isoliertes Risikomanagement kann Organisationen unvorhergesehenen Risikofolgen aussetzen. Diese Tätigkeit fällt nicht nur fest in den Zuständigkeitsbereich der Internen Revision, sondern ist auch eine, die die Interne Revision mit Nachdruck ausüben sollte.[100, 101]

Als drittes Beispiel sollen hier neu im Unternehmen eingeführte Technologien aufgeführt werden. In der Enquete 2023 hat das DIIR die Teilnehmer gefragt, ob neue Technologien wie Cloud Computing, künstliche Intelligenz oder Robotic Process Automation im Unternehmen genutzt werden und aktuell im Prüfungsuniversum abgebildet sind.[102] Es wird für die Stakeholder kaum nachvollziehbar sein, dass solche Technologien zwar zahlreich in den

100 Vgl. Deloitte (2017), S.5.

101 Vgl. DIIR (2018): Das DIIR hat mit dem DIIR Revisionsstandard Nr.2 einen geeigneten Leitfaden zur Prüfung der Wirksamkeit des Risikomanagementsystems veröffentlicht.

102 Vgl. DIIR (2023), S.58.

Unternehmen eingesetzt werden, Interne Revisionen diese aber oft noch nicht in ihr Prüfungsprogramm aufgenommen haben, auch wenn damit – gerade wenn sie neu sind – erhebliche Risiken verbunden sein können.

Schließlich seien alle Risiken genannt, die rund um das Thema Nachhaltigkeit angesiedelt sind. Ob es um die Klimakrise, Menschenrechte, Diversity, Gleichberechtigung oder Wasserqualität geht: Wer nicht nachhaltig handelt, hat langfristig keine Chance mehr auf Erfolg. Das ist ein Megathema für die Interne Revision, und jetzt ist die Zeit, hierfür im Prüfungsuniversum die Weichen zu stellen.

Diese Beispiele machen deutlich, dass der strategische Plan der Internen Revision auch Maßnahmen umfassen sollte, die eine bisher nicht tatsächlich risikobasierte Planung in echte Risikoorientierung überführt.

Obwohl die meisten Internen Revisionen die Notwendigkeit erkannt haben dürften, ihre Revisionsfunktion weiterzuentwickeln – durch die Berücksichtigung neuer Risiken, das Erwerben neuer Fähigkeiten, die Zusammenarbeit mit anderen Assurance Providern (Prüfungsfunktionen) und den Einsatz von Technologien – haben doch nicht alle einen zielgerichteten Plan, um dies auch zu erreichen. Das Erreichen dieser Ziele wird noch schwieriger, wenn die Interne Revision sich großen geschäftlichen Veränderungen gegenübersieht. Wenn sie nicht in der Lage ist, sich mit dem Geschäft weiterzuentwickeln oder nicht flexibel genug ist, um Schritt zu halten, besteht die Gefahr, dass sie für die Stakeholder weniger relevant wird. Der strategische Plan ist das Mittel, mit dem die Interne Revision einen Blick in die Zukunft werfen und die genannten Bedürfnisse in umsetzbare Schritte überführen kann.

4.1.3 Methoden der Internen Revision

Die Richtlinien und Verfahren der Internen Revision werden in den Global Internal Audit Standards als Methoden bezeichnet. Die Methoden dienen der Umsetzung der Revisionsstrategie und der Anleitung der Revisorinnen und Revisoren. Die Methoden können als einzelne Dokumente oder in einem Revisionshandbuch vorliegen oder in eine Revisionsmanagementsoftware integriert werden.

Standard 9.3 Methoden

Die Revisionsleitung muss Methoden festlegen, um die Interne Revision systematisch und zielgerichtet anzuleiten, die Strategie der Internen Revision umzusetzen, den Revisionsplan zu entwickeln und die Standards einzuhalten. Die Revisionsleitung muss die Wirksamkeit der Methoden bewerten und sie bei Bedarf aktualisieren, um die Interne Revision zu verbessern und auf wesentliche Veränderungen, die die Funktion betreffen, zu reagieren. Die Revisionsleitung muss den Internen Revisorinnen und Revisoren Schulungen zur Anwendung der Methoden bieten.

Quelle: IIA/DIIR, Global Internal Audit Standards

Wie jede andere Organisationseinheit sollte auch die Interne Revision ihre Regelungen, Prozesse und Schnittstellen dokumentieren. Dabei können Form und Detaillierungsgrad der Methoden je nach Größe, Komplexität, regulatorischen Anforderungen und Reife der Organisation und der Internen Revision variieren. Eine kleine Interne Revision kann sich auch weitgehend informell organisieren.

Die Methoden der Internen Revision ergänzen die Standards und stellen spezifische Anweisungen und Kriterien bereit, die dabei helfen, die Standards umzusetzen. Sie beschreiben Prozesse und Verfahren für die Kommunikation, die Behandlung operativer und administrativer Angelegenheiten und das Qualitätsmanagement in der Internen Revision.

Beispielsweise kann man die folgenden Punkte im Rahmen der Revisionsmethoden regeln:

Methoden (Revisionshandbuch)

Grundlagen

- Rechtliche Grundlagen und Standards
- Geschäftsordnung und Mandat der Internen Revision

Aufbauorganisation

- Organigramm
- Verantwortlichkeiten verschiedener Revisionsbereiche
- Verantwortlichkeiten im Prüfungsprozess
- Schnittstellen zu anderen Organisationseinheiten

Revisionsmanagementsoftware

- Regelungen zur Nutzung und Datenqualität
- Technische Anweisungen

Steuerung der Internen Revision

- Koordination mit internen und externen Assurance Providern
- Managen externer Dienstleister (sofern vorhanden)
- Laufende Überwachung
- Leistungsmessung und Berichterstattung über die Erreichung der Leistungsziele
- Interne Selbstbeurteilungen
- Externe Qualitätsbeurteilungen
- Zeitaufschreibung

Personal

- Stellenbeschreibungen
- Vorgaben zur Weiterbildung

Revisionsprozess

- Allgemeine Prüfungsrichtlinien
- Prüfungsziele
- Bewertungskriterien für Feststellungen und Gesamturteile
- Risikobeurteilung für die Organisation (auch kontinuierliche Risikobeurteilung) und Prüfungsuniversum (Langfristplanung) Erstellung und Aktualisierung des Revisionsplans (Jahresplanung)
- Festlegung der Balance zwischen Prüfungs- und Beratungsaufträgen.
- Ressourcenplanung (Kurzfristplanung)
- Prüfungsankündigung
- Risikobeurteilung im Rahmen von Aufträgen
- Prüfungsplanung
- Prüfungsdurchführung (Auftaktgespräch, Stichproben, Ergebnisdokumentation, Kommunikation während der Revisionsaufträge, Sachverhaltsabstimmung, Schlussgespräch)
- Finale Berichterstattung (Berichtsabstimmung, Verteilung)
- Follow-up (Verantwortlichkeiten, Überwachung, Erledigung, Berichterstattung, Eskalationsverfahren)
- Sonderprüfungen
- Dokumentations- und Archivierungsregeln

Beratungsaktivitäten

Quartals- und Jahresberichte

Die Aufzählung macht deutlich, dass das Revisionshandbuch schnell einen enormen Umfang erreichen kann. Die Erstellung des Handbuchs und die sorgfältige Pflege und Aktualisierung hilft – trotz des damit verbundenen Aufwands – den Mitarbeiterinnen, Mitarbeitern und Führungskräften der Internen Revision bei der Durchführung ihrer oft komplexen Aufgaben.

Das Revisionshandbuch hilft außerdem bei der Zielformulierung im Rahmen von Mitarbeitergesprächen: Die Revisorinnen und Revisoren sollten nicht das Ziel verfolgen, möglichst viele Prüfungen durchzuführen oder Feststellungen zu treffen, sondern sie sollten das Ziel haben, sich bei ihrer Prüfungsdurchführung an die festgelegten Prozesse zu halten.

Der Arbeitskreis MaRisk des DIIR hat mit dem „Online-Revisionshandbuch" ein Muster für ein Revisionshandbuch in Kreditinstituten veröffentlicht, das auch den Revisionsfunktionen aus anderen Branchen als Vorlage und Startpunkt dienen kann.[103]

4.1.4 Planung von Revisionsleistungen

Bevor Revisionsleistungen erbracht werden können, muss eine Planung dieser Leistungen erfolgen, die eine ganze Reihe von Anforderungen zu erfüllen hat. Eine der wichtigsten ist, dass die Planung das Erreichen der Organisationsziele unterstützen muss, was bedeutet, dass die Planung risikoorientiert erfolgt. Eine andere wichtige Anforderung ist, dass die Planung dynamisch sein muss, das heißt, bei veränderter Risikolage muss die Planung auch kurzfristig anpassbar sein. Die Planung der Internen Revision muss zudem gemäß dem in der Geschäftsordnung der Internen Revision festgelegten Verfahren genehmigt werden.

Standard 9.4 Revisionsplan

Die Revisionsleitung muss einen Revisionsplan erstellen, der das Erreichen der Organisationsziele unterstützt.

Die Revisionsleitung muss den Revisionsplan auf eine dokumentierte Beurteilung der Strategien, Ziele und Risiken der Organisation stützen. Diese Beurteilung muss durch Beiträge der Geschäftsleitung und des Überwachungsorgans sowie durch ein Verständnis der Revisionsleitung für die Governance-, Risikomanagement- und Kontrollprozesse der Organisation gestützt werden. Die Beurteilung muss mindestens jährlich durchgeführt werden.

Der Revisionsplan muss:

- Das Mandat der Internen Revision und das gesamte Spektrum der vereinbarten Revisionsleistungen berücksichtigen.

103 Vgl. DIIR-Arbeitskreis MaRisk.

- Revisionsleistungen spezifizieren, die die Bewertung und Verbesserung der Governance-, Risikomanagement- und Kontrollprozesse der Organisation unterstützen.
- Die Abdeckung von IT-Governance, Fraudrisiko, Wirksamkeit der Compliance- und Ethikprogramme der Organisation und andere Hochrisikobereiche berücksichtigen.
- Die erforderlichen personellen, finanziellen und technologischen Ressourcen zur Umsetzung des Plans identifizieren.
- Dynamisch sein und zeitnah aktualisiert werden, um auf Veränderungen in Geschäftsmodellen, Risiken, Abläufen, Programmen, Systemen, Kontrollen und Kultur der Organisation zu reagieren.

Die Revisionsleitung muss den Revisionsplan nach Bedarf überprüfen und überarbeiten und der Geschäftsleitung und dem Überwachungsorgan zeitnah Folgendes kommunizieren:

- Die Auswirkungen etwaiger Ressourcenbeschränkungen auf die Abdeckung durch die Interne Revision.
- Die Begründung für die Nichtaufnahme eines Prüfungsauftrags in einem Bereich oder einer Tätigkeit mit hohem Risiko in den Revisionsplan.
- Wichtige Stakeholder fragen Dienstleistungen an, die untereinander in Konflikt stehen, wie z.B. hoch priorisierte Anfragen aufgrund neu auftretender Risiken und Anfragen, geplante Prüfungsaufträge durch Beratungsaufträge zu ersetzen.
- Beschränkungen des Umfangs oder des Zugangs zu Informationen.

Die Revisionsleitung muss den Revisionsplan, einschließlich wesentlicher zwischenzeitlicher Änderungen, mit Geschäftsleitung und Überwachungsorgan besprechen. Der Plan und wesentliche Planänderungen müssen vom Leitungs- und Überwachungsorgan genehmigt werden.

Quelle: IIA/DIIR, Global Internal Audit Standards

Dieser Standard erfordert eine mindestens jährliche, organisationsweite Risikobeurteilung. Jedoch ist eine kontinuierliche Beobachtung der Risikolage und gegebenenfalls eine Anpassung der Planung erforderlich. Viele Interne Revisionen, die in einem dynamischen Umfeld tätig sind, sind dazu übergegangen, öfter als einmal im Jahr zu planen.

Ein Verfahren für die Erstellung des Revisionsplans besteht darin, potenziell zu prüfende Einheiten in einem Prüfungsuniversum (oder Prüfungslandkarte oder Audit Universe) abzubilden, um die Identifikation und Beurteilung von Risiken zu erleichtern. Zu den prüfbaren Einheiten können

Geschäftsbereiche, Prozesse, Programme und Systeme oder Themen gehören. Einige Einheiten kann man wegen ihrer expliziten Nennung im Standard 9.4 als Pflichtelemente der Internen Revision bezeichnen (vgl. Abbildung 17):

- Bewertung und Verbesserung der Governance-, Risikomanagement- und Kontrollprozesse.
- IT-Governance.
- Fraudrisiko.
- Wirksamkeit der Compliance- und Ethikprogramme.

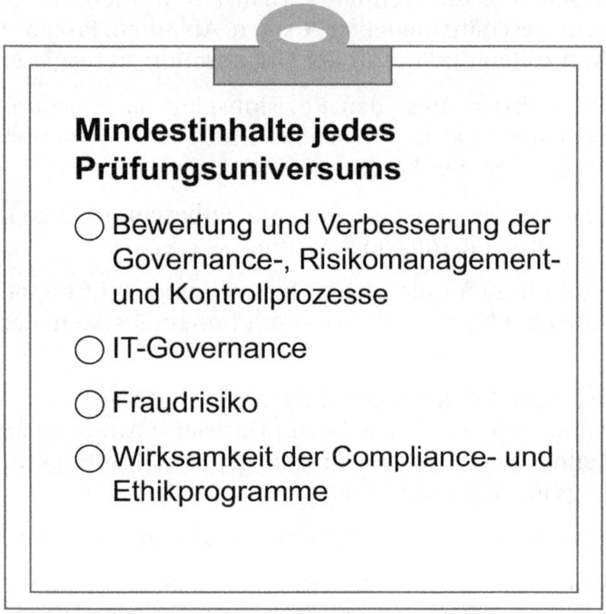

Abbildung 17: Mindestinhalte jedes Prüfungsuniversums

Damit das Prüfungsuniversum und die Risikobeurteilung die wichtigsten Risiken möglichst komplett abdecken, soll die Interne Revision die Risiken, die im Risikomanagementsystem identifiziert wurden, überprüfen und validieren. Die Interne Revision soll sich aber nur dann auf die Risikoinformationen des Managements verlassen, wenn sie zu der Überzeugung gelangt ist, dass die Risikomanagementprozesse wirksam sind.

Neben einer Liste der Prüfungsobjekte können im Prüfungsuniversum auch Zuständigkeiten, Beschreibungen und vorgesehener Prüfungsturnus der Prüfungsobjekte und insbesondere auch die Risikobewertung der Prüfungsobjekte abgebildet werden. Merkmale wie Mandantenrelevanz, rechtliche Grundlagen der Prüfung und andere Stammdaten finden hier ebenso ihren Platz. Das Prüfungsuniversum stellt neben der Geschäftsordnung der Internen Revision eine der wesentlichen Grundlagen für die Prüfungstätigkeit dar.

Es sollte daher in einer der Bedeutung angemessenen Form dokumentiert und einem geregelten Datenpflegeprozess unterworfen sein. Professionelle Revisionsmanagementsoftware bietet immer auch eine Unterstützung zur Pflege des Prüfungsuniversums.

Inhaltlich besteht das Prüfungsuniversum aus allen Risikobereichen, die Gegenstand einer Prüfung sein könnten, und resultiert in einer Liste möglicher Revisionsaufträge, die durchgeführt werden könnten. Es enthält Projekte und Initiativen bezüglich des strategischen Plans der Organisation und kann nach Geschäftseinheiten, Produkt- oder Servicelinien, Prozessen, Programmen, Systemen, Risikoarten oder Kontrollen gegliedert sein.

Während die Standards fordern, dass alle Hochrisikobereiche im Prüfungsuniversum enthalten sind, gehen die Mindestanforderungen an das Risikomanagement für Banken (MaRisk) mit der Pflicht, alle Aktivitäten und Prozesse der Organisation grundsätzlich innerhalb eines Turnus von drei Jahren zu prüfen,[104] deutlich darüber hinaus. Das Prüfungsuniversum gleicht dort daher einer Prozesslandkarte des Unternehmens, ergänzt um Spezialthemen wie bestimmte Pflichtprüfungen, organisatorische Einheiten, IT-Systeme und Projekte. Das Prüfungsuniversum einer Bankrevision sollte also daher nachgewiesenermaßen keine weißen Flecken offen lassen.

Interne Revisionen außerhalb der Finanzdienstleistungsbranche sind bei der Gestaltung ihres Prüfungsuniversums nicht so stark an Vorgaben gebunden. Dies bietet die Chance, sich zu fokussieren und Prüfungsaktivitäten in einem stärkeren Maße an Risikobeurteilungen der Prüfungsobjekte und an den Prüfungswünschen der Auftraggeber und anderer Stakeholder auszurichten. Hier können weiße Flecken – sofern sie durch Risikobeurteilungen gerechtfertigt sind – durchaus vorkommen. Viele Revisionsabteilungen außerhalb der Finanzindustrie werden aufgrund der im Vergleich zu Bankrevisionen geringeren Personalressourcen niemals in der Lage sein, alle möglichen Prüfungsobjekte flächendeckend zu prüfen. Vielmehr ist hier die risikoorientierte Auswahl, auf die wir im nächsten Kapitel näher eingehen, von entscheidender Bedeutung. Ebenso ist ein gewisser Prüfungsturnus, also die Wiederholung von Prüfungen im Zeitablauf, außerhalb der Finanzbranche nicht zwingend notwendig.

Zur Unterstützung der Risikobeurteilung für die Einträge im Prüfungsuniversum kann die Revisionsleitung Informationen aus kürzlich abgeschlossenen Revisionsaufträgen sowie aus Gesprächen mit der Geschäftsleitung und dem Überwachungsorgan nutzen. Dabei sollen Risiken nicht nur als Gefahren für das Erreichen von Zielen betrachtet werden, sondern auch als Chancen.

Die Planung der Internen Revision wird auch durch Anforderungen der Leitungsorgane, die Erwartung, die gesamte Organisation durch Prüfungssicherheit abzudecken, aufgrund von Vorschriften erforderlichen Aufträgen und die Möglichkeit, sich auf die Arbeit anderer Assurance Provider (Prüfungsfunktionen) zu verlassen, beeinflusst.

104 Vgl. BaFin (2024), BT 2.3, Tz. 1.

Folgende Prüfungsobjekte soll der Revisionsplan umfassen:

- Aufträge, die regulatorisch vorgeschrieben sind.
- Aufträge, die für die Strategie der Organisation entscheidend sind.
- Bereiche mit erheblichem Risiko.
- Beratungsaufträge.

Dabei ist auch anzugeben, wie viel Zeit und welche Ressourcen für jeden geplanten Auftrag benötigt werden. Bei der Planung ist der potenzielle Nutzen eines Auftrags, wie z.B. das Potenzial zur Verbesserung von Governance-, Risikomanagement- und Kontrollprozessen gegen die damit verbundenen Aufwendungen abzuwägen. Außerdem sind die operativen Prioritäten der Organisation, die Zeitplanungen eventuell anstehender externer und regulatorischer Prüfungen, die Kompetenzen der beteiligten Revisorinnen und Revisoren sowie die Verfügbarkeiten in der Internen Revision und – falls gewünscht – natürlich auch beim Prüfungspartner zu berücksichtigen.

4.1.5 Die allgemeine Organisationsprüfung

Der nachfolgend dargestellte Ansatz einer allgemeinen Organisationsprüfung bietet sowohl die Möglichkeit, einen systematischen Ansatz zur vollständigen Einschätzung und Prüfung von (Schlüssel-)Kontrollen in der Organisation als auch darüber hinaus ein umfassendes Prüfungsuniversum zu entwickeln, das keine Lücken aufweist.

Der praktikable Ansatz der allgemeinen Organisationsprüfung verbindet bereichsübergreifende und bereichsspezifische Prüfungsthemen und Kontrollen miteinander.[105] Durch die allgemeine Organisationsprüfung kann eine vollständige Abdeckung der Prüfungsthemen im Prüfungsuniversum erreicht werden. Vorhandene Lücken können durch die Aufnahme und Aggregation von Prüffeldern geschlossen werden. Sie bietet zudem eine Möglichkeit, Tätigkeiten und Prozesse aufzunehmen, die aufgrund ihres Umfangs oder ihrer Bedeutung im Rahmen eines risikoorientierten Ansatzes nicht eigenständiger Bestandteil des Prüfungsuniversums werden können.

Als besondere Ausprägung der Organisationsprüfung wird unter der allgemeinen Organisationsprüfung eine standardisierte Form der Prüfung von Organisationseinheiten verstanden. Es handelt sich um einen generischen Prüfungsansatz, der in einem standardisierten, allgemeinen Teil universelle Prüfungsthemen unter Berücksichtigung organisationsweiter Kontrollen berücksichtigt. Ein spezifischer Prüfungsteil zielt mit einem Reservoir von Prüfungshandlungen auf Funktionen und Prozesse, die der Organisationseinheit des Prüfungspartners verantwortlich zugeordnet sind. Hier können diejenigen Funktionen und Prozesse berücksichtigt werden, deren Bedeutung und

105 Siehe hierzu ausführlich Bünis und Gossens (2014c), S. 278 f.

Risiko kein eigenes Prüffeld in dem Prüfungsuniversum rechtfertigen, die jedoch regelmäßig geprüft werden müssen, um eine Bewertung des mit ihnen verbundenen Risikos vornehmen zu können. Dadurch wird auch eine organisationsweite Beurteilung der Wirksamkeit von Schlüsselkontrollen ermöglicht (vgl. Abbildung 18).

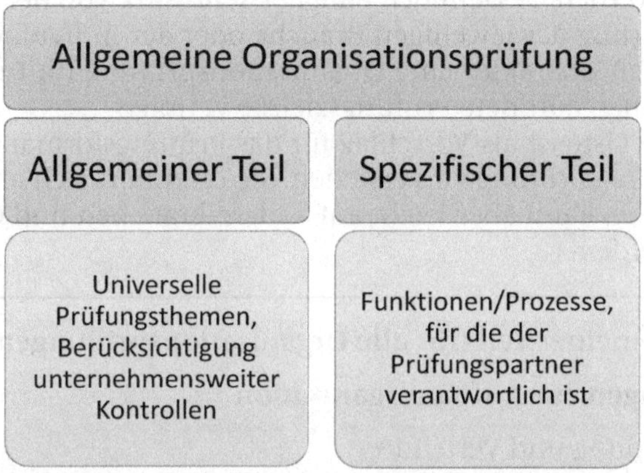

Abbildung 18: Aufbau der allgemeinen Organisationsprüfung

Hierdurch entsteht eine ausgewogene Mischung von zentralen und dezentralen Prüfungsansätzen. Die Standardisierung der Prüfungsthemen im allgemeinen Teil lässt durch Berücksichtigung der Erkenntnisse und Prüfungsergebnisse Schlüsse auf die Angemessenheit und Wirksamkeit von organisationsweiten Kontrollen in der Organisationseinheit des Prüfungspartners zu. Zusätzlich bieten die Prüfungsthemen im bereichsspezifischen Teil die Möglichkeit, Tätigkeiten und Prozesse aufzunehmen, die nicht eigenständiger Bestandteil im Prüfungsuniversum sind. Der Ansatz erlaubt dadurch die Skalierbarkeit des individuellen Prüfungsuniversums in der gewünschten Granularität und in Abhängigkeit von Größe und Branche der Organisation sowie Risikobewertung und Größe der Internen Revision.

Durch die allgemeine Organisationsprüfung bietet sich eine Möglichkeit, als Ergänzung zu den Funktionsprüfungen, Prozessprüfungen und Prüfungen von Funktions- oder Geschäftseinheiten (als spezielle Organisationsprüfungen) bisher prüfungsfreie Räume adäquat auszufüllen. Entwickeln sich einzelne Risiken oder Kontrollen weiter oder wechselt die Verantwortung für die Durchführung von Kontrollen (auch von bereichsspezifischen Kontrollen hin zu organisationsweiten Kontrollen, z. B. IT-Berechtigungsmanagement, Projektportfoliomanagement), so kann die Revisionsplanung dies schnell und pragmatisch über die Anpassung der Prüffelder und Aktualisierung der Prüfungsthemen in den vorgesehenen allgemeinen Organisationsprüfungen im Prüfungsuniversum berücksichtigen und abbilden.

Hinsichtlich der Weiterentwicklung und Beurteilung von Kontrollen durch die Interne Revision kann ein Reifegradmodell sinnvolle Hinweise bieten.[106]

Die allgemeine Organisationsprüfung ist am ehesten dem sogenannten Operational Auditing zuzurechnen, als dessen wesentliche Bestandteile die Prüfung des IKS und damit eng verbunden auch die Frage der Wirtschaftlichkeit genannt werden.[107] Dennoch hängt es sehr stark von der aufsichtsrechtlichen Regulierung der jeweiligen Branche oder der individuellen Organisation ab, welchen Charakter eine Organisationsprüfung im Detail entwickelt und welches übergeordnete Prüfungsziel sie verfolgt.

Die folgende Liste ist als Vorschlag für das Prüfungsformat einer allgemeinen Organisationsprüfung zu verstehen. Sie orientiert sich an der Organisation von Banken, kann aber leicht auf andere Branchen und Organisationen übertragen werden.

Teil A: Allgemeiner Teil (für alle Organisationsprüfungen identisch)

A1. Regelungen zur Aufbauorganisation

Aufgabenbildung und Verteilung

Stellenplan, Stellenbesetzungsliste, Stellenprofile, fachliche Qualifikation

Kompetenzen und Berechtigungen

Funktionstrennung

Verantwortlichkeiten

A2. Regelungen zur Ablauforganisation

Arbeitsprozess

Einhaltung und Umsetzung der strategischen Vorgaben

Umsetzung von Beschlüssen der Geschäftsleitung

Schriftlich fixierte Ordnung

Pflege und Aktualität der arbeitsordnenden Unterlagen

Prozesse, Schnittstellen zwischen Organisationseinheiten

Sachmittelorganisation

IT-Systeme und IT-Anwendungen (fachliche und technische Verantwortung, Rollenkonzepte und Berechtigungen)

Kapazitätssteuerung

106 Vgl. dazu ausführlich Bünis und Gossens (2014c), S. 278 f.

107 Vgl. Harrmann (1976), S. 173.

Einsatz externer Dienstleister bzw. Beratungsgesellschaften

Budgetverantwortung

Wirtschaftlichkeitsbetrachtung

A3. Prüfung übergreifender organisatorischer Sachverhalte

Informations-/Kommunikationssystem

Internes Kontrollsystem (IKS) (Risikoanalyse, generelle und spezielle Kontrollen, Umsetzung dezentraler Verantwortlichkeiten, Kontoverantwortung, Maßnahmen zur Verhinderung und Aufdeckung von Fraud)

Beachtung von Schutzregelungen

Bereichsspezifische Sicherheitsanforderungen

Einhaltung von Arbeitszeitregelungen

Notfallplanung

Management operationeller Risiken

Dokumentation

Archivierung

Durchführung von Projekten

Dienstleistungsverträge und Vertragsmanagement

Teil B: Bereichsspezifischer Teil der allgemeinen Organisationsprüfung

Tätigkeiten und Prozesse beim Prüfungspartner, die nicht eigenständiger Bestandteil des Prüfungsuniversums der Internen Revision sind.

Die Aufstellung erhebt keinen Anspruch auf Vollständigkeit, sondern soll Anregungen für Aufbau, Organisation und Durchführung einer allgemeinen Organisationsprüfung geben. Auswahl und Zuordnung der Themen sind als Vorschlag zu verstehen. Das Kontrollsystem nimmt einen breiten Raum ein.

Der erste, allgemeine Teil ist – unter Berücksichtigung von Prüfungsziel, Prüfungsgegenstand und Prüfungsauftrag – für alle Organisationsprüfungen gleich. Der zweite, spezifische Teil ist ein Reservoir für Prüfungshandlungen zu Tätigkeiten und Prozessen, die verantwortlich in der geprüften Organisation oder beim Prüfungspartner erbracht oder betreut werden. Hierdurch gelingt die Integration von individuellen Prüfungsthemen. Dieses Baukastenprinzip ermöglicht die sinnvolle und maßgeschneiderte Prüfungsgestaltung.

4.1.6 *Risikoorientierte Prüfungsplanung*

Notwendigkeit der Risikoorientierung in der Revisionsplanung
Wie alle Geschäftsbereiche einer Organisation muss auch die Interne Revision priorisieren, welche Aktivitäten sie in einer gegebenen Zeitspanne durchführt. Der Schlüssel zur Lösung ist das Risiko. Risikoorientierte Prüfungsplanung ist ein zentrales Konzept in den Global Internal Audit Standards. Sie ist für die Wirksamkeit und Effizienz der Revision von außerordentlicher Bedeutung und soll verhindern, dass die Interne Revision sich nicht mit Nebenschauplätzen beschäftigt, aus deren Prüfung sich kein wirklicher Mehrwert für die Organisation ergeben kann.

Seit vielen Jahren existiert zur Notwendigkeit der Risikoorientierung ein breiter Konsens bei Auftraggebern und Praktikern der Internen Revision. Die Anforderungen der Finanzdienstleistungsaufsicht (BaFin und EZB) an die Prüfungsplanung unterstreichen die risikoorientierte Planung und fordern darüber hinaus, dass die Planung umfassend sein soll.[108]

Es ist ersichtlich, dass die Interne Revision nicht einfach wiederholt Jahr für Jahr einen starren Prüfungsplan abarbeiten darf. Sie muss sich bei der Planung der Aktivitäten an den Risiken, die mit den strategischen Zielen der Organisation verbunden sind, orientieren. Und um es schon vorwegzunehmen: Für viele Organisationen ist eine einmal pro Jahr erstellte Revisionsplanung heute nicht mehr ausreichend. Neu aufkommende Risiken müssen schnell und flexibel in den Revisionsplan aufgenommen werden können, um der Forderung nach Risikoorientierung in der Revisionstätigkeit Rechnung zu tragen – aber auch, um wirklich den optimalen Mehrwert der Revisionsdienstleistung liefern zu können. Die Standards fordern daher, dass der Revisionsplan dynamisch sein muss.

Es handelt sich aber nicht nur um eine Vorschrift der Standards und der MaRisk, sondern auch um die einzig sinnvolle Vorgehensweise in der Revisionsplanung. Wenn die Interne Revision einen Mehrwert liefern soll, der ja in der Regel in der Reduzierung von Risiken, Nutzung von Chancen oder Verbesserung von Kontrollstrukturen begründet ist, dann muss sie sich zwangsläufig um die unter Risikogesichtspunkten vorrangigen Prüfungsthemen kümmern. Die in früheren Zeiten traditionell noch in der Internen Revision beheimateten kontrollnahen Tätigkeiten (z.B. Beschwerdemanagement, Rechnungsprüfung, Freigaben von Organisationsanweisungen, Zugriffsberechtigungen oder IT-Anwendungen) werden mittlerweile daher nicht mehr der Internen Revision zugeordnet, sondern einem operativen Geschäftsprozess.

Die Risiken sind danach zu beurteilen, inwieweit sie sich auf die Erreichung der Organisationsziele auswirken. Daneben sind die Erwartungen der Stakeholder an die Interne Revision sowie Beratungsaufträge im Rahmen der Planung zu berücksichtigen.

108 Vgl. BaFin (2024), BT 2.3.

Bei Banken gilt die Anforderung der MaRisk, grundsätzlich alle Aktivitäten und Prozesse in einem mindestens dreijährigen Turnus zu prüfen.[109] Auch wenn in anderen Branchen dieser enge Zeitrahmen nicht gilt, sieht jede Revisionsleiterin oder jeder Revisionsleiter sich mit dem Problem konfrontiert, dass sowohl die Risikoorientierung der Planung nachgewiesen als auch mit beschränkten Prüfungskapazitäten die Abdeckung der Planung gewährleistet werden muss. Konkret stellen sich für Revisionseinheiten, die ihre Aktivitäten planen wollen, die folgenden wesentlichen Fragen:

- Wie kann eine umfassende Sicht auf die in der Organisation vorhandenen Risiken sichergestellt werden? Und wie leitet sich daraus ein adäquater Prüfungsplan ab?
- Wie können bei beschränkten Ressourcen grundsätzlich alle internen und ausgelagerten Aktivitäten und Prozesse berücksichtigt werden, ohne dabei Gefahr zu laufen, sich prüferisch auch mit Belanglosigkeiten zu beschäftigen?
- Wie kann man der Erwartungshaltung der wesentlichen Stakeholder nach risikoorientierter und flexibler Revisionsplanung gerecht werden und die Themen prüfen, die für die Organisation von Bedeutung sind?

Und für die den MaRisk unterliegenden Internen Revisionen gilt zusätzlich:

- Wie kann eine umfassende Planung über einen grundsätzlich dreijährigen (maximal fünfjährigen) Prüfungszeitraum sichergestellt und nachgewiesen werden, die alle internen und ausgelagerten Aktivitäten und Prozesse berücksichtigt?

Auch im Bankensektor stellen sich Unternehmen agil auf und Revisionseinheiten müssen schneller auf Risiken reagieren. Der zeitliche Aspekt spielt bei der Risikoorientierung eine zentrale Rolle. Risiken können ohne vorherige Ankündigung kurzfristig entstehen. Die MaRisk sehen vor, dass die Risikobewertungsverfahren eine Analyse des Risikopotenzials der Aktivitäten und Prozesse unter Berücksichtigung absehbarer Veränderungen beinhalten müssen und dass die Prüfungsplanung regelmäßig und anlassbezogen zu überprüfen und weiterzuentwickeln ist.[110] Zur Länge der Planungsperiode enthalten die MaRisk keine verbindlichen Vorgaben.[111]

109 Vgl. BaFin (2024), BT 2.3.

110 Vgl. BaFin (2024), BT 2.3.

111 Vgl. Hannemann et al. (2022), S. 2071.

Identifikation der Bereiche mit dem größten Risiko

Wie wohl vermutlich alle Organisationseinheiten verfügt auch die Interne Revision nur über beschränkte Ressourcen. Sie muss entscheiden, wie sie die Arbeit in einem vorgegebenen Zeitraum priorisiert. Drei Determinanten spielen bei dieser Überlegung eine wesentliche Rolle:

- Erwartung der wesentlichen Stakeholder.
- Risiko hinsichtlich des Erreichens strategischer und wirtschaftlicher Ziele.
- Professionelle Anforderungen an die Erbringung von Prüfungs- und Beratungsleistungen.[112]

Dies stellt Revisionseinheiten vor die Herausforderung, in einem Planungsprozess wesentliche Risiken vollumfänglich zu identifizieren und einer Risikoanalyse zu unterziehen.

Im Standardwerk der Internen Revision „Sawyer's Internal Auditing" (Sawyer's) wird beschrieben, inwieweit der Reifegrad der Organisation hinsichtlich Governance, Risikomanagement und IKS und der Revisionsfunktion die Planung beeinflusst.[113] Dies reicht vom Reifegrad 1, bei dem das Prüfungsuniversum im Wesentlichen aus Finanzen, öffentlichen Informationen und Compliance-Programmen der Organisation besteht, über die Reifegrade 2 und 3, die als Gesamtheit die Themenbereiche Finanzbuchhaltungs- und Finanzberichterstattungsprozesse, operative Prozesse, regulatorische Compliance und Einhaltung von Organisationsrichtlinien abdecken, bis hin zu den Reifegraden 4 und 5, bei denen es der Internen Revision aufgrund des Reifegrads der Gesamtorganisation möglich ist, auf eine umfassende Gesamtheit von Risiken zuzugreifen, die durch das Risikomanagementsystem erhoben und wirksam gesteuert werden.

In der Praxis beginnt der herkömmliche Revisionsplanungsprozess in der Regel nicht mit einer Auflistung der Organisationsziele.[114] Vielmehr startet er mit einer Auflistung von Organisationsprozessen, Organisationseinheiten und Lokationen, die Gegenstand einer Revisionsprüfung sein können. Priorisiert werden diese anhand einer Kombination von Faktoren wie Gewinn, Komplexität, Zeit, die seit der letzten Revisionsprüfung verstrichen ist, personellen oder technischen Veränderungen usw. Je größer die Risikorelevanz der Einheiten und Prozesse ist, desto eher werden sie im Prüfungsplan berücksichtigt. Hierdurch werden zwar in der Regel Risiken identifiziert, die für die ausgewählten Geschäftsprozesse von Bedeutung sind. Es werden allerdings nicht unbedingt Risiken identifiziert, die für die Organisation als Ganzes von Bedeutung sind.

Die Notwendigkeit, Schwächen bei der Anwendung herkömmlicher Ansätze zur risikoorientierten Prüfungsplanung zu beheben, wurde in den letz-

112 Vgl. Sawyer (2019), S.193.
113 Vgl. Sawyer (2019), S.199ff.
114 Vgl. Marks (2016), S.46.

ten Jahren vielfach diskutiert. Revisionseinheiten unternehmen intensive Anstrengungen, um ihre Ansätze zu verbessern. Diese Ansätze haben häufig bestimmte Merkmale gemeinsam.[115] Dazu gehören:

- Erstellen eines Risikoinventars, das mit den wichtigsten Organisationszielen in Beziehung steht.
- Prozess für die Bewertung von Risiken im Bestand.
- Prozess zum Sammeln und Analysieren von Daten, Sichtweisen des Managements und anderen Informationen über das aktuelle Risikoniveau für jedes Element im Inventar.
- Bewertungsmethodik auf der Grundlage der gesammelten Informationen.
- Priorisierung von Risiken basierend auf der Bewertungsmethodik. Die am höchsten bewerteten Risiken werden in den vorgeschlagenen Revisionsplan aufgenommen.
- Überprüfung des vorgeschlagenen jährlichen Revisionsplans mit Schlüsselpersonen im Management.
- Genehmigung des vorgeschlagenen Revisionsplans durch das zuständige Gremium.

Dabei ist zu berücksichtigen, dass nach der heutigen allgemeinen Auffassung der Begriff des Risikos immer die Betrachtung von Gefahren und Chancen beinhaltet.[116] So kommt es auch im DIIR Revisionsstandard Nr. 2 „Prüfung des Risikomanagementsystems durch die Interne Revision" zum Ausdruck. Wenn mit Bezug auf die Interne Revision von Risikoorientierung gesprochen wird, ist damit auch immer die Betrachtung der positiven Abweichung von Organisationszielen gemeint.

Die Interne Revision schafft Mehrwert, wenn sie zu optimierten Risikoprofilen der Organisationen beitragen kann. So wie es nicht das Ziel eines Enterprise Risk Managements ist, alle Risiken um jeden Preis zu minimieren, so kann es nicht das Ziel der Internen Revision sein, sämtliche Abweichungen des Istzustands von einem Sollzustand als Revisionsfeststellung zu berichten. Es geht darum, den Nutzen für die Organisation insgesamt zu erhöhen. Wenn die Interne Revision ihren Auftraggebern die Prüfungssicherheit liefern kann, dass sie alle wesentlichen Risiken prüferisch berücksichtigt hat (das heißt alle wesentlichen Chancen und Risiken im Rahmen der Risikobereitschaft und des Risikodeckungspotenzials der Organisation beurteilt hat), dann ist dies von großem Nutzen für die Organisation. Das beinhaltet auch, dass einige Risiken bewusst eingegangen werden, um Chancen zu verfolgen und damit z. B. eine höhere Rendite zu erzielen.

115 Vgl. Chambers (2019), S. 74.

116 Vgl. IIA (2019a), S. 3.

Traditionelle risikoorientierte Revisionsplanung

Ein starkes Hindernis für eine Risikoorientierung der Internen Revision in diesem Sinne ist die Fokussierung auf eine defensive, regulatorische Revision. Traditionell sind viele Interne Revisionen auf die Erfüllung gesetzlicher Vorschriften und andere Ordnungsmäßigkeitsaspekte ausgerichtet. Eine regulatorische Interne Revision bedeutet, dass die Revisionsprozesse und die daraus resultierende Berichterstattung in erster Linie der Erfüllung externer Anforderungen dienen. Eine solche Interne Revision arbeitet in der Regel defensiv, der Schwerpunkt liegt auf Ordnungsmäßigkeit und dem Vermeiden von Fehlern. Risiken werden negativ verstanden. Sie sind zu minimieren.

Selbstverständlich ist eine defensive Interne Revision für die Geschäftsleitung von Bedeutung, um nachzuweisen, dass Compliancerisiken systematisch identifiziert und beurteilt werden und dass die gesamte Organisation gesetzes- oder regulierungskonform ist. Unter bestimmten Umständen kann dadurch die persönliche Haftung der Entscheidungsträger reduziert werden. Die Interne Revision sollte daher mit (bei international tätigen Organisationen insbesondere auch länderspezifischen) Gesetzen und Regularien vertraut sein und diese berücksichtigen. Ein reiner, regulatorischer Ansatz bleibt jedoch hinter den Möglichkeiten der Internen Revision, Mehrwert zu schaffen, zurück. Die regulatorisch ausgerichtete Interne Revision dürfte selten in Entscheidungsprozesse involviert werden und wird nicht als Mehrwert schaffende Dienstleistung für die Geschäftsleitung, sondern als Kostenverursacher verstanden.

Indizien für einen regulatorischen Ansatz sind, dass eine Revisorin oder ein Revisor nicht gerne in entscheidungsrelevanten Gremien gesehen wird und keinen Zugang zu strategierelevanten Informationen hat. Die Revision ist stark auf operationelle und rechtliche Themen ausgerichtet. Die Risikoanalyse findet anhand einer Sammlung von Indikatoren statt, die Chancen kaum berücksichtigen.

Aus dieser Perspektive wird offensichtlich, dass der herkömmliche Revisionsansatz und die damit zusammenhängenden Ordnungsmäßigkeitsprüfungen gemessen an den gewaltigen Möglichkeiten einer modernen, risikoorientierten Internen Revision viel zu kurz greift. Damit ist eine Planung, die dem Anspruch, umfassend zu sein, gerecht werden muss, nur sehr schwer zu erreichen.

Im Folgenden wird zunächst der eher traditionelle Ansatz der risikoorientierten Jahresplanung dargestellt. Im Anschluss werden neuere Ansätze beschrieben, die schnellere Reaktionen auf aufkommende Risiken erlauben.

Die Gewichtung von Risikofaktoren ist die am meisten genutzte formale Methode.[117] Sie kann gut verwendet werden, wenn das Prüfungsuniversum aus Organisationseinheiten, Prozessen und Projekten besteht. Voraussetzungen dafür sind, dass Planungen und Prüfungen nach einheitlichen formellen Vorgaben und gemäß einem definierten Revisionsprozess durchgeführt wer-

117 Vgl. dazu im Detail Bünis und Gossens (2020).

den. Außerdem sind praxistaugliche Revisionssoftware-Produkte hilfreich, die es ermöglichen, transparent und flexibel Planungs- und Prüfungsprozesse zu dokumentieren.[118] In der Praxis stellt sich die Herausforderung, Instrumente der Planung zu finden, die durch moderne technische Unterstützung handhabbar und transparent, dabei methodisch einwandfrei und dennoch flexibel sind.

Zur Anwendung des traditionellen Ansatzes ist die Erfüllung verschiedener Prämissen erforderlich. Insbesondere muss die Datenqualität innerhalb des Prüfungsuniversums ein sehr hohes Niveau aufweisen. Die potenziellen Prüfungsobjekte müssen definiert, einheitlich erfasst, aktualisiert und ausreichend detailliert beschrieben sein, bevor mit der Risikobewertung begonnen werden kann. Nur hierdurch wird die Nachvollziehbarkeit des Verfahrens gewährleistet, welche in jeder Phase des Revisionsprozesses gegeben sein muss.

Regelmäßig werden die Prüffelder risikobewertet. Bewährt hat es sich, am Ende einer durchgeführten Prüfung die dort enthaltenen Prüfungsobjekte neu zu bewerten. Die im Laufe eines Jahres nicht geprüften Objekte werden im Rahmen der Jahresplanung neu bewertet. Hierdurch ist sichergestellt, dass aktuelle Erkenntnisse in die Bewertung einfließen und alle Objekte des Prüfungsuniversums mindestens jährlich bewertet werden.

Zur Bewertung der Prüfungsobjekte wird eine Liste von Risikokriterien definiert. Beispiele dazu finden sich in vielen Publikationen.[119] So könnte die Interne Revision sich die folgenden Risikokriterien für ihre Prüfungsobjekte definieren:

1. Bedeutung/Volumen,
2. Qualität des Internen Kontrollsystems,
3. Komplexität der Aufbauorganisation,
4. Komplexität der Prozesse,
5. Dynamik des Prüfungsobjekts,
6. Personal und
7. Zeitraum seit der letzten Prüfung.

Die Auswahl der Risikokriterien ist organisations- und branchenabhängig und kann kaum verallgemeinert werden. Daher bieten Softwareprodukte zur Unterstützung des Revisionsprozesses immer flexible Möglichkeiten für die Definition der Risikobewertung an.

Die Risikokriterien werden in der Regel mit numerischen Ausprägungen und Risikogewichten versehen. Als Ergebnis ergibt sich für jedes Prüffeld eine Risikokennzahl, die den Grad der Prüfungsbedürftigkeit des Prüffelds anzeigt.

118 Vgl. hierzu ausführlich Bünis und Gossens (2011b), S. 311 ff.

119 Vgl. z. B. DIIR-Arbeitskreis MaRisk (2008), S. 60 ff.

Nach gängiger Praxis genügt für die Zwecke der Revisionsplanung oft ein rein lineares Verfahren der Aufsummierung von mit Risikogewichten multiplizierten Bewertungen (s. Abbildung 19). Es geht eben nicht darum, das mit den Prüffeldern verbundene Risiko im Detail korrekt zu bewerten, sondern aus der Risikobewertung letztlich nur eine Prüfungsdringlichkeit im Sinne eines Prüfungsturnus abzuleiten. Dieser Turnus führt dann zu der Entscheidung, ob ein Prüffeld im nächsten Revisionsplan enthalten ist oder nicht. Hier kann zu Lasten der Genauigkeit ein praktikables und in der Handhabung einfaches Modell das effektivste sein.

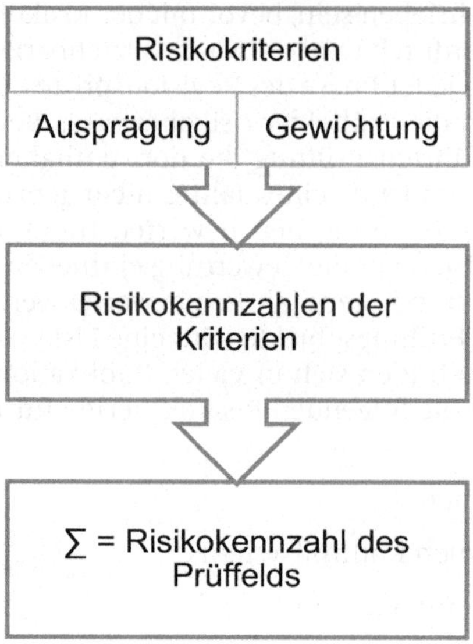

Abbildung 19: Risikobewertung von Prüffeldern

Um einen Prüfungsturnus abzuleiten, sind sogenannte Schwellenwerte zu definieren. Die Anzahl der Schwellenwerte hängt von der Länge des maximalen Prüfungsturnus ab. Beispielsweise fordert die BaFin bei Banken, grundsätzlich dreijährigen Prüfungsturnus einzuhalten. Die Schwellenwerte bestimmen, ab welcher Risikokennzahl das Prüffeld in den nächstkürzeren Prüfungsturnus rutscht (s. Abbildung 20). Hierbei sollte ein Prüfungsturnus „bedarfsweise", quasi als Merkposten, erlaubt sein. Dieser käme z.B. für Prüffelder zum Tragen, die zwar zum aktuellen Zeitpunkt kein prüfungsbegründendes und nennenswertes Risiko tragen, aber nicht komplett aus dem Fokus der Revision verschwinden sollen. In diesem Sinne legen auch die MaRisk fest: „Bei unter Risikogesichtspunkten nicht wesentlichen Aktivitäten und Prozessen kann vom dreijährigen Turnus abgewichen werden."[120]

120 Vgl. BaFin (2024), BT 2.3, Tz. 1.

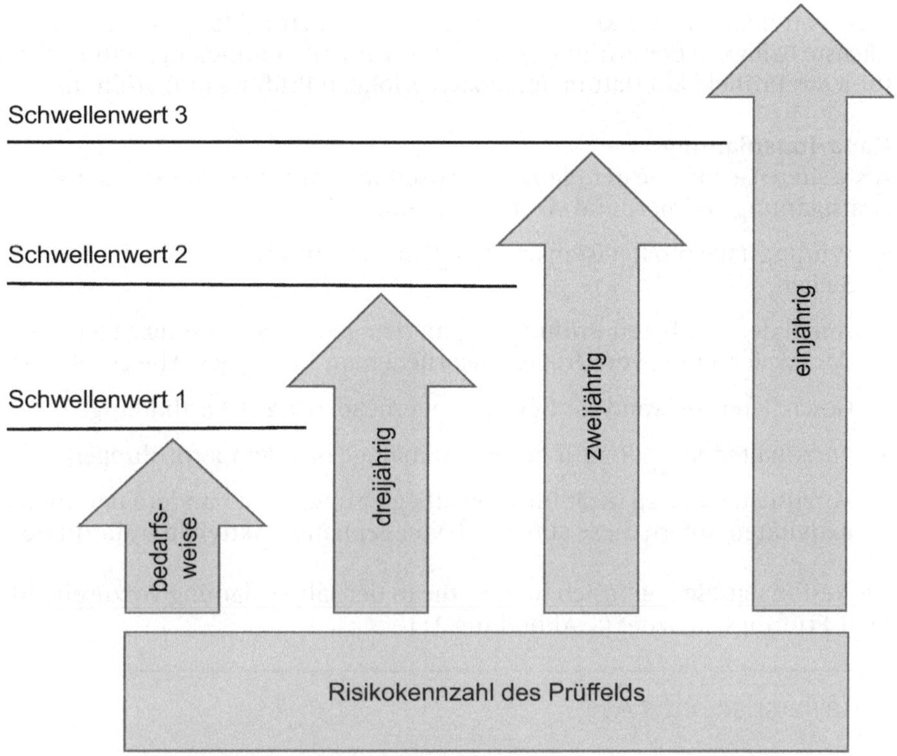

Abbildung 20: Schwellenwerte und Prüfungsrhythmus bei einem höchstens dreijährigen Turnus

Bei größeren Revisionseinheiten kann es sinnvoll sein, für verschiedene Teile des Prüfungsuniversums verschiedene Risikotabellen und Schwellenwerte nebeneinander zu benutzen. Beispielsweise könnten die verschiedenartigen Prüffelder der einzelnen fachlich organisierten Revisionsteams (z.B. IT-Revision) mit unterschiedlichen Risikokriterien bewertet werden. Die hieraus abzuleitenden Teilpläne einzelner Revisionsteams können in einem späteren Schritt zur Gesamtplanung zusammengefasst werden.

In vielen Revisionseinheiten gibt es sogenannte Pflichtprüffelder. Von diesen wird angenommen, dass sie in jedem Planungszeitraum geprüft werden müssen. Die Anforderung könnte von der Geschäftsleitung stammen oder regulatorisch begründet sein. Bei Kreditinstituten können dies beispielsweise die „besonderen Risiken“ sein, die gemäß MaRisk jährlich zu prüfen sind.[121] Da die Prüfung in diesen Fällen also nicht abhängig von der Risikobewertung ist, ist für die Pflichtprüffelder eine Risikobewertung obsolet. Die Pflichtprüffelder sind immer in den Revisionsplan aufzunehmen.

121 Vgl. BaFin (2024), BT 2.3, Tz. 1.

Da von dem aus der Risikobewertung ermittelten Prüfungsturnus auf die nächste Fälligkeit der Prüfung geschlossen wird, ist es unbedingt erforderlich, für jedes Prüffeld ein Datum der letzten erfolgten Prüfung mitzuführen.

Kapazitätsplanung

Als weitere Grundlage der Planung müssen wesentliche Parameter der Kapazitätsplanung definiert und vorhanden sein:

- Prüfungstage pro Revisionseinheit gemessen an voraussichtlich besetzten Stellen.
- Anteil der planbaren Prüfungszeit an den gesamten Prüfungstagen unter Berücksichtigung von Urlaubsansprüchen und sonstigen Abwesenheiten.
- Geschätzter Aufwand für Revisionsoverhead, wie z.B. Fortbildung.
- Vorzuhaltender Puffer für außerplanmäßige bzw. Sonderprüfungen.
- Vorzuhaltende Kapazität für Projektbegleitungen oder andere Beratungsaktivitäten, sofern diese außerhalb von geplanten Aktivitäten stattfinden.

Als Residualgröße ergibt sich hieraus die in der Jahresplanung vorzusehende Plan-Prüfungskapazität (s. Abbildung 21).

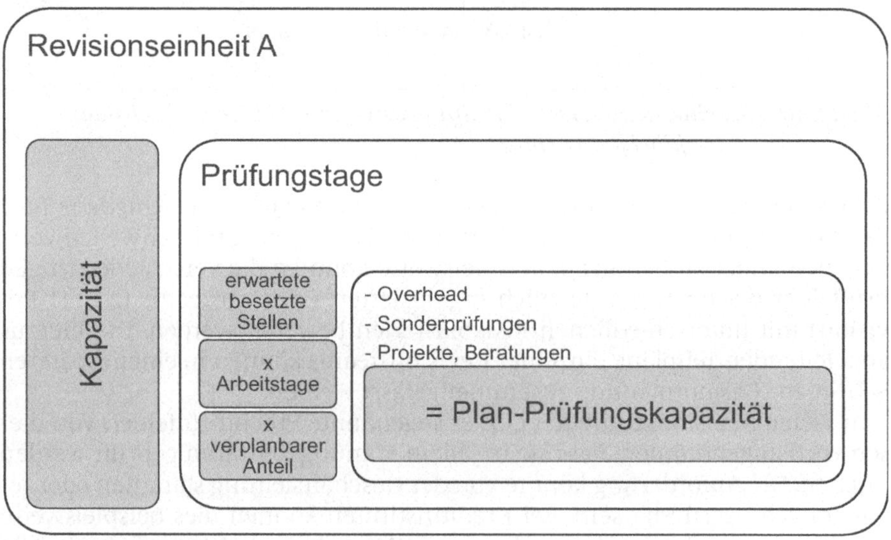

Abbildung 21: Kapazitätsplanung

Jahresplanung in zwei Schritten

Das im Folgenden beschriebene Vorgehen zur Jahresplanung erfolgt in zwei Schritten. Zunächst erfolgt die Projektion des Revisionsaufwands auf die künftigen Planungsperioden und die Plausibilisierung der Planung. In einem zweiten Schritt wird die Jahresplanung risikoorientiert weitgehend automatisch generiert.

Erster Schritt: Projektion des Revisionsaufwands auf die künftigen Planungsperioden
Viele Interne Revisionen haben das Ziel, alle Aspekte des Prüfungsuniversums in einem festgelegten Zeitraum mindestens einmal zu prüfen. Kreditinstitute müssen sogar gemäß MaRisk grundsätzlich alle Aktivitäten und Prozesse innerhalb von drei Jahren prüfen.[122] Dabei ist darauf zu achten, dass die Prüfungsplanung nicht an der vorhandenen Kapazität ausgerichtet wird, sondern an den bewerteten Risiken.[123] Mittelfristig ist aber ein Abgleich und Ausgleich zwischen Kapazität und Prüfungsuniversum unerlässlich.

Dazu werden die zu erwartenden, durchschnittlichen Prüfungsaufwände für die nächsten Jahre den zu erwartenden und zur Verfügung stehenden Prüfungskapazitäten gegenübergestellt. Die Tolerierung einer Abweichung ist statthaft. Bei deutlichen Abweichungen zwischen geplantem Prüfungsaufwand und Kapazität kann es erforderlich werden, die Anzahl der Internen Revisorinnen und Revisoren oder die Zusammensetzung des Revisionsteams anzupassen oder externe Ressourcen bei Prüfungsdienstleistern zu beschaffen. Dies ist in der Regel kurzfristig kaum oder nur in eingeschränktem Umfang möglich. Aus diesem Grund sollte die Plausibilisierung der Mehrjahresplanung nicht nur während der Planungsperiode am Jahresende, sondern unabhängig davon auch unterjährig erfolgen. Da das Prüfungsuniversum ständig aktuell gehalten werden sollte, ist diese Auswertung – bei guter Datenqualität und professioneller technischer Unterstützung – problemlos jederzeit möglich.

Die personelle, finanzielle und technologische Ausstattung der Internen Revision ist eine wesentliche Determinante der risikoorientierten Prüfungsplanung. Sie sollte deshalb von der Revisionsleitung in jedem Fall regelmäßig mit dem Auftraggeber und weiteren entscheidungsrelevanten Stakeholdern abgestimmt werden. Nur eine adäquate quantitative und qualitative personelle Ausstattung und ausreichende finanzielle und technologische Ressourcen können eine wirksame risikoorientierte Planung ermöglichen. Sollten Anpassungen der Kapazität nicht möglich oder nicht gewollt sein, so muss gegebenenfalls das Prüfungsuniversum entsprechend den vorhandenen Ressourcen skaliert und angepasst werden. Zwar ist es nicht sinnvoll, das Prüfungsuniversum an der Kapazität auszurichten, aber ein detaillierter Blick auf die Prüffelder ist in längeren Zeitabständen anzuraten. Sowohl die Organisation und ihre Risiken als auch die externen Rahmenbedingungen ändern sich und entwickeln sich ständig weiter. Daher ist es auch eine Frage der Revisionsqualität, die Zusammensetzung des Prüfungsuniversums regelmäßig zu überprüfen und an die aktuelle Risikosituation anzupassen.

122 Vgl. BaFin (2024), BT 2.3, Tz. 1.
123 Vgl. DIIR (2010), S. 13.

Möglicherweise ist auch ein Kontingent für externe Prüfungsunterstützung einzuplanen. Die Unterstützung durch externe Prüfer ist aber nur bei vorhandenem Budget kurzfristig realisierbar.

Nach Ausschöpfung dieser Maßnahmen bleibt es der Revision überlassen, die Schwellenwerte – also die Zuordnung von Risikowerten zu Prüfungsrhythmen – anzupassen. Da die Schwellenwerte festlegen, ab welcher Risikokennzahl ein Prüffeld in den nächstkürzeren Prüfungszyklus rutscht, haben die Schwellenwerte unmittelbaren Einfluss auf den geplanten Prüfungsaufwand.

Zweiter Schritt: Jahresplanung

Nach der Risikobewertung erfolgt die Erstellung des Jahresplanes für die kommende Periode durch eine Auswertung aus der Revisionssoftware als eine Liste ausgewählter Prüfungsfelder.

Hierbei kann man wie folgt vorgehen: Die Liste enthält zunächst alle Pflichtprüfungen, dann alle überfälligen Prüffelder. Prüfungen werden als überfällig bezeichnet, wenn sie gemäß dem Datum der letzten Prüfung und dem ermittelten Prüfungsturnus bereits vor der aktuell zu planenden Periode hätten geprüft werden müssen. Es ist beispielsweise möglich, dass ein Prüfungsfeld aufgrund von temporär vorhandenen Prüfungsbeschränkungen, Kapazitätsengpässen, nicht verfügbarem Know-how im Prüfungsteam oder wegen kurzfristig erforderlicher anderer Aktivitäten nicht im Jahr seiner eigentlichen Fälligkeit geprüft worden ist.

Von diesen ist anzunehmen, dass sie in jedem Fall im kommenden Planungszeitraum geprüft werden sollen. Danach enthält die Liste alle gemäß aktueller Risikobewertung fälligen Prüffelder, und zwar absteigend nach Risikokennziffer sortiert. Von dieser Liste werden für die Jahresplanung so viele Prüffelder ausgewählt, wie die Prüferkapazität zulässt. Die übrigen, also im Risiko niedriger eingestuften Prüffelder werden in der Jahresplanung des darauffolgenden Jahres als überfällig qualifiziert, da sie trotz Fälligkeit nicht geplant werden konnten.

Die Standards empfehlen auch, mit dem Revisionsplan die Reihe der nächsten Aufträge, die durchgeführt worden wären, wenn zusätzliche Ressourcen zur Verfügung gestanden hätten, anzugeben. Die Diskussion darüber kann der Geschäftsleitung helfen, die Angemessenheit der der Internen Revision zur Verfügung stehenden Ressourcen zu beurteilen.

Bei Anwendung der beschriebenen Methode hat die Interne Revision jederzeit die Möglichkeit, ihre Planungsgrundlagen mittels eines ad-hoc-Reports darzustellen oder zu aktualisieren. Die Planung ist hinsichtlich der vorhandenen und geplanten Personalkapazitäten stimmig. Prüfungsuniversum und Planung sind konsistent miteinander verknüpft. Der gesamte Planungsprozess wird transparent. Schließlich wird auch der Aufwand für die Planung nennenswert sinken, da diese sich – bei guter Datenqualität – zwangsläufig aus dem risikobewerteten Prüfungsuniversum ergibt.

Selbstverständlich kann der so generierte Jahresplan noch manuell angepasst werden. Dies kann z. B. aufgrund besonderer Umstände oder durch die Geschäftsleitung gewünscht sein. Alle nachträglichen manuellen Anpassungen sind zu dokumentieren und zu begründen.

Neuere Planungsansätze

Richard Chambers, ehemals Präsident und CEO des IIA, schreibt: „Interne Revisoren stellen fest, dass starre, risikobasierte jährliche Revisionspläne zunehmend der Vergangenheit angehören und sie [nur] in die Lage versetzen, die Herausforderungen von gestern zu bewältigen. Dies bestärkt mich in meiner langjährigen Überzeugung, dass die Interne Revision bei der Risikobewertung einen kontinuierlicheren Ansatz verfolgen muss – die Prüfung mit Risikogeschwindigkeit."[124]

Es steht außer Frage, dass neue Methoden und Dienstleistungen erforderlich sind, damit die Interne Revision schnell und geschickt genug handeln kann, um der Organisation auf ihrem digitalen Weg Erkenntnisse zu liefern.[125] Wenn ein Bereich der Organisation zu 90 Prozent digitalisiert ist oder wenn ein Sprint innerhalb eines agilen Projekts nur wenige Wochen dauert, kann dann ein Revisionsansatz, der Monate dauert, effektiv sein? Standard 9.4 erfordert, dass der Revisionsplan dynamisch sein muss. Das bedeutet, dass der Plan regelmäßig überprüft und erforderlichenfalls angepasst werden muss, wenn sich Änderungen des Geschäftes, der Abläufe, Programme, Systeme oder Kontrollen der Organisation ergeben, die wesentliche Veränderungen bei den Risiken zur Folge haben.[126]

Grundsätzlich werden in der Revisionspraxis die Planungsansätze zunehmend variabler, flexibler und organisationsspezifischer. Viele Revisionsleitungen sind sich heute einig, dass Jahrespläne und jährliche Risikobewertungen nicht mehr tauglich sind. Mehr und mehr sind häufigere und flexiblere Zyklen notwendig. Daher überprüft die Interne Revision heute häufiger als früher Risikobewertungen und Prüfungspläne. Wenn Organisationen zu agilen Methoden übergehen, macht die Interne Revision das Gleiche: Sie plant, testet und validiert in Sprintzyklen, anstatt mit ihrem Prüfungsurteil zu warten, bis ein Auftrag abgeschlossen ist.

Veränderungen im Geschäftsumfeld (z.B. Verhalten von Wettbewerbern, digitale Transformation, Megatrends wie ESG und zunehmende politische Unsicherheit) sowie die Volatilität der Märkte (z.B. für Rohstoffe und Währungen) stellen eine große Herausforderung für den langfristigen Unternehmenserfolg dar. Die wachsende Komplexität und Dynamik des wirtschaftlichen Umfelds, in dem Unternehmen heute agieren, hat zu einem starken Anstieg der Volatilität in vielen Geschäftsfeldern geführt. Dies hat auch Auswirkungen auf die Tätigkeit der Internen Revision und ihren risikoorientierten Prüfungsansatz.

124 Vgl. Chambers (2019), S. 5.
125 Vgl. PwC (2019), S. 18.
126 Vgl. Marks (2013a).

Etliche Organisationen haben in letzter Zeit begonnen, moderne Revisionsansätze intensiver anzuwenden. Der Hauptgrund dafür ist, dass sich die Interne Revision als Instrument einer guten Corporate Governance wesentlich weiterentwickelt hat und nicht mehr als reine regulatorische Anforderung zur Vermeidung negativer Ereignisse angesehen wird. Tatsächlich schätzen viele Mitglieder von Aufsichtsräten und Geschäftsleitungen die Interne Revision zunehmend als wertschöpfendes und wertvolles Instrument, ganz im Sinne der Internationalen Grundlagen für die berufliche Praxis (IPPF). Aus einer ökonomischen Perspektive ist die positive Wertschöpfung der Internen Revision der einzige zwingende Grund für ihre Existenz.

Continuous Risk Assessment
Interne Revisorinnen und Revisoren müssen verstehen, wie das komplexe Netz von aufkommenden Risiken durch geopolitische Ereignisse, Umweltveränderungen und technologischen Wandel sich auf das Geschäft auswirkt. Sie müssen den möglichen Einfluss zukünftiger Entwicklungen und Ereignisse auf die Organisationsziele und -tätigkeiten berücksichtigen.[127] Was ist also die beste Art von kontinuierlicher Risikobewertung, um mit der Geschwindigkeit des Geschäfts oder der politischen Impulse Schritt zu halten? Im Folgenden werden drei Methoden kurz vorgestellt. Jede der beschriebenen Methoden ist weitaus besser geeignet als ein einmal jährlich erstellter Revisionsplan, der unabhängig von sich ändernden Umständen streng eingehalten wird.

1. Formale Methoden: Eine Möglichkeit der kontinuierlichen Risikoüberwachung besteht darin, zu Beginn des Jahres Schlüsselrisikoindikatoren zu ermitteln und diese periodisch oder kontinuierlich über das ganze Jahr hinweg zu überwachen. Wenn in diesen Indikatoren Auffälligkeiten auftreten, sollte die Interne Revision beurteilen, ob sich die Risiken der Organisation verschieben, und die Aktivitäten der Internen Revision sollten entsprechend angepasst werden.

2. Risikobewertung durch Herumgehen: Eine weitere Möglichkeit, die Risikobeurteilung und den Prüfungsplan auf dem neuesten Stand zu halten, ist das, was Richard Chambers als „Risk assessment by walking around“ bezeichnet. Diese Methode ist genau das, was der Ausdruck impliziert, und beruht auf der Entwicklung starker Arbeits- und Kommunikationsbeziehungen mit den wichtigsten Mitgliedern des oberen Managements. Auf diese Weise weiß die Interne Revision über neue Risiken Bescheid, sobald sie auftreten. Die Risikobewertung durch Herumgehen mag zwar nicht so systematisch und strukturiert wie formelle Bewertungsmethoden sein, aber sie ist eine wirkungsvolle Strategie, um mit den Entwicklungen in der Organisation in Kontakt zu bleiben, und sie kann neue Risiken aufdecken, die durch formelle Risikoindikatoren noch nicht erkannt werden.

127 Vgl. Harrington und Piper (2015), S. 8.

3. Die Vogelperspektive: Ein dritter Ansatz besteht einfach darin, die Antenne so hoch wie möglich einzustellen, um branchenweite Veränderungen, wirtschaftliche Trends und andere externe Faktoren zu erkennen. Branchenveröffentlichungen, Seminare und Berufsverbände können wertvolle Quellen für den Erwerb wichtiger Informationen sein, die ihre Risikobewertung beeinflussen können.

Leider ist keine dieser Methoden wirklich vollständig.[128] Am erfolgversprechendsten erscheint eine Kombination aus den verschiedenen Methoden. Die folgenden Empfehlungen für einen reagiblen und flexiblen risikobasierten Revisionsplan richten sich insbesondere an die Revisionsleitung.[129]

> Bewerten Sie den Reifegrad Ihres Risikobeurteilungsprozesses und entwickeln Sie Pläne zur Ausweitung seiner Anwendung auf die gesamte Organisation.
>
> Entwickeln Sie Prozesse innerhalb der Internen Revision zur Identifikation von und Berichterstattung über neu aufkommende Risiken:
>
> - Machen Sie die Verantwortung für das Identifizieren neuer Themen zu einem Key Performance Indicator für ihre Mitarbeiterinnen und Mitarbeiter.
> - Koordinieren Sie sich mit anderen Risiko- und Kontrolleinheiten Ihres Unternehmens, um Informationen und Ansichten über aktuelle Themen auszutauschen. Stimmen Sie sich z.B. mit dem Risikomanagement zur Identifikation von wesentlichen Risiken und zur Erreichung eines gemeinsamen Verständnisses darüber ab.
> - Identifizieren und nutzen Sie externe Quellen für relevante Daten, Wissen und Geschäftsthemen, um neue Risiken aufzudecken, z.B.
>   a) kommunizierte Prüfungsschwerpunkte der EZB oder anderer Aufsichtsbehörden für die kommende Prüfungsperiode,
>   b) Abstimmung mit dem Abschlussprüfer über Risikoschwerpunkte und Koordination der Tätigkeiten zur Vermeidung von Doppelarbeiten und zur Sicherstellung der Berücksichtigung wesentlicher Risiken oder
>   c) Abstimmungen zwischen den Internen Revisionen von (Mehrmandanten-)Dienstleistern und den Internen Revisionen der Mandanten zur Adressierung wesentlicher Risiken und zur Klärung der prüferischen Abdeckung.

128 Vgl. Chambers (2019), S.86.

129 Vgl. u.a. Chambers (2019), S.87 und Anderson und Svare (2011), S.10.

Beurteilen Sie den Prozess für die regelmäßige Aktualisierung und Überarbeitung des jährlichen Revisionsplans. Entwickeln Sie Schritte, damit die Interne Revision sich schneller bewegen und Änderungen am Revisionsplan häufiger vornehmen kann, wenn sich die Risiken der Organisation verändern.

Sprechen Sie mit Ihren wesentlichen Stakeholdern (Geschäftsleitung und Überwachunsorgan) über die Notwendigkeit, den Revisionsplan häufiger zu aktualisieren. Versuchen Sie ein Gleichgewicht zu finden zwischen der Notwendigkeit, den Jahresplan „abzuarbeiten", und dem Wunsch, dass die Interne Revision Änderungen als Reaktion auf aufkommende und sich verändernde Risiken vornehmen soll. Beispiele:

- Abkehr von einer Jahres- oder gar Mehrjahresrevisionsplanung und Verwendung kürzerer Zyklen beziehungsweise revolvierender Ansätze, z.B. Umsetzung eines rollierenden Revisionsplans, der immer die nächsten drei Monate abdeckt.
- Ausplanung nur eines geringeren Teils der Revisionskapazität für ein Prüfungsjahr und Ermöglichung der flexiblen (risikoorientierten) und kurzfristigen Planung für den größeren Teil der Kapazität.

Wenden Sie agile Methoden im Revisionsprozess an, um damit innovativer, flexibler und schneller zu werden. (Auch eine höhere Effizienz der Internen Revision trägt durch Minimierung des Aufwands zur Steigerung des Mehrwerts bei.)

Nutzen Sie Combined-Assurance-Ansätze durch teilweise Integration oder zumindest Harmonisierung von Revisions- und Risikomanagement-, Compliance- und IKS-Prozessen.

Führen Sie regelmäßige und offene Diskussionen mit der Geschäftsleitung und dem Überwachungsorgan über Art, Umfang und Bedeutung der Risikoexposition der Organisation.

Entwickeln oder verfeinern Sie Ihre Revisionsberichterstattung, um deutlich zu machen, dass es eine direkte Verbindung zwischen Änderungen des Risikoprofils der Organisation und den daraus resultierenden Änderungen des Revisionsplans gibt.

Seit mehreren Jahren wird in der Revisionsliteratur und insbesondere auch in den aktuellen Beiträgen des IIA viel Wert auf Innovationen und Ausrichtung der Internen Revision auf wirklichen unternehmerischen Mehrwert gelegt. Auch in Deutschland sind in vielen Organisationen erfreuliche und innovative Entwicklungen zu beobachten: Die Interne Revision wird zunehmend als strategisches Governanceinstrument verstanden, das in Strategie-

und Entscheidungsprozesse integriert wird. Relevante Fragen, inwieweit der Planungsprozess diesem Gedanken gerecht werden kann, sind:[130]

- Ist der Revisionsplan auf die Risiken und Strategien der aktuellen Agenda der Geschäftsleitung abgestimmt?
- Zeigt sich bei der Aktualisierung der Risikobeurteilung, dass die Interne Revision prüft, was künftig von Bedeutung ist, und nicht das, was früher wichtig war?
- Setzt sich das Revisionsteam mit neuen Technologien, Geschäftsstrategien, Produkten und Dienstleistungen auseinander? Wenn nicht, dann konzentriert es sich möglicherweise nicht auf die Bereiche, in denen Veränderungen stattfinden, und die dort entstehenden Risiken.
- Hat die Interne Revision das Risikomanagementsystem der Organisation beurteilt und Probleme an die Geschäftsleitung berichtet? Wenn es ein wirksames Risikomanagementsystem gibt, nutzt die Interne Revision dieses vollständig, um den Revisionsplan aktuell zu halten?
- Ist die Interne Revision auf die Risiken von morgen vorbereitet?

Der Schritt von einer traditionellen – auf Ordnungsmäßigkeit und die Minimierung von Risiken ausgerichteten – Internen Revision hin zum tatsächlichen strategischen Partner in der Corporate Governance ist nicht einfach. Er erfordert ein klares Bekenntnis von der Geschäftsleitung zu den veränderten Erwartungen an die Interne Revision und bringt organisatorische und kulturelle Veränderungen mit sich. Eine Veränderung wird es aber nur geben, wenn die Revisionsleitung das Thema offensiv gegenüber dem Revisionsteam und gegenüber der Geschäftsleitung und weiteren entscheidungsrelevanten Stakeholdern vertritt und konsequent forciert und umsetzt.

Ein plakatives Beispiel für diese Veränderungen ist der klassische Revisionsbericht: Viele Organisationen verzichten heute auf die aufwendige Erstellung und Abstimmung eines umfassenden Berichts zu jeder Prüfung, weil der damit verbundene Aufwand nicht mehr zu rechtfertigen und die bis zur Berichterstattung verstrichene Zeit angesichts einer immer volatileren Risikolandschaft in einer zunehmend unsicheren Organisationswelt nicht mehr angemessen ist. Stattdessen wird versucht, Revisionsergebnisse schnell und prägnant in dem Moment zu liefern, in dem sie relevant sind: zum Zeitpunkt anstehender Organisationsentscheidungen.

4.1.7 Koordination mit anderen überwachenden Funktionen

Die Standards tragen der Tatsache Rechnung, dass es neben der Internen Revision auch andere Funktionen gibt, die Prüfungen in der Organisation durchführen. Zu den externen Prüfern zählen der Abschlussprüfer, Aufsichtsbehör-

130 Vgl. Marks (2013a).

den und Rechnungshöfe, aber auch Interne Revisionen von Mandanten (im Rahmen von Insourcing-Verhältnissen) oder Konzernrevisionen, wenn Sie bei ihren Tochtergesellschaften prüfen. Interne Funktionen mit Überwachungsaufgaben finden sich gemäß Drei-Linien-Modell der Corporate Governance in der zweiten Linie. Hier sind insbesondere Qualitätsmanagement, IT-Sicherheit, Compliance, Datenschutz, Umweltschutz, Arbeitsschutz, Projektsteuerung und die zentrale Risikomanagementfunktion zu nennen. Mit all diesen Funktionen muss die Interne Revision ihre Aktivitäten koordinieren:

Standard 9.5 Koordination und Vertrauen

Die Revisionsleitung muss sich mit internen und externen Assurance Providern abstimmen und erwägen, sich auf deren Arbeit zu verlassen. Die Koordination von Dienstleistungen minimiert Doppelarbeit, zeigt Lücken in der Abdeckung wichtiger Risiken auf und verbessert insgesamt den Mehrwert aller Anbieter.

Sollte es nicht möglich sein, ein angemessenes Maß an Koordination zu erreichen, muss die Revisionsleitung alle Bedenken bei der Geschäftsleitung und, falls erforderlich, beim Überwachungsorgan zur Sprache bringen.

Wenn sich die Interne Revision auf die Arbeit anderer Assurance Provider stützt, muss die Revisionsleitung die Basis für dieses Vertrauen dokumentieren und bleibt weiterhin für die Gesamturteile der Internen Revision verantwortlich.

Quelle: IIA/DIIR, Global Internal Audit Standards

Die Interne Revision benötigt also einerseits einen Prozess zur regelmäßigen Abstimmung mit allen anderen relevanten externen und internen Überwachungsfunktionen und andererseits Regelungen dafür, wann sie sich auf die Aktivitäten dieser anderen Funktionen verlassen kann. Dabei sind Unabhängigkeit, Objektivität und Kompetenz entscheidende Kriterien.

Beispiele für die Koordination der Tätigkeiten sind:

- Abstimmung von Umfang und Zeitpunkt geplanter Aktivitäten.
- Gegenseitiger Zugang zu Arbeitsprogrammen und Berichten.
- Verwendung von Informationen des Risikomanagements, um gemeinsame Risikobeurteilungen zu schaffen.
- Gemeinsame Durchführung von Prüfungen oder gemeinsame Berichterstattung.

Bei der Koordination von Tätigkeiten ist insbesondere darauf zu achten, die Vertraulichkeitsanforderungen nicht zu verletzen.

Eine Methode zur Koordination besteht darin, eine Prüfungsübersicht der internen und externen Assurance Provider zu erstellen, die bestimmte Risiken abdecken. Diese Übersicht verknüpft identifizierte Risikokategorien mit relevanten Quellen von Prüfungssicherheit und liefert eine Bewertung des Niveaus an Prüfungssicherheit für jede Risikokategorie. Die Übersicht kann Lücken und Doppelungen in der Prüfungsabdeckung aufdecken, was der Internen Revision Impulse für ihre Planung gibt.

4.2 Ressourcenmanagement

Das Ressourcenmanagement in der Internen Revision beschränkt sich nicht auf personelle Ressourcen. Vielmehr ist es erforderlich, neben den personellen auch finanzielle und technologische Ressourcen zu beschaffen und wirksam einzusetzen. Die Standards formulieren dies im Prinzip 10 und den zugehörigen Standards 10.1–10.3.

Prinzip 10 Manage Ressourcen

Die Revisionsleitung managt die Ressourcen, um die Strategie der Internen Revision umzusetzen und ihren Plan und ihr Mandat zu erfüllen.

Quelle: IIA/DIIR, Global Internal Audit Standards

4.2.1 Finanzielle Ressourcen

Die Interne Revision soll die in der Organisation festgelegten Budgetierungsprozesse einhalten. Aber das Budget der Internen Revision muss angemessen sein, damit sie ihr Mandat erfüllen kann.

Standard 10.1 Management finanzieller Ressourcen

Die Revisionsleitung muss die finanziellen Ressourcen der Internen Revision managen.

Die Revisionsleitung muss ein Budget entwickeln, das die erfolgreiche Umsetzung der Strategie der Internen Revision und des Plans ermöglicht. Das Budget umfasst die für den Revisionsbetrieb erforderlichen Ressourcen, einschließlich Schulungen und Beschaffung von Technologie und Tools. Die Revisionsleitung muss die alltäglichen Aktivitäten der Internen Revision wirksam und effizient im Einklang mit dem Budget managen.

> Die Revisionsleitung muss die Genehmigung des Budgets durch das Leitungs- und Überwachungsorgan einholen. Die Revisionsleitung muss Geschäftsleitung und Überwachungsorgan unverzüglich die Auswirkungen unzureichender finanzieller Ressourcen mitteilen.
>
> Quelle: IIA/DIIR, Global Internal Audit Standards

Die Revisionsleitung sollte regelmäßig die Ausnutzung des Budgets analysieren, notwendige Anpassungen bewirken und insgesamt die Angemessenheit der finanziellen Ausstattung der Internen Revision überwachen.

4.2.2 Personelle Ressourcen

Neben der finanziellen muss auch die personelle Ausstattung der Internen Revision die Erfüllung ihres Mandats unterstützen. Dabei geht es aber nicht nur um die Anzahl der in der Revisionseinheit beschäftigten Personen, sondern auch um die Rekrutierung und Weiterentwicklung, den wirksamen Einsatz und die Bewertung der Kompetenzen des Personals sowie um innovative Ideen zur Beschaffung von Personal, wenn die personelle Ausstattung unzureichend ist.

> **Standard 10.2 Management personeller Ressourcen**
>
> Die Revisionsleitung muss einen Ansatz zur Rekrutierung, Entwicklung und Bindung von Internen Revisorinnen und Revisoren festlegen, die qualifiziert sind, die Revisionsstrategie und den Revisionsplan erfolgreich umzusetzen.
>
> Die Revisionsleitung muss danach streben sicherzustellen, dass die personellen Ressourcen angemessen, ausreichend und wirksam eingesetzt sind, um den genehmigten Revisionsplan umzusetzen. Angemessen bezieht sich auf die Kombination aus Wissen, Fertigkeiten und Fähigkeiten. Ausreichend bezieht sich auf die Menge der Ressourcen. Der wirksame Einsatz bezieht sich auf die Allokation von Ressourcen in einer Weise, die die Umsetzung des Revisionsplans optimiert.
>
> Die Revisionsleitung muss mit Geschäftsleitung und Überwachungsorgan über die Angemessenheit und Zulänglichkeit der personellen Ressourcen der Internen Revision kommunizieren. Wenn es der Internen Revision an angemessenen und ausreichenden personellen Ressourcen mangelt, um den Revisionsplan umzusetzen, muss die Revisionsleitung bestimmen, wie sie die Ressourcen beschaffen kann, oder die Auswirkungen der Einschränkungen zeitnah an Geschäftsleitung und Überwachungsorgan berichten.

> Die Revisionsleitung muss die Kompetenzen der einzelnen Internen Revisorinnen und Revisoren in der Internen Revision bewerten und ihre berufliche Entwicklung fördern. Die Revisionsleitung muss mit den Internen Revisorinnen und Revisoren zusammenarbeiten, um ihnen bei der Entwicklung ihrer individuellen Kompetenzen durch Schulungen, Feedback durch Führungskräfte und/oder Mentoring zu helfen.
>
> Quelle: IIA/DIIR, Global Internal Audit Standards

Zur Bewertung, ob die personellen Ressourcen ausreichen, den Revisionsplan zu erfüllen, kann man Folgendes berücksichtigen:

- Die vorhandenen Kompetenzen und die zur Erbringung von Revisionsleistungen erforderlichen Kompetenzen.
- Die Menge der für Revisionsleistungen verfügbaren Arbeitsstunden.
- Die Verfügbarkeit des Personals der Internen Revision und des Personals der Prüfungspartner.
- Die Möglichkeit, sich auf die Arbeit anderer Assurance Provider zu verlassen.

Wenn die Ressourcen nicht ausreichen, kann die Interne Revision auch Gastprüferinnen und Gastprüfer aus den Fachbereichen der Organisation oder externe Dienstleister einsetzen, die spezielles Know-how mitbringen. Viele Organisationen nutzen bereits die Chance, Beschäftigten aus den operativen Bereichen zu ermöglichen, an Revisionsaufträgen teilzunehmen und dadurch ihr Fachwissen einzubringen sowie etwas über Kontrollen, Risikomanagement und Governance-Strukturen zu lernen. Dies trägt dazu bei, Kompetenzlücken zu schließen und das Verständnis für die Interne Revision zu fördern. Wenn im Gegenzug Interne Revisoren an Projekte der ersten und zweiten Linie ausgeliehen werden, sind die Entwicklungsmöglichkeiten offensichtlich.

4.2.3 Personalkrise auch in der Internen Revision

Seit vielen Jahren führen die europäischen Revisionsinstitute Umfragen und Interviews mit Revisionsleitungen durch und heben in der Veröffentlichung „Risk in Focus" jeweils die wichtigsten Risiken für das kommende Jahr hervor. 2022 erreichte das Thema Humankapital, Diversität und Talentmanagement seine bisher höchste Position als zweitwichtigstes Risiko, dem sich die Organisationen gegenübersehen. In den Jahren 2023 und 2024 blieb diese Einschätzung unverändert.[131]

131 Vgl. DIIR Risk in Focus.

Die Personalrisiken sind zum Teil eine Folge der veränderten Arbeitsmuster und individuellen Lebensentscheidungen während der Pandemie in den Jahren 2020–2022, aber auch Folge der Beschleunigung eines langfristigen Trends. Menschen mit technischem Know-how sind schon seit vielen Jahren Mangelware. Jetzt hat sich die Qualifikationskrise jedoch dramatisch verschärft. Organisationen in allen Sektoren und an allen Standorten haben auf allen Ebenen Schwierigkeiten, Mitarbeiterinnen und Mitarbeiter mit den gewünschten Fähigkeiten zu finden. Natürlich gibt es dafür keine einfachen Antworten, aber es ist klar, dass die Organisationen neue Wege finden und in die Aus- und Weiterbildung investieren müssen, um qualifiziertes Personal zu gewinnen und zu halten.

Wenn dies gut gelingt, kann es langfristige Vorteile für die Vielfalt und Integration sowie für die Organisationskultur haben. Diejenigen, die bereits ernsthaft an Gleichstellung, Vielfalt und Inklusion gearbeitet haben, können jetzt die Ernte einfahren: Sie sind besser in der Lage, einen großen Pool potenzieller Mitarbeiterinnen und Mitarbeiter zu erreichen – insbesondere solche, die ihren Arbeitgeber verlassen haben, weil sie ihn nicht als unterstützend wahrgenommen haben.

Für viele Berufe steigt die Zahl der offenen Stellen rasant an. Dies ist auch ein ernstes Problem für den Berufsstand der Internen Revision. Gemäß Standard 10.2 sind die Revisionsleitungen dafür verantwortlich, dass ihre Ressourcen angemessen und ausreichend sind, um den Anforderungen nachzukommen. Aber es ist auch ein großes Risiko für die Organisationen insgesamt, wenn nicht genügend Revisionspersonal zur Verfügung steht, um das von den Auftraggebern erwartete Maß an Prüfungssicherheit in Bezug auf geschäftskritische Risiken zu bieten.

Fast jede Organisation und jede Branche kämpft darum, die Mitarbeiterinnen und Mitarbeiter zu finden, die sie jetzt und in Zukunft braucht. Weil Qualifizierung Zeit benötigt, werden uns die Probleme im Zusammenhang mit Qualifikationsdefiziten und dem sich rasch entwickelnden Ausbildungsbedarf noch langfristig begleiten.

Die Gründe für die Talentknappheit sind vielfältig. Ein wichtiges Thema ist der Mangel an qualifizierten Arbeitskräften an sich. Eine höhere Entlohnung scheint keine Lösung zu sein. Vielleicht müssen sich die Organisationen darum bemühen, Arbeitnehmer als Auftragnehmer anzusehen und flexible Arbeitszeiten und Jobsharing anbieten. Auch die Interne Revision könnte bei der Rekrutierung innovative Wege austesten.[132]

Makroökonomische Veränderungen, wie sie z.B. der Klimawandel hervorruft, wirken sich ebenfalls auf den Qualifikationsbedarf aus. Revisionseinheiten verändern ihre Prozesse und ihren Fokus, um unter neuen Bedingungen und an anderen Risiken zu arbeiten.

Der Bedarf an bestimmten Qualifikationen, insbesondere im IT- und Technologiebereich, entwickelt sich rasant. IT-Kenntnisse sind schon seit Jahren

132 Vgl. Bünis (2022), S. 179.

Mangelware. Aber während IT-Know-how früher vor allem in IT-Funktionen und bestimmten Branchen gebraucht wurde, benötigt jetzt jede Funktion in jeder Branche Zugang zu digitalen Werkzeugen. Das erfordert auch digital versierte Managerinnen und Manager. Zudem ist der Bedarf an Fachleuten für Cybersicherheit enorm.

Den Internen Revisoren wird seit vielen Jahren dringend empfohlen, Datenanalysen und neue Technologien zu nutzen. Mit der Umstellung auf Remote-Prüfungen während der Covid-19-Pandemie wurde der Bedarf noch dringlicher. Daher muss die Interne Revision, die sich sowieso schon schwertut, neues Personal für ihre Funktion zu begeistern, nun auch um Digitalkompetenz mit anderen Funktionen in ihren Organisationen konkurrieren.

Es scheint heute wichtiger denn je, die Attraktivität einer Position in der Internen Revision gut zu verkaufen. Der gesamte Berufsstand der Internen Revision muss den Beruf bekannter machen. Viele potenziell geeignete Mitarbeiterinnen und Mitarbeiter kennen den Beruf gar nicht oder wissen nicht, warum es ihn gibt. Sie werden niemals erwägen, sich um eine Revisionsstelle zu bewerben.

Bildung ist entscheidend für die jetzt und in Zukunft benötigten Fähigkeiten. Organisationen müssen nicht nur ihre Mitarbeiterinnen und Mitarbeiter für ihre derzeitige Tätigkeit ausbilden, sondern sie auch über Schulungs- und Entwicklungsmöglichkeiten fit machen, künftig in anderen Funktionen der Organisation zu arbeiten. Dies erfordert vernetztes Denken und die Bereitschaft der Führungskräfte, den größeren Gesamtnutzen über ihre eigenen Anforderungen hinaus zu sehen. In internationalen Organisationen könnte die Interne Revision vermehrt darauf achten, grenzüberschreitende Kompetenzzentren zu bilden, Fähigkeiten über die Grenzen hinweg besser zu nutzen und voneinander zu lernen. Die Vielfalt, die bereits vorhanden ist, kann oft einfallsreicher und besser genutzt werden.

Alle Internen Revisionen müssen sich Gedanken darüber machen, was sie in Zukunft tun werden. Dies kann sich von den heutigen Aufgaben deutlich unterscheiden. Das Tempo des technologischen Fortschritts führt unausweichlich dazu, dass bestimmte Arbeitsplätze und Qualifikationsanforderungen verschwinden werden. Revisionseinheiten, die vorausschauend planen, können betroffene Mitarbeiterinnen und Mitarbeiter halten und sicherstellen, dass sie neue Aufgaben übernehmen. Einige Aufgaben werden in Zukunft von Maschinen erledigt werden, aber neue, hoch qualifizierte Aufgaben entstehen. Künstliche Intelligenz wird derzeit knappe Qualifikationen künftig abdecken. Die Herausforderung besteht darin, künstliche Intelligenz sinnvoll zu nutzen, die damit verbundenen Risiken zu erkennen und die Fähigkeiten zu erwerben, um die Interne Revision auf ein neues Niveau zu heben.

Wir verzeichnen einen anhaltenden Mangel an Mitarbeiterinnen und Mitarbeitern mit wichtigen IT-Kenntnissen. Die traditionelle Trennung zwischen IT und anderen Funktionen ist nahezu obsolet. Weder werden Mitarbeiterinnen und Mitarbeiter mit IT-Know-how benötigt, die keine Kenntnis vom Geschäft haben, noch solche mit Geschäfts-Know-how, die keine IT-Kenntnisse besitzen. Jeder braucht beides, denn alle Geschäftsprozesse nutzen IT ständig. Die Mischung aus IT-Fähigkeiten und Geschäftskenntnissen ist aber für alle Funktionen in der Organisation attraktiv, sodass die Interne Revision mit der ersten und zweiten Linie um solche Talente konkurriert. Sie muss daher die Vorteile einer Laufbahn in der Internen Revision stärker als je zuvor fördern und verkaufen.

Talentrisiko

Die folgenden Fragen kann die Interne Revision zur Einschätzung des Talentrisikos in ihrer eigenen Funktion, aber auch der Organisation insgesamt stellen.

- Wie werden wir wahrgenommen? Wollen die Menschen bei uns arbeiten? Verstehen sie, was wir tun? Können wir mehr tun, um unsere attraktiven Arbeitsplätze zu bewerben?
- Sind wir so flexibel, wie wir es sein müssten? Müssen wir unsere Erwartungen an die Mitarbeiterinnen und Mitarbeiter neu bewerten?
- Wie können wir Management und Personal so schulen, dass sie in einem neuen Arbeitsstil effektiv arbeiten und zufrieden sind?
- Wie können wir mehr Möglichkeiten eröffnen, sich intern weiterzuentwickeln?
- Wie sehen die Notfallpläne aus, wenn wir die passenden Mitarbeiterinnen und Mitarbeiter nicht finden?
- Welche Strategie hat die Organisation, um einen Mangel an neuen Mitarbeiterinnen und Mitarbeitern oder geeigneten Talenten zu beheben?
- Welche Fähigkeiten und Ressourcen wird die Interne Revision benötigen? Woher werden diese kommen?
- Ist sich die Geschäftsleitung der Risiken bewusst, die mit dem Verlust oder Nichterwerb von Qualifikationen verbunden sind? Ist sie in der Lage und bereit, in notwendige Fähigkeiten, z.B. IT-Kenntnisse, zu investieren? Sprechen Sie mit Ihren Auftraggebern und informieren Sie sie darüber, wenn ein Mangel an Personal oder mangelndes Budget Ihre Fähigkeit beeinträchtigen wird, den Revisionsplan zu erfüllen.
- Erreichen uns noch attraktive Bewerbungen? Gibt es einen größeren Talentpool, der derzeit noch nicht genutzt wird?

4.2.4 *Technologische Ressourcen*

Neben finanziellen und personellen Ressourcen ist die Nutzung von Technologie entscheidend für die Wirksamkeit und die Effizienz der Internen Revision. Beispiele dafür sind der Einsatz einer Revisionsmanagement-Software, Datenanalyse-Tools und Tools, die bei der Kommunikation und Zusammenarbeit im Team unterstützen.

Standard 10.3 Technologische Ressourcen

Die Revisionsleitung muss danach streben sicherzustellen, dass die Interne Revision über die geeignete Technologie zur Unterstützung des Revisionsprozesses verfügt. Die Revisionsleitung muss regelmäßig die von der Internen Revision eingesetzte Technologie bewerten und Möglichkeiten zur Verbesserung der Wirksamkeit und Effizienz verfolgen.

Bei der Einführung neuer Technologien muss die Revisionsleitung geeignete Schulungen für die Internen Revisorinnen und Revisoren zur wirksamen Nutzung technologischer Ressourcen anbieten. Die Revisionsleitung muss mit den IT- und Informationssicherheitsfunktionen der Organisation zusammenarbeiten, um technologische Ressourcen ordnungsgemäß einzusetzen.

Die Revisionsleitung muss die Auswirkungen technologischer Beschränkungen auf die Wirksamkeit oder Effizienz der Internen Revision an Geschäftsleitung und Überwachungsorgan kommunizieren.

Quelle: IIA/DIIR, Global Internal Audit Standards

Um diese Anforderungen erfüllen zu können, ist die Machbarkeit von technologischen Verbesserungen regelmäßig zu beurteilen. Die Zusammenarbeit mit anderen Funktionen der Organisation, in einer Gruppe oder einen Verband kann dabei sehr hilfreich sein. Häufig sind z.B. sinnvolle Datenanalyse-Tools oder Workflow-unterstützende Systeme in anderen Bereichen oder Organisationen bereits im Einsatz, die von der Internen Revision mitgenutzt werden können. Auch die gemeinsame Einführung von neuen Anwendungen, z.B. im Bereich Continuous Auditing/Monitoring oder Process Mining, kann sinnvoll sein und ist vielleicht unter Effizienzgesichtspunkten die einzige Option.

4.3 Wirksame Kommunikation

Wirksame Kommunikation ist ein wesentlicher Bestandteil einer erfolgreichen Internen Revision. Dabei bezieht sich Kommunikation nicht nur auf die Vermittlung von Revisionsergebnissen, sondern Kommunikation ist

- in allen Phasen des Revisionsprozesses,
- permanent,
- mit internen und externen Stakeholdern
- und nicht nur schriftlich, sondern auch informell

erforderlich. Die Standards sehen die Verantwortung für die Wirksamkeit der Kommunikation bei der Revisionsleitung.

> **Prinzip 11 Kommuniziere wirksam**
>
> Die Revisionsleitung leitet die Interne Revision bei der wirksamen Kommunikation mit ihren Stakeholdern an.
>
> Quelle: IIA/DIIR, Global Internal Audit Standards

Wirksame Kommunikation setzt den Aufbau von Beziehungen und Vertrauen voraus. Darüber hinaus ist es entscheidend, den Empfängern der Revisionskommunikation Erkenntnisse auf Grundlage der Ergebnisse der Internen Revision zu liefern.

4.3.1 Beziehungen und Kontakte zu den Stakeholdern

> **Standard 11.1 Aufbau von Beziehungen und Kommunikation mit Stakeholdern**
>
> Die Revisionsleitung muss einen Ansatz für die Interne Revision entwickeln, um Beziehungen und Vertrauen zu den wichtigsten Stakeholdern aufzubauen, einschließlich des Überwachungsorgans, der Geschäftsleitung, des operativen Managements, der Aufsichtsbehörden sowie interner und externer Assurance Provider und anderer Berater.
>
> Die Revisionsleitung muss die formelle und informelle Kommunikation zwischen der Internen Revision und den Stakeholdern fördern und zum gegenseitigen Verständnis über Folgendes beitragen:
>
> - Organisatorische Interessen und Anliegen.
> - Ansätze zur Identifikation und zum Management von Risiken und zur Lieferung von Prüfungssicherheit.
> - Aufgaben und Verantwortlichkeiten relevanter Parteien und Möglichkeiten zur Zusammenarbeit.

> - Relevante regulatorische Anforderungen.
> - Wesentliche organisatorische Prozesse, einschließlich der Finanzberichterstattung.
>
> Quelle: IIA/DIIR, Global Internal Audit Standards

Die regelmäßige Kommunikation zwischen der Internen Revision und der Geschäftsleitung und dem Überwachungsorgan fördert insbesondere das gemeinsame Verständnis über Risiken und Prüfungsprioritäten. Eine Voraussetzung für die Risikobeurteilung durch die Interne Revision ist, dass sie in die Informationsflüsse der Organisation einbezogen wird, um stets auf dem aktuellen Stand zu bleiben.

Die Revisionsleitung sowie Revisorinnen und Revisoren können Gespräche mit dem Management über Strategien, Ziele und Risiken sowie Trends und regulatorische Änderungen aufnehmen. Websites, Newsletter oder Präsentationen sind wirksame Methoden, um die Rolle und den Nutzen der Internen Revision an die Prüfungspartner zu vermitteln.

4.3.2 Wirksame Kommunikation

Die Wirksamkeit der Kommunikation hängt insbesondere von der Erfüllung der Erwartungen der Stakeholder ab. Es ist genauso unwirksam, einen Informationsempfänger, der eine schriftliche Berichterstattung wünscht, nur mündlich zu informieren, wie es unwirksam ist, einem Informationsempfänger, der keine schriftlichen Berichte wünscht, diese dennoch zuzuleiten.

> **Standard 11.2 Wirksame Kommunikation**
>
> Die Revisionsleitung muss Methoden festlegen und umsetzen, um die richtige, objektive, klare, prägnante, konstruktive, vollständige und zeitnahe Kommunikation der Internen Revision zu fördern.
>
> Quelle: IIA/DIIR, Global Internal Audit Standards

Die Erfüllung der im Standard 11.2 genannten sieben Qualitätskriterien der Revisionskommunikation ist mitentscheidend für den Erfolg der Kommunikation (vgl. Abbildung 22). Diese Kriterien sollten für alle Arten der Revisionskommunikation Beachtung finden, insbesondere aber natürlich bei der Kommunikation von Revisionsergebnissen.

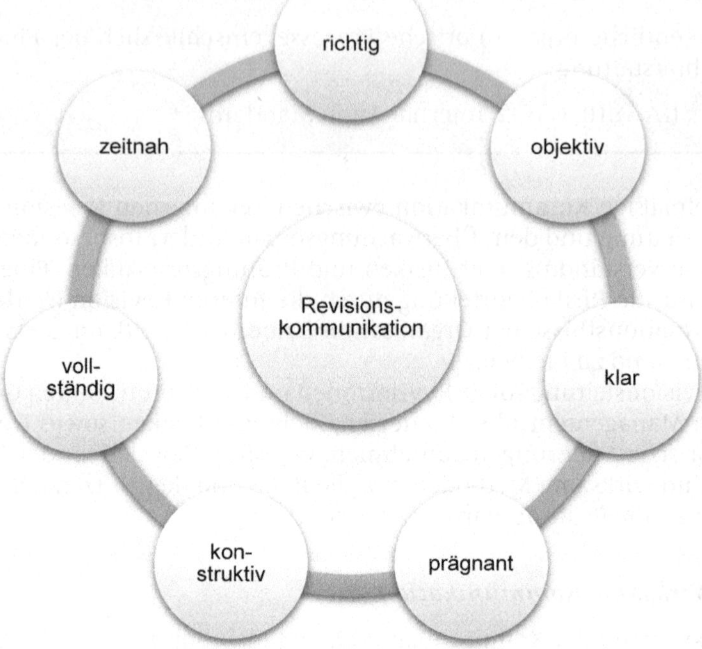

Abbildung 22: Qualitätskriterien für die Revisionskommunikation

Richtig: Die Kommunikation ist frei von Fehlern und Verzerrungen und getreu den zugrunde liegenden Tatsachen. Sie ist frei von Annahmen und Vermutungen.

Objektiv: Die Kommunikation ist unvoreingenommen und das Ergebnis einer fairen und ausgewogenen Beurteilung aller relevanten Tatsachen. Sie informiert sachlich.

Klar: Die Kommunikation ist für die Empfänger leicht verständlich und vermeidet Fachausdrücke. Die Klarheit wird noch verbessert, wenn die Interne Revision sich auf wesentliche Risiken fokussiert.

Prägnant: Die Kommunikation ist kurz und bündig und frei von unnötigen Details, Worthülsen und Informationen, die für die Empfänger unnötig oder unbedeutend sind.

Konstruktiv: Die Kommunikation ist hilfreich für die Empfänger. Konstruktive Kommunikation fokussiert sich auf positive Veränderungen und ermöglicht eine gemeinschaftliche Festlegung auf Lösungen.

Vollständig: Die Kommunikation berücksichtigt die relevanten, verlässlichen und ausreichenden Nachweise für die Ergebnisse der Internen Revision. Die Kommunikation sollte an die Bedürfnisse der Empfänger angepasst sein und die Informationen berücksichtigen, die diese benötigen, um die Maßnahmen zu ergreifen, für die sie verantwortlich sind. Daher kann sich die Kommunikation gegenüber der Geschäftsleitung oder dem Überwachungsorgan von derjenigen an die Prüfungspartner unterscheiden. Vollständigkeit bedeutet nicht, dass auch unwesentliche Revisionsergebnisse in Revisionsberichte aufzunehmen sind.

Zeitnah: die Kommunikation erfolgt abhängig von der Bedeutung des Inhalts so rechtzeitig, dass die Empfänger korrigierende Maßnahmen ergreifen können. Die Zeitnähe kann für jede Organisation unterschiedlich sein und hängt zudem von der Art des Auftrags ab.

4.3.3 Kommunikation von Ergebnissen

Die Standards regeln verschiedene Aspekte der Revisionskommunikation innerhalb des Prinzips 11. Daher werden hier auch schon die Anforderungen an die Berichterstattung über Revisionsergebnisse thematisiert, obwohl die Berichterstattung zu den Ergebnissen von Prüfungs- und Beratungsaufträgen erst am Ende des Revisionsprozesses steht, die in den späteren Kapiteln und in Standard 15.1 noch detailliert behandelt wird.

Standard 11.3 Kommunikation von Ergebnissen

Die Revisionsleitung muss der Geschäftsleitung und dem Überwachungsorgan die Ergebnisse von internen Revisionsleistungen in regelmäßigen Abständen und, falls angemessen, für jeden Auftrag kommunizieren. Die Revisionsleitung muss die Erwartungen von Geschäftsleitung und Überwachungsorgan in Bezug auf die Art und den Zeitpunkt der Kommunikation verstehen.

Die Ergebnisse von internen Revisionsleistungen können Folgendes umfassen:

- Gesamturteile zu Aufträgen.
- Themen wie wirksame Vorgehensweisen oder Grundursachen.
- Gesamturteile auf Ebene der Geschäftseinheit oder Organisation.

Gesamturteile zu Aufträgen

Die Revisionsleitung muss die Abschlusskommunikation zu einem Auftrag überprüfen und genehmigen, die auch das Gesamturteil zu einem Auftrag umfasst, und entscheiden, an wen und wie sie weitergegeben wird, bevor sie herausgegeben wird. Werden diese Aufgaben an andere Interne Revisorinnen oder Revisoren delegiert, verbleibt die Gesamtverantwortung bei der Revisionsleitung. Die Revisionsleitung muss je nach Erfordernis eine Rechtsberatung und/oder den Rat der Geschäftsleitung einholen, bevor eine Abschlusskommunikation an Parteien außerhalb der Organisation herausgegeben wird, sofern dies nicht anderweitig durch Gesetze und/oder Vorschriften vorgeschrieben oder eingeschränkt ist. (Siehe auch Standards 11.4 Fehler und Auslassungen, 11.5 Kommunikation der Risikoakzeptanz und 15.1 Abschlusskommunikation.)

Themen

Die Feststellungen und Gesamturteile mehrerer Aufträge können bei ganzheitlicher Betrachtung Muster oder Trends aufdecken, wie z.B. Grundursachen. Wenn die Revisionsleitung Themen in Bezug auf die Governance-, Risikomanagement- und Kontrollprozesse der Organisation identifiziert, müssen sie zeitnah zusammen mit Erkenntnissen, Ratschlägen und/oder Gesamturteilen an Geschäftsleitung und Überwachungsorgan kommuniziert werden.

Gesamturteile auf Ebene der Geschäftseinheit oder Organisation

Aufgrund von Branchenanforderungen, Gesetzen und/oder Vorschriften oder den Erwartungen von Geschäftsleitung, Überwachungsorgan und/ oder anderen Stakeholdern kann es erforderlich sein, dass die Revisionsleitung auf Ebene der Geschäftseinheit oder Organisation ein Gesamturteil über die Wirksamkeit der Governance-, Risikomanagement- und/ oder Kontrollprozesse abgibt. Ein solches Gesamturteil spiegelt das fachliche Urteil der Revisionsleitung auf der Grundlage mehrerer Aufträge wider und muss durch relevante, zuverlässige und ausreichende Informationen belegt sein.

Die Kommunikation des Gesamturteils durch die Revisionsleitung an Geschäftsleitung oder Überwachungsorgan muss Folgendes enthalten:

- Zusammenfassung der Anforderung.
- Soll-Zustand, der als Grundlage für das Gesamturteil verwendet wurde, beispielsweise ein Governance- oder Risiko- und Kontrollrahmenwerk.

- Umfang, einschließlich Einschränkungen und Zeitraum, auf den sich das Gesamturteil bezieht.
- Eine Zusammenfassung der Informationen, die das Gesamturteil belegen.
- Eine Offenlegung des Vertrauens auf die Arbeit anderer Assurance Provider, falls zutreffend.

Quelle: IIA/DIIR, Global Internal Audit Standards

Es kann vorkommen, dass die Interne Revision Ergebnisse mehrerer Aufträge zusammenfassend an ihre Auftraggeber berichten möchte. Beispielsweise können sich bei einzelnen Prüfungsaufträgen festgestellte Risiken wiederholen, die sich auf querschnittliche Themen beziehen. In diesen Fällen kann eine zusammenfassende Berichterstattung sinnvoll sein. Weitere Anlässe könnte die Identifikation von Trends, wie die Verbesserung oder Verschlechterung von Ist-Zuständen im Vergleich zum Soll-Zustand sein. Die Kommunikation an Geschäftsleitung und Überwachungsorgan sollte dann wesentliche Kontrollschwächen und eine Analyse der Grundursachen enthalten.

4.3.4 Umgang mit Fehlern in der Kommunikation

Es kann vorkommen, dass Berichte und Mitteilungen der Internen Revision Fehler enthalten oder unvollständig sind. Wenn diese Mängel wesentlich sind, z.B. weil fehlende oder fehlerhafte Informationen rechtliche oder wirtschaftliche Konsequenzen haben, oder weil sie Gesamturteile oder vereinbarte Maßnahmen verändern können, ist die Kommunikation zu korrigieren.

Standard 11.4 Fehler und Auslassungen

Wenn die Abschlusskommunikation zu einem Auftrag einen wesentlichen Fehler enthält oder eine wesentliche Auslassung besteht, muss die Revisionsleitung unverzüglich korrigierte Informationen an die Parteien übermitteln, die die ursprüngliche Kommunikation erhalten haben.

Die Wesentlichkeit wird nach Kriterien bestimmt, die mit dem Leitungs- und Überwachungsorgan vereinbart wurden.

Quelle: IIA/DIIR, Global Internal Audit Standards

4.3.5 Kommunikation der Risikoakzeptanz

Die Interne Revision ist eine unabhängige Überwachungsfunktion in der Organisation. Sie hat daher kein Weisungsrecht. Maßnahmen, die sie aufgrund von Feststellungen in Revisionsaufträgen für erforderlich hält, müssen mit dem betroffenen Management vereinbart werden. Angewiesen werden können sie nicht. Der folgende Standard regelt, was zu tun ist, wenn keine Einigung über Maßnahmen erzielt werden kann oder vereinbarte Maßnahmen nicht umgesetzt werden.

> **Standard 11.5 Kommunikation der Risikoakzeptanz**
>
> Die Revisionsleitung muss ein inakzeptables Risikoniveau kommunizieren.
>
> Wenn die Revisionsleitung zum Schluss kommt, dass das Management ein Risikoniveau akzeptiert hat, das die Risikobereitschaft oder die Risikotoleranz der Organisation übersteigt, muss dies mit der Geschäftsleitung besprochen werden. Wenn die Revisionsleitung feststellt, dass der Sachverhalt von der Geschäftsleitung nicht geklärt wurde, muss er an das Überwachungsorgan eskaliert werden. Es liegt nicht in der Verantwortung der Revisionsleitung, das Risiko zu beseitigen.
>
> Quelle: IIA/DIIR, Global Internal Audit Standards

Die Revisionsleitung kann feststellen, dass das Management ein inakzeptables Risiko akzeptiert hat, indem sie die Reaktionen auf Revisionsfeststellungen überprüft und den Fortschritt bei der Umsetzung von Maßnahmen überwacht. Die Anforderungen des Standards sind nur dann anwendbar, wenn die Revisionsleitung keine Einigung mit dem verantwortlichen Management erzielen kann. Wenn das Risiko auch nach der Besprechung mit der Geschäftsleitung ungelöst bleibt, eskaliert die Revisionsleitung die Bedenken an das Überwachungsorgan. Diese Eskalation ist in der Geschäftsordnung der Internen Revision vorzusehen, insbesondere beim dualistischen System der Corporate Governance in Deutschland wäre sie ansonsten rechtlich unzulässig.

4.4 Qualitätsmanagement in der Internen Revision

Qualität in der Internen Revision wird gemäß den Standards verstanden als Kombination aus

- Einhaltung der Global Internal Audit Standards und
- Erreichen der Leistungsziele der Internen Revision.

Das erforderliche Qualitätssicherungs- und Verbesserungsprogramm dient in der Internen Revision dazu, die Einhaltung der Standards, das Erreichen der

Leistungsziele und das Streben nach kontinuierlicher Verbesserung zu fördern. Bestandteile dieses Programms sind interne und externe Qualitätsbeurteilungen. Die externen Qualitätsbeurteilungen liegen in der Verantwortung des Leitungs- und Überwachungsorgans und sind daher schon innerhalb des Prinzips 8 behandelt worden. Die in diesem Abschnitt zu behandelnden internen Qualitätsmanagementmaßnahmen umfassen

- Interne Qualitätsbeurteilungen,
- Leistungsmessungen und
- die laufende Überwachung der Tätigkeiten.

Prinzip 12 Verbessere die Qualität

Die Revisionsleitung ist dafür verantwortlich, dass die Interne Revision die Global Internal Audit Standards einhält und ihre Leistung kontinuierlich verbessert.

Quelle: IIA/DIIR, Global Internal Audit Standards

4.4.1 Interne Qualitätsbeurteilungen

Standard 12.1 nennt als Bestandteile der internen Qualitätsbeurteilung die laufende Überwachung, die regelmäßige Selbstbeurteilung und die Kommunikation der Ergebnisse beider Instrumente.

Standard 12.1 Interne Qualitätsbeurteilung

Die Revisionsleitung muss interne Beurteilungen der Einhaltung der Global Internal Audit Standards und des Fortschritts in Bezug auf die Leistungsziele entwickeln und durchführen.

Die Revisionsleitung muss eine Methode für interne Beurteilungen, wie in Standard 8.3 Qualität beschrieben, festlegen, die Folgendes umfasst:

- Laufende Überwachung der Einhaltung der Standards durch die Interne Revision und des Fortschritts in Bezug auf die Leistungsziele.
- Regelmäßige Selbstbeurteilungen oder Beurteilungen durch andere Personen innerhalb der Organisation mit ausreichenden Kenntnissen über die Praxis der Internen Revision, um die Einhaltung der Standards zu bewerten.
- Kommunikation mit Geschäftsleitung und Überwachungsorgan über die Ergebnisse der internen Beurteilungen.

> Basierend auf den Ergebnissen einer regelmäßigen Selbstbeurteilung muss die Revisionsleitung Maßnahmenpläne, einschließlich eines vorgeschlagenen Zeitplans für die Maßnahmen, entwickeln, um Fälle der Nichteinhaltung der Standards und Verbesserungsmöglichkeiten anzugehen. Die Revisionsleitung muss die Ergebnisse regelmäßiger Selbstbeurteilungen und die Maßnahmenpläne an Geschäftsleitung und Überwachungsorgan kommunizieren.
>
> Interne Beurteilungen müssen dokumentiert und in die Bewertung einbezogen werden, die von einem unabhängigen Dritten als Teil der externen Qualitätsbeurteilung der Organisation durchgeführt wird.
>
> Wenn die Nichteinhaltung der Standards den Umfang oder den Betrieb der Internen Revision insgesamt betrifft, muss die Revisionsleitung die Nichteinhaltung sowie deren Auswirkungen gegenüber Geschäftsleitung und Überwachungsorgan offenlegen.
>
> Quelle: IIA/DIIR, Global Internal Audit Standards

Die laufende Überwachung ist in die routinemäßigen Richtlinien und Verfahren zum Management der Internen Revision integriert. Der Fortschritt der Internen Revision bei der Erreichung ihrer Leistungsziele und bei der Einhaltung der Standards wird durch Überprüfungen der Auftragsplanung, der Arbeitspapiere und der Abschlusskommunikationen überwacht. Angemessene Überwachung vom Beginn bis zum Ende eines Prüfungs- oder Beratungsauftrags ist das grundlegende Element des Qualitätssicherungsprogramms. Die Beaufsichtigung von Aufträgen beginnt bei der Planung und setzt sich während des gesamten Auftrags fort. Sie sollte auch die zeitnahe Genehmigung von Arbeitspapieren umfassen. Angemessene Nachweise der Kontrollen sind zu dokumentieren und aufzubewahren. Ein Qualitätsreview ist für jede Prüfung erforderlich.

Jede Interne Revision hat für sich zu definieren, wer welche Rollen innerhalb der Qualitätssicherung auszufüllen hat. Konkret heißt das, dass im Revisionshandbuch festgelegt werden muss, welche Review- und Kontrolltätigkeiten von der Revisionsleitung, von Abteilungs-, Gruppen- oder Prüfungsleitungen, von Internen Revisorinnen oder Revisoren oder von einer von den Prüfungstätigkeiten unabhängigen Einheit bzw. Stelle wie Grundsatzabteilung oder Backoffice wahrgenommen werden sollen. Für kleinere Revisionseinheiten bietet es sich dabei an, dass die Revisorinnen und Revisoren sich gegenseitig qualitätssichern. Üblich ist es auch, für jeden Auftrag vorab einen Reviewer oder Supervisor zu benennen, der standardmäßig bestimmte Qualitätskontrollen des betreffenden Auftrags durchführen muss.

Der Ausdruck Quality Gates bezeichnet die zu passierenden Kontrollen, bevor ein Auftrag als erledigt betrachtet werden kann. Die Checkliste der Quality Gates dokumentiert jederzeit den qualitätsgesicherten Stand des Auftrags. Der Einsatz von Revisionsmanagementsoftware erlaubt die Definition von erforderlichen Kontrollen, Meilensteinen, kritischen Erfolgsfaktoren, Prozess- und Prüfungsstatus sowie zuständigen Prüferinnen oder Prüfern und Freigabeverantwortlichen.

Die folgende Liste zeigt beispielhaft verschiedene Kontrollen und ihre Einbindung in die Phasen einer Prüfung. Jede Interne Revision muss entscheiden, welche dieser Kontrollen für sie sinnvoll und zielführend sind. Sie muss festlegen und dokumentieren, wer für die Kontrollen jeweils zuständig ist.

Quality Gates für Revisionsprüfungen

Planungsphase

- Überprüfen des Prüfungsumfangs, des Zeitbudgets und der Teamzusammensetzung
- Freigeben der Prüfungsankündigung
- Genehmigen der Risikoanalyse des Prüfungsobjekts und des sich daraus ergebenden Prüfungsumfangs und Prüfungsplans

Prüfungsphase

- Sicherstellung der Erledigung der vereinbarten Prüfungshandlungen und der Dokumentation der Prüfungsergebnisse
- Einhaltung der Vorgaben für die Ordnung der Arbeitspapiere
- Überprüfung der Vollständigkeit und Richtigkeit der getroffenen Feststellungen und vereinbarten Maßnahmen.
- Genehmigen notwendiger Änderungen in Prüfungsumfang, Zeitplanung und Prüfungsinhalten

Berichtsphase

- Review des von der Prüfungsleitung erstellten Berichtsentwurfs vor Versand
- Review des abgestimmten Berichtsentwurfs vor der endgültigen Herausgabe des Berichts
- Herausgabe des finalen Berichts durch die Revisionsleitung
- Freigabe der Gesamtbeurteilung im Bericht

Follow-up

- Freigeben von Fristverlängerungen für offene Feststellungen
- Freigeben der Schließung von hoch bewerteten Feststellungen

Prüfungsnacharbeit

- Überprüfung der Prüfungsstammdaten zur Sicherstellung einer adäquaten Datenqualität
- Review der aktualisierten Risikobewertung des Prüfungsobjekts
- Feedbackgespräch mit dem Prüfungsteam

Auch der Prozess der risikoorientierten Jahresplanung sollte durch integrierte Kontrollen einer ständigen Qualitätssicherung unterzogen werden. Auch für diese Kontrollen sind Regelungen zu dokumentieren, Verantwortliche zu definieren und Dokumentation zu erstellen.

Qualitätsmerkmale der risikoorientierten Jahresplanung können beispielsweise sein: Vollständigkeit der im Prüfungsuniversum erfassten Prüffelder, Orientierung an einem international anerkannten Modell wie COSO als Basis der Erfassung von Prüfungsfeldern und der Beurteilung des Risikos, einheitliche Anwendung der Bewertungsmethoden, Diskussion mit dem Management der Prüfungspartner oder die transparente Offenlegung der Planung.

Die nächste Liste zeigt beispielhaft sinnvolle Kontrollen in der Revisionsplanung. Auch hier muss jede Interne Revision entscheiden, welche dieser Kontrollen für sie sinnvoll und zielführend sind und wer für die Durchführung zuständig ist.

Quality Gates für die risikoorientierte Revisionsplanung

Prüfungsuniversum

- Genehmigen der Aufnahme oder Löschung von Prüffeldern
- Genehmigung der Änderung der Risikobewertung eines Prüffelds

Revisionsplan

- Genehmigung der Aufnahme oder Löschung eines Prüffelds in den/aus dem beschlossenen Revisionsplan

Prüfungseinsatzplanung

- Genehmigung der personellen, zeitlichen und örtlichen Planung durch die Revisionsleitung sowie der nachträglichen Änderungen dieser Planung

Regelmäßige Selbstbeurteilungen ermöglichen eine umfassendere Überprüfung der Einhaltung der Standards, weil sie die Einhaltung aller Standards betreffen, während sich die laufende Überwachung auf die Standards beschränkt, die für die Durchführung von Aufträgen relevant sind. Regelmäßige Selbstbeurteilungen sind nachgelagerte Qualitätssicherungsmaßnahmen, die nicht Bestandteil des Prüfungs- oder Beratungsprozesses sind. Sie können von Führungskräften in der Internen Revision, einem speziellen Qualitätssicherungsteam, von CIA®s oder sogar von Personen mit Revisionskompetenz aus anderen Bereichen der Organisation durchgeführt werden. Die Durchführung einer Selbstbeurteilung kurz vor einer externen Qualitätsbeurteilung kann den Aufwand für die Durchführung der externen Beurteilung verringern. Im Fokus der Selbstbeurteilung stehen die Angemessenheit der Methoden der Internen Revision, die Unterstützung der Zielerreichung der Organisation durch die Interne Revision, die Qualität der Revisionsleistungen und der durchgeführten Beaufsichtigung und die Erfüllung der Erwartungen der Stakeholder und der Leistungsziele.

Einen zeitgemäßen Ansatz für die Durchführung der Selbstbeurteilung bietet das „Anspruchsmodell der Internen Revision (AMIR)", welches das DIIR 2019 veröffentlicht hat. Mit diesem Ansatz wird anhand von Aspekten, die sich an den Standards ausrichten, die Erfüllung der Ansprüche der Auftraggeber durch die Interne Revision gemessen. Dabei sind im Sinne eines Reifegradmodells auf den Niveaus 1 bis 5 zunächst die Erwartungen an die Interne Revision zu erheben. Sodann ist der Ist-Zustand zu bewerten. Die Erfüllung des Niveaus 3 signalisiert die Einhaltung der Standards, mit den Niveaus 4 und 5 kann die Interne Revision weit darüber hinausgehen.[133]

Zur laufenden Überwachung gehört auch das Einholen von Feedback der Prüfungspartner und der Auftraggeber zur wahrgenommenen Effizienz und Wirksamkeit der Revisionsleistungen. Üblich ist das Feedback entweder unmittelbar nach einem Auftrag oder in regelmäßigen Abständen über Umfragetools oder Gespräche zwischen Revisionsleitung und Management. Mit einem systematischen Management Feedback auf Basis von Fragebögen, die regelmäßig von den Kunden der Internen Revision ausgefüllt werden, ergibt sich eine Möglichkeit, Ansätze zur Qualitätsverbesserung zu identifizieren.[134] Durch den Einsatz von Fragebögen erhalten die Prüfungspartner die Möglichkeit, zur Prüfungsdurchführung und Zusammenarbeit mit dem Revisionsteam Stellung zu nehmen.

Qualitätsziele, -kriterien und -maße zu definieren und zu berichten sind wichtige Bausteine für die Reputation und die Wirkung der Internen Revision. Hinsichtlich des Gewichtes und der Wirkung eines Revisionsberichtes (und damit auch der Internen Revision selbst) hängt vieles davon ab, ob die Leser und Adressaten eine qualitativ hochwertige Dienstleistung damit verbinden. Aus diesem Grunde muss auch über die Ergebnisse des Qualitätssicherungs- und Verbesserungsprogramms berichtet werden. Ein geeignetes Instrument für diese Berichterstattung ist der Jahresbericht der Internen Revision.

Konkurrierende Qualitätsziele sind hierbei keine Seltenheit. Daher ist die Berücksichtigung der Zielsetzung und des Selbstverständnisses der Internen Revision sowie der Wünsche von Kunden und Auftraggebern von großer

133 Vgl. DIIR/IIA NL (2019).

134 Vgl. hierzu auch ausführlich Bünis und Gossens (2011a), S. 139 f.

Bedeutung. Die beschriebenen Elemente des Qualitätsmanagements in der Internen Revision (laufende Überwachung durch prozessintegrierte Qualitätskontrollen, regelmäßige Selbstbeurteilung und externe Qualitätsbeurteilung) machen deutlich, dass Qualität – unabhängig davon, wie genau sie definiert ist und was man darunter versteht – nicht von selbst entsteht. Sie erfordert einen umfassenden, systematischen und professionellen Ansatz. Das IIA formuliert dies prägnant wie folgt:[135]

> „Quality is the combination of the right people, the right systems, and a commitment to excellence."

4.4.2 *Messen der Revisionsleistung*

Ein Ziel des Qualitätsmanagements besteht darin, mittels möglichst objektiver Maßstäbe Verbesserungsmaßnahmen ableiten zu können. Leistungsmessungen sind auch ein integraler Teil des Qualitätssicherungs- und Verbesserungsprogramms der Internen Revision, denn die Leistung einer Internen Revision ist messbar. Die Leistungsziele lassen sich aus den Prinzipien der Global Internal Audit Standards, der Geschäftsordnung/dem Mandat der Internen Revision und der Revisionsstrategie ableiten und in messbare Leistungsindikatoren (Key Performance Indicators, KPIs) überführen.

> **Standard 12.2 Leistungsmessung**
>
> Die Revisionsleitung muss Ziele entwickeln, um die Leistung der Internen Revision zu bewerten. Die Revisionsleitung muss bei der Entwicklung der Leistungsziele die Beiträge und Erwartungen von Geschäftsleitung und Überwachungsorgan berücksichtigen.
>
> Die Revisionsleitung muss eine Methode zur Leistungsmessung entwickeln, um die Fortschritte in Bezug auf die Ziele der Internen Revision zu beurteilen und die kontinuierliche Verbesserung der Internen Revision zu fördern.
>
> Bei der Beurteilung der Leistung der Internen Revision muss die Revisionsleitung Feedback von Geschäftsleitung und Überwachungsorgan einholen, falls angemessen.
>
> Die Revisionsleitung muss einen Maßnahmenplan entwickeln, um Probleme und Verbesserungsmöglichkeiten anzugehen.
>
> Quelle: IIA/DIIR, Global Internal Audit Standards

135 Vgl. IIA (2012a), S. 2.

Es ist sinnvoll, nur eine begrenzte Anzahl von Leistungszielen festzulegen, die sich auf wesentliche Bereiche angestrebter Verbesserungen beziehen. Dabei sollen die Erwartungen der Auftraggeber, die Personalausstattung, die Wirtschaftlichkeit der Revisionsprozesse und die Weiterbildung des Personals berücksichtigt werden. Nach der Festlegung der Ziele sind quantitative oder qualitative Zielvorgaben bzw. Zielvorstellungen, auch in zeitlicher Hinsicht, festzulegen, die realistisch und ambitioniert zugleich sind.[136]

Neben der Auswahl der zu messenden Leistungsindikatoren muss die Interne Revision definieren, welche Messmethoden angewendet werden, in welchen Intervallen die Messung erfolgen soll, wer für diesen Teil des Qualitätsmanagements zuständig ist, wie die Berichte über die Ergebnisse gestaltet und verteilt werden sollen und wer die Berichtsempfänger sind. Hieraus können sich bei regelmäßiger Messung und Kommunikation Ansätze für die kontinuierliche Verbesserung ergeben. Voraussetzung für eine effiziente Durchführung der Leistungsmessung, die weitgehend ohne manuelle Tätigkeiten erfolgen kann, ist die Abbildung der Revisionsprozesse in einer adäquaten Revisionsmanagementsoftware.

Die folgende Liste zeigt beispielhaft in verschiedenen Revisionsabteilungen erprobte Leistungskennzahlen. Sie folgt einer Kategorisierung nach dem Konzept der Balanced Scorecard in den vier Perspektiven Finanzen/Risiko, Kunden, Prozesse und Personal. Jede Interne Revision muss individuell definieren, welche die für sie geeigneten Leistungsmaße sind.[137]

Leistungskennzahlen für die Interne Revision

Finanz- und Risikoperspektive

- Abdeckung der im Mandat der Internen Revision formulierten Prüfungsziele
- Anzahl der Feststellungen je Ratingklasse (Wertbeitrag der Internen Revision im Sinne von Risikoreduzierung)
- Budgeteinhaltung (Soll/Ist-Vergleich)
- Finanzieller Aufwand der Prüfungen (Soll/Ist-Vergleich)
- Verrechenbare Stunden (Soll/Ist-Vergleich)
- Anzahl Prüfungen pro Sachgebiet (Soll/Ist-Vergleich)
- Aus- und Weiterbildungsaufwand (Soll/Ist-Vergleich)

136 Eine strukturierte Vorgehensweise zur Etablierung von quantitativen und qualitativen Performance-Messungen liefert IIA (2010).

137 Eine ausführliche Beschreibung des Vorgehens bei der Implementierung von Leistungskennzahlen und weitere Beispiele findet sich in DIIR-Arbeitskreis MaRisk, S. 166 ff.

Kundenperspektive

- Ergebnisse des Management-Feedbacks (Zufriedenheitsbefragung auf der höheren Leitungsebene)
- Anwendung und Auswertung eines gängigen Lesbarkeitsindex für Revisionsberichte
- Anzahl der Themen in der risikoorientierten Planung, die vom Management vorgeschlagen wurden (Akzeptanz und Wertschätzung der Arbeit der Internen Revision)
- Anzahl von Teilnahmen der Revisionsleitung an Sitzungen des Aufsichts-/Verwaltungsrats
- Anteil der von der Internen Revision überwachten Maßnahmen, die wie vereinbart vom Management umgesetzt wurden (Indiz für die Akzeptanz der Internen Revision)
- Anteil der Feststellungen, die wiederholt berichtet wurden
- Durch Prüfungen oder Feststellungen aufgezeigte Kosteneinsparungen

Interne Prozesse Perspektive

- Zeit zwischen Auftaktgespräch und Ende der Prüfungsdurchführung
- Zeit zwischen Ende der Prüfungsdurchführung und Herausgabe der Berichte
- Anteil des ggf. angepassten Revisionsplans, der umgesetzt wurde
- Anzahl von Neuaufnahmen in den Revisionsplan (ad-hoc-Prüfungen oder Fraud-Ermittlungen)
- Anzahl durchgeführter Prüfungen
- Zeitaufwand der Prüfungen (Soll/Ist-Vergleich)
- Anteil der Prüfungsdokumentationen, die qualitätsgesichert wurden
- Anteil der Revisionsaufträge, die mit einer Berichterstattung beendet wurden
- Zeit zwischen geplantem und tatsächlichem Prüfungsende
- Anteil der Revisionsaufträge, die IT-Tools zur Prüfungsunterstützung (bspw. zur Datenanalyse) genutzt haben
- Anteil prüfungsbezogener Aktivitäten am gesamten Zeitaufwand

Lern- und Wachstumsperspektive

- Berufserfahrung des Personals
- Revisionserfahrung des Personals
- Ausbildungsniveau des Personals
- Anteil der Revisorinnen und Revisoren mit mindestens einer relevanten Berufszertifizierung für die Interne Revision
- Neu erworbene Zertifizierungen des Personals
- Anteil der besetzten Stellen
- Personalfluktuation
- Anteil externer Prüfungsunterstützung (Soll-/Ist-Vergleich)
- Statistik über erfolgte fachliche Weiterbildungen (Soll/Ist-Vergleich)
- Statistik über erfolgte persönliche Weiterbildungen (Soll/Ist-Vergleich)
- Engagement in berufsständischen Organisationen oder überbetrieblichen Arbeitskreisen

4.4.3 Beaufsichtigung bei der Durchführung von Revisionsaufträgen

Neben der schon oben erwähnten Notwendigkeit der Festlegung und Anwendung von Kontrollen (Quality Gates) in allen Phasen des Revisionsprozesses beschäftigt sich ein weiterer Standard mit der Beaufsichtigung von Revisionsaufträgen.

Standard 12.3 Überwachung und Verbesserung der Leistung bei der Durchführung von Aufträgen

Die Revisionsleitung muss Methoden für die Beaufsichtigung von Aufträgen, die Qualitätssicherung und die Entwicklung von Kompetenzen festlegen und umsetzen.

- Die Revisionsleitung oder die Auftragsleitung muss die Internen Revisorinnen und Revisoren während des gesamten Auftrags anleiten, die vollständige Abarbeitung der Arbeitsprogramme verifizieren und bestätigen, dass die Arbeitspapiere die Feststellungen, Gesamturteile und Empfehlungen hinreichend belegen.

> - Um die Qualität zu gewährleisten, muss die Revisionsleitung verifizieren, ob die Aufträge unter Einhaltung der Standards und der Methoden der Internen Revision durchgeführt werden.
> - Um Kompetenzen zu entwickeln, muss die Revisionsleitung Internen Revisorinnen und Revisoren Feedback über ihre Leistung und Verbesserungsmöglichkeiten geben.
>
> Das Ausmaß der erforderlichen Beaufsichtigung hängt von der Reife der Internen Revision, den Kenntnissen und Erfahrungen der Internen Revisorinnen und Revisoren und der Komplexität der Aufträge ab.
>
> Die Revisionsleitung ist für die Beaufsichtigung von Aufträgen verantwortlich, unabhängig davon, ob die Aufträge von Internen Revisorinnen und Revisoren oder von anderen Dienstleistern durchgeführt werden. Aufsichtspflichten können an geeignete und qualifizierte Personen delegiert werden, aber die Revisionsleitung behält die letzte Verantwortung.
>
> Die Revisionsleitung muss sicherstellen, dass geeignete Nachweise der Beaufsichtigung gemäß der etablierten Methode der Internen Revision dokumentiert und aufbewahrt werden.
>
> Quelle: IIA/DIIR, Global Internal Audit Standards

Die Anforderungen des Standards zeigen, dass die Beurteilung der Fähigkeiten des Personals der Internen Revision laufend erfolgen muss und über die Qualitätssicherung der Arbeitspapiere hinausgeht.

In der Planungsphase ist das Arbeitsprogramm für Prüfungs- und Beratungsaufträge zu genehmigen. Dabei geht es darum festzustellen, ob die Ziele des Auftrags mit den vorgesehenen Aktivitäten effizient erreichbar sind. Die Beaufsichtigung umfasst auch die Sicherstellung, dass das Arbeitsprogramm abgearbeitet wird, sowie die Genehmigung von nachträglichen Änderungen am Arbeitsprogramm.

In der Durchführungsphase von Prüfungs- und Beratungsaufträgen werden die Arbeitspapiere zu einem Auftrag, die die durchgeführten Revisionshandlungen, die identifizierten Informationen und die getroffenen Feststellungen und vorläufigen Schlussfolgerungen beschreiben, überprüft. Dabei ist zu bewerten, ob die gewonnenen Nachweise relevant, zuverlässig und ausreichend sind, um die Auftragsziele zu erreichen und das Gesamturteil zu dem Auftrag zu unterstützen.

Schließlich ist auch die Kommunikation der Ergebnisse hinsichtlich der Erfüllung der Qualitätskriterien aus Standard 11.2 zu überprüfen: Sie muss richtig, objektiv, klar, prägnant, konstruktiv, vollständig und zeitnah erfolgen.

5 Erbringung von Revisionsleistungen

In diesem Abschnitt geht es nicht nur um das Prüfen. Das Erbringen von Revisionsleistungen erfordert

- zunächst eine wirksame Planung,
- dann die Durchführung der Tätigkeiten, um die Auftragsziele zu erreichen und Feststellungen und Gesamturteile zu entwickeln,
- darauffolgend in Zusammenarbeit mit den Prüfungspartnern die Entwicklung von Empfehlungen oder die Vereinbarung von Maßnahmenplänen,
- sodann die Kommunikation der Ergebnisse, was in der Praxis meistens in Form von Prüfungsberichten erfolgt,
- und schließlich die Kommunikation zur Nachverfolgung der vereinbarten Maßnahmen, was wir als Follow-up bezeichnen.

Dieser klassische Prüfungsprozess ist linear und sequenziell. In der Praxis sind die einzelnen Phasen aber nicht immer klar voneinander abgegrenzt. Die einzelnen Schritte erfolgen manchmal parallel oder wiederholen sich. So ist z.B. das Sammeln von Informationen und die Risikobeurteilung in den Standards der Phase Planung zugeordnet. Dies kann sich aber über einen gesamten Prüfungsauftrag erstrecken und muss nicht notwendig abgeschlossen sein, bevor mit der Prüfungsdurchführung begonnen wird.

Ein Revisionsauftrag kann ein Prüfungsauftrag oder ein Beratungsauftrag sein. Die Methoden für Prüfungen und Beratungen werden sich unterscheiden, aber die Standards sind grundsätzlich für beide Arten von Revisionsprodukten einzuhalten. Nur in einzelnen Fällen geben die Standards Abweichungen für Prüfungen oder Beratungen vor.

Prüfungsleistungen dienen dazu, der Geschäftsleitung, dem Überwachungsorgan und dem Prüfungspartner die Prüfungssicherheit oder das Vertrauen in die Governance-, Risikomanagement- und Kontrollprozesse zu vermitteln. Dazu liefert die Interne Revision objektive Beurteilungen der Abweichungen zwischen Ist-Zuständen und Soll-Zuständen eines Prüfungsgegenstands. Die Abweichungen werden bewertet, um herauszufinden, ob es sich um wesentliche Risiken und daher um berichtenswerte Feststellungen handelt, und um ein Gesamturteil über das Prüfungsergebnis abzugeben.[138]

138 Vgl. IIA/DIIR (2024), S. 100.

Im Folgenden werden hauptsächlich die Prüfungen der Internen Revision beschrieben, da sie häufig den weitaus größten Teil der Revisionstätigkeiten ausmachen. Beratungsleistungen sind in den Global Internal Audit Standards wie folgt definiert:

> Beratungsleistungen werden entweder von der Internen Revision selbst initiiert oder sie werden auf Anforderung von Geschäftsleitung, Überwachungsorgan oder Management erbracht. Art und Umfang der Tätigkeit werden mit dem Beratungskunden vereinbart und können ganz verschiedene Ausprägungen haben. Beispiele sind die Beratung bei der Konzeption neuer Richtlinien, Prozesse, Systeme oder Produkte, forensische Ermittlungen oder Schulungen, die die Interne Revision durchführt. Auch bei Beratungsleistungen wird erwartet, dass die Revisorinnen und Revisoren ihre Objektivität wahren.

Besonderheiten der Beratungsleistungen werden weiter unten in Kapitel 6 behandelt.

Die Interne Revision ist kein sehr homogener Berufsstand. Es gibt eine große Bandbreite von Revisionswerkzeugen und -methoden, die durch die Internen Revisorinnen und Revisoren genutzt werden können. Der jeweilige Prüfungsansatz oder die Methode setzen den Rahmen für den Prozess, der eine Leitlinie und die Kontrolle dafür liefert, dass die Revisionsziele erreicht werden. Der Revisionsprozess liefert die Grundlage für die Prüfung und gibt den Prüferinnen und Prüfern eine Möglichkeit, die Prüfung zu steuern.[139]

Der Kernprozess der Internen Revision ist der Prüfungsprozess. In der Fachliteratur findet man verschiedene Ansätze, die das Wesen und den Umfang einer Prüfung beschreiben. Im Folgenden sollen hier zwei alternative Möglichkeiten zur Beschreibung des Prüfungsprozesses vorgestellt werden, bevor danach die einzelnen Komponenten aufgeführt und erläutert werden. Dies erscheint sinnvoll und notwendig, weil sich die beiden Ansätze auf den ersten Blick deutlich unterscheiden und dadurch wichtige und notwendige Facetten und Details von Prüfungsprozessen hervorheben.

Eine gute und übersichtliche Workflow-Darstellung des traditionellen Prüfungsprozesses findet man bei Galloway.[140] Der Prüfungsprozess teilt sich in 16 Prozessschritte auf. Er beginnt mit der umfassenden Risikoanalyse und endet mit dem Follow-up. Der vollständige Prozess ist in den Abbildungen 23 bis 27 dargestellt. Für jeden Prozessschritt werden die Ziele, der Input und der Output aufgeführt.

139 Vgl. Galloway (2010), S. 42.
140 Vgl. Galloway (2010), S. 42.

Die ersten drei Prozessschritte können als Revisionsplanung zusammengefasst werden. Hierzu gehören eine umfassende Risikoanalyse, die Entwicklung und Festlegung einer Strategie und die Erstellung des Revisionsplans (vgl. Abbildung 23).

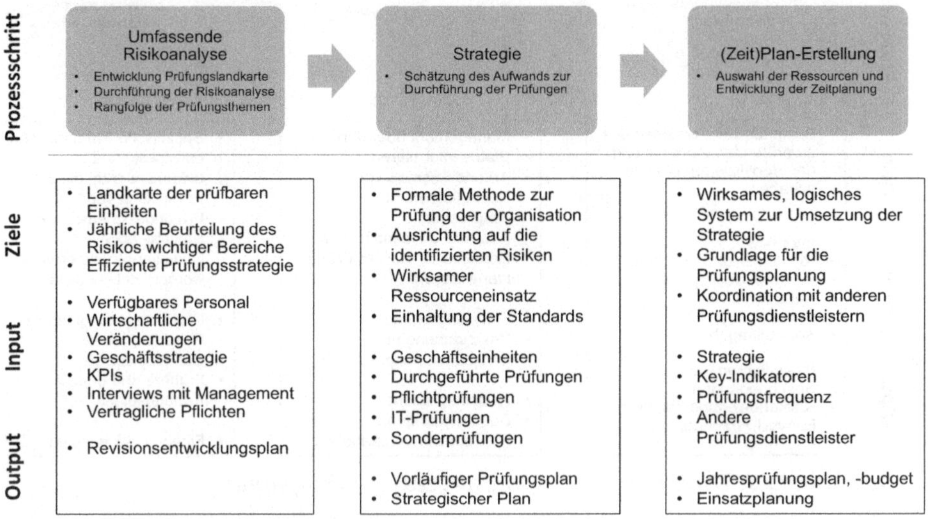

Abbildung 23: Traditioneller Prüfungsprozess 1 – Revisionsplanung

Danach folgt die Prüfungsplanung. Hierzu kann man im Einzelnen die Prozessschritte Planung, Vorbereitung und Eröffnungsgespräch zählen (vgl. Abbildung 24).

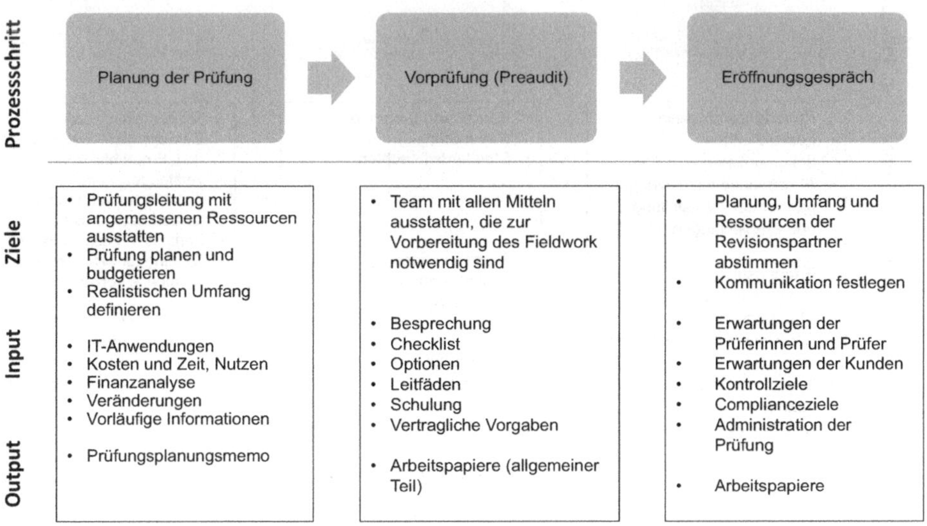

Abbildung 24: Traditioneller Prüfungsprozess 2 – Prüfungsplanung

Zur Feinplanung können die Bewertung, das Zwischengespräch und die Entwicklung des Prüfungsplans gezählt werden (vgl. Abbildung 25).

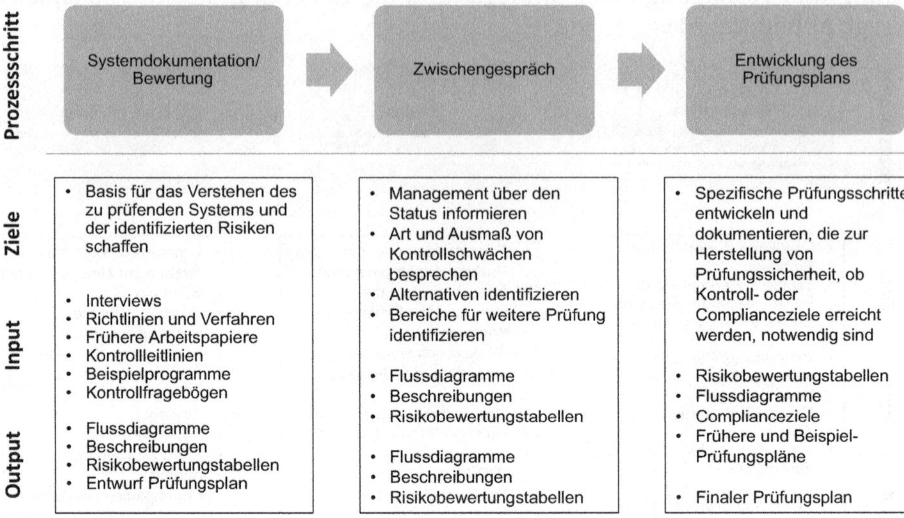

Abbildung 25: Traditioneller Prüfungsprozess 3 – Feinplanung

Die Durchführung besteht aus den Prozessschritten Fieldwork, Berichtsentwurf und Abschlussgespräch (vgl. Abbildung 26).

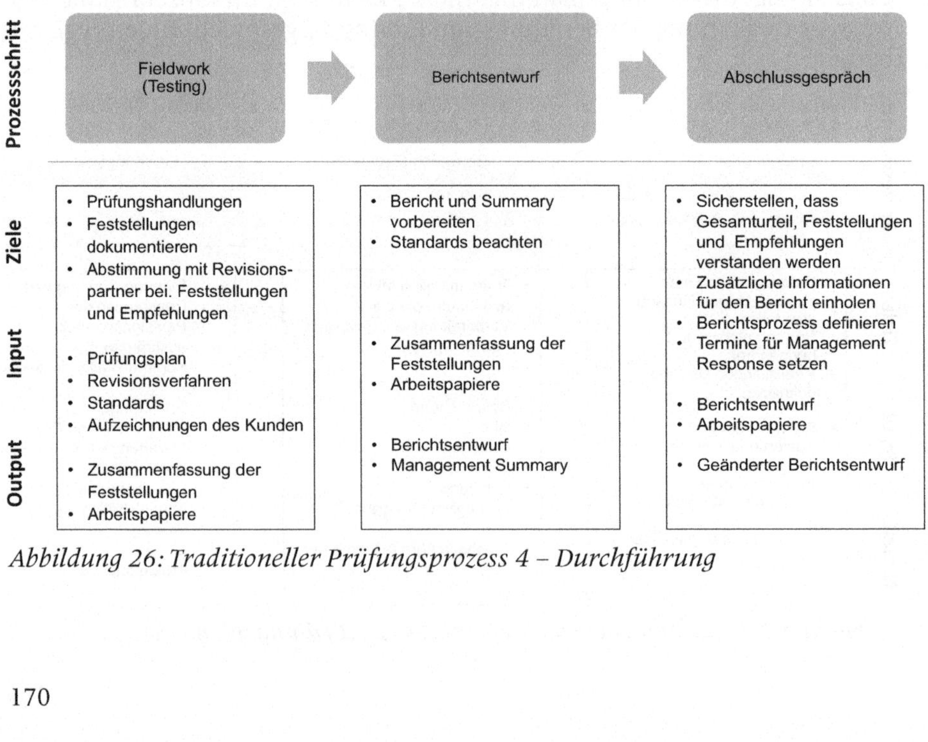

Abbildung 26: Traditioneller Prüfungsprozess 4 – Durchführung

Der traditionelle Prüfungsprozess endet mit den Prozessschritten Versand des Berichtsentwurfs, finaler Prüfungsbericht, Nacharbeiten und Follow-up[141] (vgl. Abbildung 27).

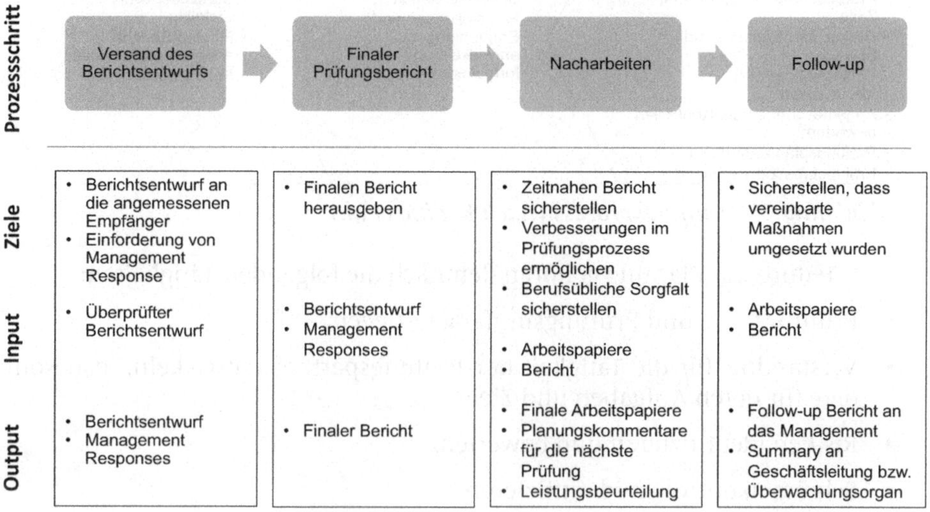

Abbildung 27: Traditioneller Prüfungsprozess 5 – Abschluss

Für die Darstellung des traditionellen Prüfungsprozesses ist die sequenzielle Prozessbetrachtung allerdings charakteristisch. Dadurch bietet der Ansatz die Möglichkeit, die Übergänge zwischen den Teilprozessen oder sogar detaillierte Aktivitäten als formale Meilensteine zu definieren und den Prüfungsauftrag entsprechend zu steuern.[142]

Vor dem Hintergrund steigender Qualitätsanforderungen an den Kernprozess Prüfungsdurchführung unternehmen Revisionseinheiten Anstrengungen zur Standardisierung. Ein gutes Beispiel hierfür ist das „Prüfungsprotokoll" von Lauer und Liebe als universelle Methode zur Durchführung und Dokumentation von Prüfungen über den gesamten Prozess.[143] In der Regel führt die Standardisierung zu konkreten Vorgaben für den Prüfungsablauf und die zu erstellende Dokumentation.

Der zweite Ansatz unterteilt eine Revisionsprüfung in drei Teilprozesse – Planung, Durchführung und Kommunikation – und ermöglicht einen schnellen und leicht eingängigen Zugang zum Prüfungsprozess (vgl. auch Abbildung 28).[144]

141 Die Zusammenfassung der einzelnen Prozessschritte zu den fünf abgebildeten Kategorien ist nicht von Bedeutung und spielt für den Prozess keine Rolle.

142 Vgl. Amling und Bantleon (2009), S. 266 ff.

143 Vgl. Lauer und Liebe (2015), S. 17 ff.

144 Vgl. Reding et al. (2013), S. 12–3 ff.

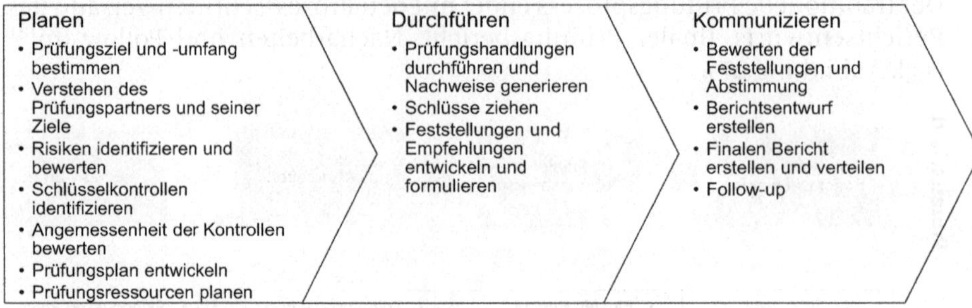

Abbildung 28: Prüfungsprozess (nach Reding et al.)

Zum Teilprozess Planung gehören demnach die folgenden Tätigkeiten:

- Prüfungsziele und Prüfungsumfang festlegen,
- Verständnis für die Tätigkeit der Prüfungspartner entwickeln, insbesondere für deren Aufgaben und Ziele,
- Risiken identifizieren und bewerten,
- Schlüsselkontrollen identifizieren,
- Angemessenheit der internen Kontrollen beurteilen,
- geplante Test- bzw. Prüfungsschritte in einem Arbeitsplan zusammenstellen und
- Prüfungsressourcen zuweisen.

Zum Teilprozess Durchführung zählen die Tätigkeiten:

- geplante Prüfungsschritte durchführen, um Prüfungsnachweise zu sammeln,
- gesammelte Prüfungsnachweise beurteilen und Schlussfolgerungen ableiten sowie
- Feststellungen entwickeln und Empfehlungen formulieren.

Zum Teilprozess Kommunikation gehören die Tätigkeiten:

- Bewertung der Feststellungen und Abstimmung,
- Berichtsentwurf erstellen,
- finalen Bericht erstellen und verteilen und
- Follow-up-Verfahren.

Ein wichtiges Element dieses Ansatzes ist, dass die drei Teile nicht strikt voneinander getrennt sind und nicht zwangsläufig sequenziell nacheinander abgearbeitet werden. Es gibt keine eindeutige Trennlinie zwischen den einzelnen Phasen. Eine eindeutige Aussage, wann die Planungsphase endet und die Durchführungsphase beginnt, ist vielfach nicht möglich. Der zeitliche Aspekt spielt für diesen Ansatz keine zentrale Rolle.

Unabhängig vom betrachteten Ansatz zur Beschreibung des Prüfungsprozesses ist eine gewissenhaft durchgeführte und professionelle Prüfungsplanung aller Beteiligten auf Basis des Prüfungsauftrags in der Internen Revision und beim Prüfungspartner ein wesentlicher Erfolgsfaktor für die Erzielung eines guten Prüfungsergebnisses.

5.1 Auftragsplanung

Die Global Internal Audit Standards legen großes Gewicht auf die Planung von Aufträgen und widmen dieser ein eigenes Prinzip.

Prinzip 13 Plane Aufträge wirksam

Interne Revisorinnen und Revisoren planen jeden Auftrag mit einem systematischen, zielgerichteten Ansatz.

Quelle: IIA/DIIR, Global Internal Audit Standards

Der systematische, zielgerichtete Ansatz der Internen Revision bei der Planung von Aufträgen basiert auf den Global Internal Audit Standards und den von der Revisionsleitung festgelegten Methoden. Die Planung beginnt damit, die Erwartungen an den Auftrag und den Grund für seine Aufnahme in den Revisionsplan zu verstehen. Sodann geht es darum, Informationen zu sammeln, um den Untersuchungsgegenstand zu verstehen und dessen Risiken zu beurteilen. Dies ist die Basis für die Festlegung von Zielen und Umfang für den Auftrag. In der Planungsphase geht es auch darum, den Soll-Zustand des Untersuchungsgegenstands und die zur Durchführung notwendigen Ressourcen (Personal, Finanzen und Technologie) zu identifizieren. Am Ende der Planungsphase steht ein Arbeitsprogramm, das die durchzuführenden Prüfungshandlungen enthält.

5.1.1 Auftragskommunikation

Standard 13.1, der innerhalb der Domain V der Global Internal Audit Standards als erster aufgeführt ist, betrifft nicht nur die Planungsphase, sondern alle Phasen eines Revisionsauftrags.

Standard 13.1 Auftragskommunikation

Interne Revisorinnen und Revisoren müssen während des gesamten Auftrags wirksam kommunizieren.

Interne Revisorinnen und Revisoren müssen Ziele, Umfang und Zeitplan des Auftrags mit dem Management abstimmen. Spätere Änderungen sind dem Management zeitnah mitzuteilen.

Sind sich die Internen Revisorinnen und Revisoren und das Management am Ende eines Auftrags nicht über die Auftragsergebnisse einig, so müssen die Internen Revisorinnen und Revisoren das Problem mit dem Management des Untersuchungsgegenstands erörtern und versuchen, eine einvernehmliche Lösung zu finden. Wenn kein gegenseitiges Einvernehmen erzielt werden kann, dürfen die Internen Revisorinnen und Revisoren nicht verpflichtet sein, Teile der Auftragsergebnisse zu ändern, es sei denn, es gibt einen triftigen Grund dafür. Interne Revisorinnen und Revisoren müssen eine festgelegte Methode anwenden, die es beiden Parteien ermöglicht, ihre Standpunkte zum Inhalt der Abschlusskommunikation des Auftrags und die Gründe für etwaige Meinungsverschiedenheiten über die Auftragsergebnisse darzulegen.

Quelle: IIA/DIIR, Global Internal Audit Standards

Die in diesem Standard behandelte Kommunikation umfasst die initiale Kommunikation (z.B. eine Prüfungsankündigung oder ein Kick-Off-Meeting), die laufende Kommunikation während aller Phasen des Auftrags, die Schlussmitteilung (z.B. ein Schlussgespräch) und die Abschlusskommunikation (z.B. ein Prüfungsbericht). Eine wirksame Kommunikation kann formelle und informelle, schriftliche und mündliche Methoden umfassen. Die Anforderungen an die Kommunikation werden von der Revisionsleitung unter Berücksichtigung der Erwartungen der Stakeholder (Geschäftsleitung, Überwachungsorgan, Regulatoren, Prüfungspartner) in den Methoden der Internen Revision festgelegt.

Die Interne Revision informiert das Management und die betroffenen Mitarbeiterinnen und Mitarbeiter im Voraus über den Auftrag. Dies ist fair und schafft erst die Grundlage für die Zusammenarbeit und den Dialog. Grundsätzlich wird jede Prüfung angekündigt. Ausnahmen sind Untersuchungen im Rahmen von Fraud-Fällen, weil das Prüfungsziel ohne den Überraschungseffekt nicht zu erreichen ist. Abbildung 29 zeigt die Informationen, die eine Prüfungsankündigung enthalten sollte.

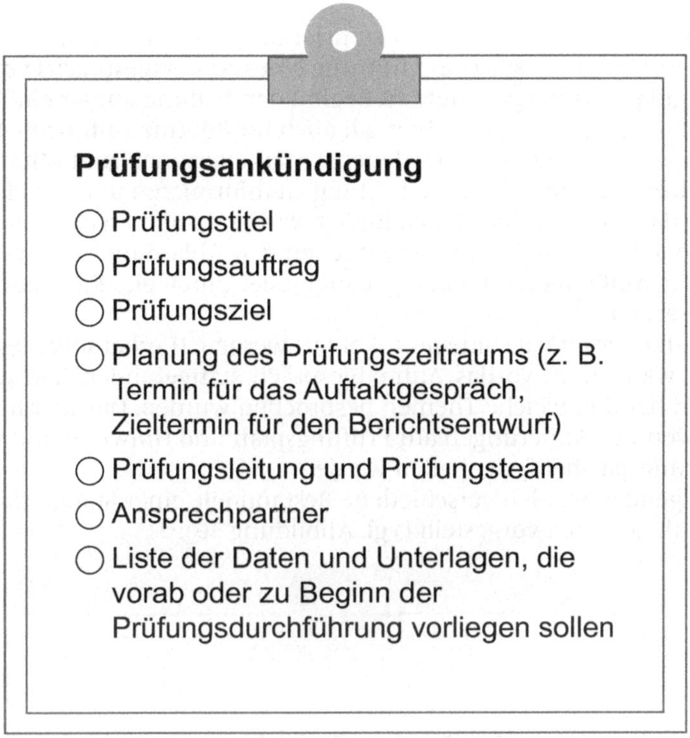

Abbildung 29: Inhalt der Prüfungsankündigung

Es ist darauf zu achten, dass die Prüfungsankündigung rechtzeitig erfolgt. Die Interne Revision sollte sich eine Standard-Ankündigungsfrist setzen und diese Frist grundsätzlich auch einhalten. Die Ankündigung soll das Management über den Grund für die Überprüfung informieren. Außerdem soll sie das Management über den vorgeschlagenen Beginn und die ungefähre Dauer des Auftrags informieren, um einen Zeitplan zu erstellen, der nicht mit anderen wichtigen Ereignissen des Untersuchungsgegenstands kollidiert. Darüber hinaus können die Internen Revisorinnen und Revisoren die Informationen und Unterlagen anfordern, die für die Risikobeurteilung und die Erstellung des Arbeitsprogramms erforderlich sind.

Üblicherweise folgt nach der Ankündigung ein Kick-Off-Meeting oder Auftaktgespräch. Dieses bietet den Internen Revisorinnen und Revisoren die Möglichkeit, sicherzustellen, dass die Prüfungspartner die Ziele, den Umfang und den Zeitplan des Auftrags verstehen und unterstützen.

Das Auftaktgespräch repräsentiert den Beginn der Phase Prüfungsdurchführung und der offiziellen Kommunikation des Prüfungsteams mit den Prüfungspartnern.

Die Teilnehmer des Auftaktgesprächs setzen sich in Abhängigkeit von den Prüfungszielen je nach Relevanz aus Verantwortlichen der Prüfungspartner, dem Prüfungsteam und der Revisionsleitung zusammen. Die Revisionsleitung kann Methoden zur Durchführung eines Auftaktgesprächs vorgeben.

Für reguläre Prüfungen sollte zu Beginn der Prüfung immer ein Auftaktgespräch durchgeführt werden. Dies gilt auch für Routineprüfungen. Bei diesen ist es ebenso wichtig, die betroffenen Mitarbeiterinnen und Mitarbeiter bei den Prüfungspartnern über die Prüfung zu informieren und die Planung der Prüfung darzustellen. Selbstverständlich kann im Rahmen einer Routineprüfung, wo jeder Beteiligte im Wesentlichen den Ablauf und die Erwartungen kennt, das Auftaktgespräch kurzgehalten oder durch ein einfaches Telefonat ersetzt werden.

Das Auftaktgespräch sollte protokolliert werden. Hierbei sollte festgehalten werden, wann und wo das Auftaktgespräch stattgefunden hat, wer teilgenommen hat und welche Themen besprochen wurden. Darüber hinaus sollten notwendige Änderungen am Prüfungsplan und Hinweise und Bedenken der Prüfungspartner festgehalten werden.

Im Folgenden werden verschiedene Bestandteile einer Standardagenda für ein Auftaktgespräch vorgestellt (vgl. Abbildung 30):[145]

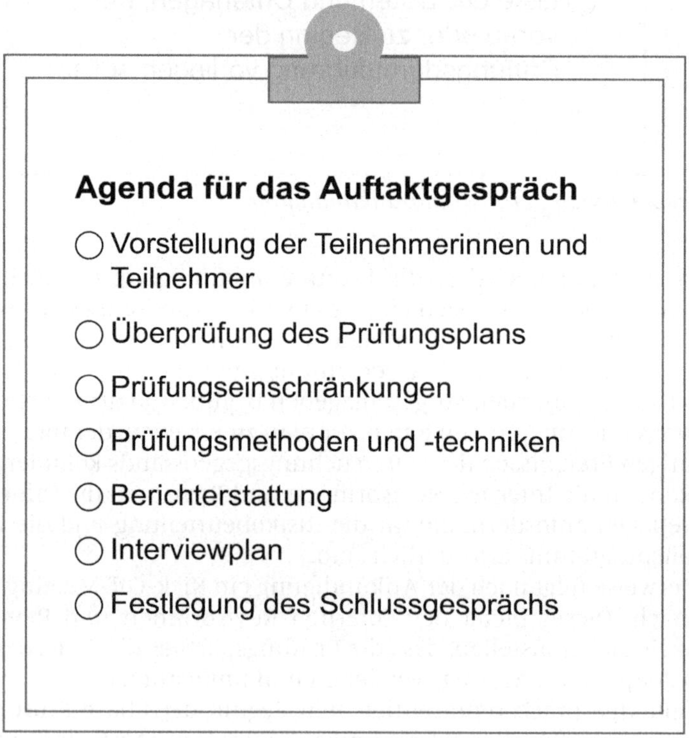

Abbildung 30: Agenda für das Auftaktgespräch

145 Vgl. Russel (2007), S. 67.

Vorstellung der Teilnehmerinnen und Teilnehmer

- Ziel ist es, sich gegenseitig vorzustellen und bekannt zu machen. Neben einer kurzen Präsentation der Tätigkeit und Aufgaben der Internen Revision in der Organisation ist auch eine Vorstellung des Prüfungsteams sinnvoll. Dies kann die Herstellung einer Vertrauensbasis unterstützen. Der Prüfungsleitung und dem gesamten Prüfungsteam obliegt es, während der gesamten Prüfung ein konstruktives, offenes und von Fairness geprägtes Verhältnis zu den Führungskräften und Mitarbeiterinnen und Mitarbeitern des Prüfungspartners aufzubauen. Hierdurch wird der Informationsaustausch zwischen der Internen Revision und dem Prüfungspartner gefördert und die Akzeptanz für die Prüfungshandlungen und -ergebnisse gesteigert.[146] Es hat einen großen Einfluss auf die Wahrnehmung der Prüferinnen und Prüfer, der Prüfung und der ganzen Internen Revision, wie die Prüfungsleitung sich im Auftaktgespräch verhält und wie sie sich, das Team und die geplante Prüfung präsentiert.
- Die Vorstellung der Teilnehmerinnen und Teilnehmer kann auch schon dazu genutzt werden, sich bei denjenigen zu bedanken, die das Prüfungsteam bereits im Vorfeld bei der Planung und Organisation der Prüfung unterstützt haben.

Überprüfung des Prüfungsplans

- Das Auftaktgespräch ermöglicht es, den Prüfungspartnern die Ziele und den Umfang der Prüfung zu erläutern sowie zusätzliche aktuelle Informationen von diesen zu erhalten. Ziel des Auftaktgesprächs ist es insbesondere, ein gemeinsames Grundverständnis von Interner Revision und Prüfungspartner über die Prüfung herzustellen und auch damit das Vertrauensverhältnis zu fördern. So bietet das Auftaktgespräch die Möglichkeit, das Ziel, den Gegenstand und die Erwartungen der Internen Revision nochmals zu überprüfen.
- Im Rahmen des Auftaktgesprächs können die Prüfungspartner dem Prüfungsteam ihre Einschätzung über den Zustand des Internen Kontrollsystems und des Risikomanagementsystems im Kontext des Prüfungsgegenstands darlegen. Hierbei ist auch die Abfrage aktueller und geplanter Veränderungen und Entwicklungen in der Organisation und der geprüften Einheit für die risikoorientierte Ausrichtung der Prüfung von Bedeutung.
- Die Prüfungspartner sollen zudem ermutigt werden, die ihnen bekannten Schwächen während des Gesprächs offen anzusprechen. Sie können außerdem Prüfungswünsche äußern. Es obliegt dann der Prüfungsleitung ggf. in Absprache mit der Revisionsleitung darüber zu entscheiden, inwie-

146 Vgl. DIIR-Arbeitskreis MaRisk, S. 61.

weit die Prüfungswünsche mit den Prüfungszielen und dem beabsichtigten Prüfungsumfang vereinbar sind und berücksichtigt werden können.

- Die Prüfungsleitung kann im Rahmen des Auftaktgesprächs dem Prüfungspartner den Prüfungsplan zur Verfügung stellen. Sollten Details im Prüfungsplan zum Zeitpunkt des Auftaktgesprächs unklar sein, können diese hier geklärt werden. Sollte die Umsetzung der vereinbarten Maßnahmen aus früheren Prüfungen Bestandteil der aktuellen Prüfung sein, sollte der Status dieser Maßnahmen abgefragt werden.
- Das Auftaktgespräch kann zudem dazu dienen, die vorab angeforderten Daten und Unterlagen in Empfang zu nehmen. Zusätzlich erforderliche Dokumente können während des Gesprächs identifiziert und angefordert werden.

Prüfungseinschränkungen

- Alle Einschränkungen hinsichtlich der Zugänglichkeit zu Ressourcen und Informationen sollten im Vorfeld der Prüfung identifiziert und bewertet werden. Trotzdem besteht die Gefahr, hiermit erst im Rahmen des Auftaktgesprächs konfrontiert zu werden. Neben allgemeinen Unwägbarkeiten, wie beispielsweise urlaubs- oder krankheitsbedingten Abwesenheiten, Verfügbarkeit von Informationen und Daten und technischen Restriktionen, ist auch immer die Verhältnismäßigkeit bei den geplanten Prüfungstätigkeiten zu betrachten. Obwohl die Internen Revisorinnen und Revisoren in der Regel mit einem umfassenden Informationsrecht ausgestattet sind, kann es sein, dass die Beteiligten zu der Einschätzung gelangen, dass einzelne Bereiche aus verschiedenen Gründen von den Prüferinnen und Prüfern nicht eingesehen werden sollen. Zu nennen sind hier beispielsweise streng vertrauliche Unternehmens- und Kundeninformationen, personenbezogene Daten, Sicherheitsbelange oder eigentumsgeschützte Informationen. Die Interne Revision muss sich und den Prüfungspartnern die Frage beantworten, was nach dem Need-to-know-Prinzip im Rahmen der Prüfung zur Erreichung der Prüfungsziele angemessen und verhältnismäßig ist. Insbesondere ist es erforderlich, besonders vertrauliche Informationen auch während und nach der Prüfung adäquat zu schützen (s. Standard 5.2). Daher ist der Zugriff auf die Prüfungsunterlagen zu regeln, ggf. der Datenschutzbeauftragte der Organisation einzubinden und – bei Berührung von Mitarbeiterinteressen – auch der Personal-/Betriebsrat in die Abstimmung über eine beabsichtigte Prüfung einzubeziehen.

Prüfungsmethoden und -techniken

- Es kann beim Prüfungspartner der Wunsch bestehen zu erfahren, wie die Prüfung durchgeführt wird. Dann ist es hilfreich, zu erklären, mit welchen Mitteln die Daten und Informationen während der Prüfung erhoben werden, beispielsweise durch Einsichtnahme in Unterlagen und IT-Systeme,

Beobachtungen oder individuelle Interviews. Die Prüfungsleitung und das Prüfungsteam sollten in der Lage sein, den gewählten Ansatz zur Auswahl der Prüfungselemente zu erläutern. Wenn mehr als eine Einheit geprüft wird, sollte der prozesshafte Ansatz bzw. Ansatz zur Verfolgung der Arbeitsabläufe erklärt werden.

- Zu berücksichtigen ist die Festlegung der erforderlichen Unterlagen, die Zuständigkeit für die Datenlieferung, das zu verwendende Medium und die Terminplanung.

Berichterstattung

- Das Auftaktgespräch sollte bereits zur Erläuterung genutzt werden, wie über die Prüfungsergebnisse berichtet und wie insbesondere Prüfungsfeststellungen nachverfolgt werden. Die Prüfungsfeststellungen werden über festgestellte Risiken und Empfehlungen bzw. Maßnahmen zur Abhilfe Auskunft geben. Die Prüfungsleitung und das Prüfungsteam sollten den Prüfungspartnern auch die Bewertungsskala zur Einschätzung der Feststellungen erläutern. Ebenso ist zu erläutern, ob und wie Verbesserungen und positive Feststellungen berichtet werden.

Festlegen des Interviewplans

- Im Auftaktgespräch sollten die Ansprechpartner, die Interviewteilnehmer und die Vorgehensweise zur Vereinbarung von Prüfungsinterviews festgelegt werden. Hierbei sollten die Prüfungsleitung und das Prüfungsteam sich an den Gepflogenheiten in der Organisation orientieren. Man kann nicht grundsätzlich davon ausgehen, dass gewünschte Gesprächspartner immer ad hoc zur Verfügung stehen. Die Verfügbarkeit der Interviewpartner in den geprüften Einheiten sollte bestätigt und zeitliche Einschränkungen sollten, soweit akzeptabel, berücksichtigt werden.

Bestätigung des Schlussgesprächs

- Die Bedeutung des Schlussgesprächs ist für den Prüfungsprozess so groß, dass es bereits im Auftaktgespräch eine besondere Erwähnung verdient. Falls möglich, sollten bereits jetzt der Termin – so exakt wie möglich – und der Teilnehmerkreis festgelegt und bestätigt werden. Falls notwendig, sollten auch Termine für Zwischengespräche festgelegt werden.

Weitere Gespräche während der Prüfung

- Wenn eine Prüfung über einen längeren Zeitraum andauert, sollte der Prüfungspartner regelmäßig über den Prüfungsfortschritt informiert werden. Diese laufende Kommunikation schafft Transparenz und hilft der Internen Revision und dem Prüfungspartner, Missverständnisse oder Differenzen zu erkennen und auszuräumen.

Das Schlussgespräch (in den Global Internal Audit Standards Schlussmitteilung genannt) gibt der Internen Revision und dem Prüfungspartner Gelegenheit, die Ergebnisse des Auftrags abschließend zu besprechen, bevor das Ergebnis kommuniziert wird. Hier können etwaige Differenzen oder Meinungsverschiedenheiten über die Ergebnisse erörtert werden, um eine Einigung zu erzielen. Das Schlussgespräch soll auf Basis des qualitätsgesicherten Prüfungsergebnisses durchgeführt werden.

Die Einladung der zuständigen Kompetenzträger zur Schlussbesprechung nach Abschluss der Prüfungshandlungen ist frühzeitig zu koordinieren. An der Schlussbesprechung nehmen auf Seiten der Internen Revision i.d.R. die Revisionsleitung sowie Mitglieder des Prüfungsteams und die Prüfungsleitung teil. Der Prüfungspartner wird zumeist durch die zuständigen Führungskräfte und ausgewählte Mitarbeiterinnen und Mitarbeiter vertreten.

Schlussgespräche verschaffen den Internen Revisoren die Gelegenheit sicherzustellen, dass Prüfungsergebnisse vollständig kommuniziert und vom Prüfungspartner verstanden werden. Damit wird die Prüfung im Wesentlichen abgeschlossen.[147] Viele Interne Revisionen nutzen das Schlussgespräch, um

- den Entwurf der finalen Berichterstattung zu diskutieren und ein gemeinsames Verständnis zu erlangen über das Gesamturteil zu erlangen,
- eine Vereinbarung über die Prüfungsfeststellungen und Maßnahmen zu erzielen und
- die Prüfungsdurchführung abzuschließen.

Gegenstand der Besprechung sind in der Regel die im Rahmen der Prüfung getroffenen Feststellungen, die einzuleitenden Maßnahmen zur Behebung der Feststellungen sowie das Gesamturteil der Internen Revision. In Abhängigkeit von der Zielsetzung des Schlussgesprächs sollte die Interne Revision zur Vorbereitung bereits den Entwurf der finalen Berichterstattung bzw. eine Liste der Revisionsfeststellungen zur Verfügung stellen.

Ziel einer Schlussbesprechung soll in jedem Fall die weitgehend einvernehmliche Verabschiedung des Prüfungsergebnisses einschließlich der Maßnahmen, Verantwortlichkeiten und Umsetzungstermine sein. Uneinigkeit zwischen der Internen Revision und dem Prüfungspartner kann nicht immer verhindert werden. In diesem Fall sollte die Interne Revision einen definierten Eskalationsprozess nutzen, um den Sachverhalt zu klären. Wenn die Uneinigkeit bestehen bleibt, sind Art, Umfang und Bedeutung des Sachverhalts offen zu berichten.[148]

147 Vgl. Sawyer (2019), S. 277.
148 Vgl. Sawyer (2019), S. 290 f.

> Wenn über die Feststellungen oder Maßnahmen keine Einigung erzielt werden kann, so sollte die Interne Revision dem Prüfungspartner die Möglichkeit einer Stellungnahme in der finalen Berichterstattung einräumen. Hierdurch wird erreicht, dass die Berichtsempfänger mit der Berichterstattung immer ein vollständiges Bild erhalten: Entweder die finale Berichterstattung ist vollständig abgestimmt – und dies wird bei der Kommunikation auch erwähnt – oder es sind Stellungnahmen der Prüfungspartner enthalten. Dem Empfänger der Berichterstattung wird es somit erspart, die Stellungnahme der „Gegenseite" selbst einzuholen. Dies ist ein wichtiges Instrument der Adressatenorientierung.

Wird von den Prüfungspartnern keine Schlussbesprechung gewünscht, so kann auf diese verzichtet werden. In diesem Fall erfolgt eine andere, nachvollziehbare und dokumentierte Form der Abstimmung des Prüfungsergebnisses, bspw. über die schriftliche Abstimmung eines Berichtsentwurfs. Auch dies ist konform mit den Global Internal Audit Standards. Aber wenn die zeitlichen und personellen Rahmenbedingungen der Prüfung es zulassen, sollte vorzugsweise der Weg der Abstimmung und Vereinbarung vor Ort in einem gemeinsamen Gespräch gewählt werden.

Hinsichtlich der Anforderungen und der Komplexität kann man Schlussgespräche mit den Führungskräften eines Prüfungspartners und Schlussgespräche mit mehreren Prüfungspartnern unterscheiden.[149]

Bei Schlussgesprächen mit mehreren Prüfungspartnern muss die entstehende Gruppendynamik einkalkuliert werden. Die Gespräche können von expliziten oder impliziten hierarchischen Unterschieden, Neid, Missgunst, Voreingenommenheit oder von Erlebnissen der gemeinsamen Vergangenheit der Gesprächsteilnehmer geprägt sein.

Obwohl im Falle einer Teilnahme mehrerer Prüfungspartner das Schlussgespräch für die Interne Revision mit größeren Anstrengungen verbunden ist, kann davon ausgegangen werden, dass die Berichterstattung durch die Einbeziehung vieler verschiedener Know-how-Träger und Interessenvertreter hohen Ranges tendenziell ausgewogener ausfallen wird. Die gemeinsame Besprechung wird günstigstenfalls zu einem besseren Verständnis der Gesamtzusammenhänge, des Gesamtprozesses und der gegenseitigen Interessen aller Beteiligten führen.

5.1.2 Risikobeurteilung

Kern der Planungsphase für einer Revisionsauftrag ist die Risikobeurteilung bezüglich des Untersuchungsgegenstands.

Für die Prüfungsleitung und das Prüfungsteam beginnt die Prüfungsvorbereitung in der Regel mit einer ersten groben Stoffsammlung. Zunächst

149 Vgl. Puhani (2015), S. 229 f.

sind Hintergrundinformationen zu den Prüfungsfeldern aus allen verfügbaren Quellen (z.B. regulatorische Vorgaben, Standards und Best Practices, Geschäftsstrategien, organisatorische Regelungen, IT-Systeme, Gespräche/Interviews, Dauerakten, Vorprüfungen, interne und externe Prüfungsberichte, Datenanalysen etc.) zu sichten und zu würdigen.

Standard 13.2 Risikobeurteilung zu einem Auftrag

Interne Revisorinnen und Revisoren müssen ein Verständnis für den Untersuchungsgegenstand entwickeln, um die relevanten Risiken zu beurteilen. Bei Beratungsleistungen ist eine formelle, dokumentierte Risikobeurteilung, je nach Vereinbarung mit den relevanten Stakeholdern, möglicherweise nicht erforderlich.

Um ein angemessenes Verständnis zu entwickeln, müssen Interne Revisorinnen und Revisoren zuverlässige, relevante und ausreichende Informationen identifizieren und sammeln hinsichtlich:

- Der Strategien, Ziele und Risiken der Organisation, die für den Untersuchungsgegenstand relevant sind.
- Der Risikotoleranz der Organisation, falls festgelegt.
- Der Risikobeurteilung, die den Revisionsplan stützt.
- Der Governance-, Risikomanagement- und Kontrollprozesse des Untersuchungsgegenstands.
- Der anwendbaren Rahmenwerke, Leitlinien und anderer Kriterien, die zur Bewertung der Wirksamkeit dieser Prozesse verwendet werden können.

Interne Revisorinnen und Revisoren müssen die gesammelten Informationen überprüfen, um zu verstehen, wie die Prozesse funktionieren sollen.

Interne Revisorinnen und Revisoren müssen die zu überprüfenden Risiken ermitteln durch:

- Identifikation der potenziell wesentlichen Risiken für die Ziele des Untersuchungsgegenstands.
- Berücksichtigung spezifischer Risiken hinsichtlich Fraud.
- Bewertung der Wesentlichkeit der Risiken und ihre Priorisierung für die Überprüfung.

> Interne Revisorinnen und Revisoren müssen die Kriterien identifizieren, anhand derer das Management misst, ob die Funktion ihre Ziele erreicht.
>
> Wenn Interne Revisorinnen und Revisoren die relevanten Risiken für einen Untersuchungsgegenstand in früheren Aufträgen ermittelt haben, ist lediglich eine Überprüfung und Aktualisierung der Risikobeurteilung des früheren Auftrags erforderlich.
>
> Quelle: IIA/DIIR, Global Internal Audit Standards

Um ein Verständnis für den Untersuchungsgegenstand zu entwickeln und relevante Risiken zu beurteilen, sollte man verstehen, welche Gründe dazu geführt haben, den Auftrag in den Revisionsplan aufzunehmen. Sodann sind die für den Untersuchungsgegenstand geltenden Risiken zu untersuchen. Eine Grundlage dafür kann die organisationsweite Risikobeurteilung durch die Interne Revision oder durch das Risikomanagement sein. Auch die Erwartungen hinsichtlich der Ziele und des Umfangs des Auftrags müssen verstanden werden. Basis dafür ist das Sammeln von Informationen. Die gebräuchlichsten Informationsquellen für die Identifikation der Strategien, Ziele und Risiken sowie die Bewertung von Risiken sind:[150]

- Vorhandene Risikobeurteilungen der Internen Revision oder der Prüfungspartner, z.B. Risk Self Assessments.
- Ergebnisse früherer Aufträge der Internen Revision oder anderer Anbieter von Prüfungs- oder Beratungsleistungen und Arbeitspapiere dazu.
- Relevante Leitlinien des IIA, Gesetze, Vorschriften, branchenspezifische Standards und regulatorische Anforderungen.
- Organigramme und Stellenbeschreibungen zur Bestimmung von Verantwortlichkeiten.
- Leistungsmessungen, Trendanalysen, Finanzinformationen und andere Kennzahlen.
- Frühere Prüfungsergebnisse.
- Laufende Kontakte zu den Prüfungspartnern.
- Inspektion von physischen Einrichtungen.
- Richtlinien, Verfahren, Flussdiagramme und Berichte des Managements.
- Websites, Datenbanken und Systeme.
- Durchführen von Interviews.
- Beobachtung von Arbeitsabläufen.

150 Vgl. Sawyer (2019), S. 197 ff.

Alle diese Informationen helfen, die Ziele des Untersuchungsgegenstands, die Risiken, die das Erreichen dieser Ziele beeinträchtigen könnten, und die Kontrollen, mit denen diese Risiken gesteuert werden, zu verstehen. Die Schaffung eines gemeinsamen Verständnisses der Risiken des Untersuchungsgegenstands bei Interner Revision und Prüfungspartnern erhöht den Nutzen der Risikobeurteilung.

Die während des Auftrags zu untersuchenden Risiken sollen nach ihrer Bedeutung priorisiert werden. Bei den wesentlichen Risiken ist dann die Angemessenheit des Kontrolldesigns zu beurteilen und zu entscheiden, welche Kontrollen weiter auf ihre operative Wirksamkeit getestet werden sollen.

5.1.3 Ziele und Umfang

Im Rahmen der Planung sind insbesondere die Ziele eines Auftrags zu spezifizieren und der Umfang festzulegen, der zur Erreichung der Ziele betrachtet werden muss.

Standard 13.3 Auftragsziele und Auftragsumfang

Interne Revisorinnen und Revisoren müssen die Ziele und den Umfang jedes Auftrags festlegen und dokumentieren.

Die Auftragsziele müssen die Zielsetzung des Auftrags artikulieren und die spezifischen Ziele beschreiben, die erreicht werden sollen, einschließlich derer, die durch Gesetze und/oder Vorschriften vorgegeben sind.

Der Umfang muss den Schwerpunkt und die Grenzen des Auftrags festlegen, indem Funktionen, Standorte, Prozesse, Systeme, Komponenten, Zeitraum, der im Rahmen des Auftrags abgedeckt werden soll, und andere zu überprüfende Elemente angegeben werden, und er muss ausreichend sein, um die Auftragsziele zu erreichen.

Interne Revisorinnen und Revisoren müssen abwägen, ob der Auftrag auf die Erbringung von Prüfungs- oder Beratungsleistungen abzielt, da sich die Erwartungen der Stakeholder und die Anforderungen der Standards je nach Art des Auftrags unterscheiden.

Einschränkungen des Umfangs müssen mit dem Management besprochen werden, wenn sie festgestellt werden, um eine Lösung zu finden. Einschränkungen des Umfangs sind Bedingungen von Prüfungsaufträgen, die die Internen Revisorinnen und Revisoren daran hindern, ihre Arbeiten wie im Arbeitsprogramm vorgesehen durchzuführen, z.B. Ressourcenbeschränkungen oder Einschränkungen beim Zugang zu Personal, Einrichtungen, Daten und Informationen.

> Kann mit dem Management keine Einigung erzielt werden, muss die Revisionsleitung die Frage der Umfangsbeschränkung nach einem festgelegten Verfahren dem Leitungs- und Überwachungsorgan vortragen.
>
> Interne Revisorinnen und Revisoren müssen die Flexibilität haben, Änderungen an den Auftragszielen und dem Auftragsumfang vorzunehmen, wenn sich dies im Laufe der Revisionstätigkeit zu einem Auftrag als notwendig erweist.
>
> Die Revisionsleitung muss die Ziele und den Umfang des Auftrags sowie alle Änderungen während des Auftrags genehmigen.
>
> Quelle: IIA/DIIR, Global Internal Audit Standards

Die Ziele und der Umfang von Prüfungsaufträgen werden in der Regel von der Internen Revision festgelegt, während die Ziele und der Umfang von Beratungsaufträgen in der Regel gemeinsam von der Internen Revision und dem Management des Beratungsgegenstands festgelegt werden.

Die sorgfältige Festlegung von Zielen und Umfang während der Planungsphase ermöglicht:

- Konzentration auf die relevanten Risiken.
- Entwicklung des Arbeitsprogramms.
- Vermeidung von Doppelarbeiten oder Arbeiten, die keinen Mehrwert bringen.
- Festlegung der Zeitplanung.
- Zuweisung angemessener und ausreichender Ressourcen.

Bei der Auftragsplanung ist es für Interne Revisorinnen und Revisoren hilfreich, ein Planungsmemorandum zu entwickeln, mit dem sie die Ziele, den Umfang, die Risikobeurteilung und die priorisierten Bereiche für das Testing dokumentieren können. Das Planungsmemorandum ist auch ein wichtiges Dokument zur Kommunikation der Auftragsziele, des Umfangs und anderer wichtiger Hintergrundinformationen an die Mitglieder des Prüfungsteams.

Bereits während der Prüfungsvorbereitung besteht die Möglichkeit, mit dem Prüfungspartner ein gemeinsames Verständnis über den Prüfungsgegenstand und die zugrunde zu legenden Prüfungsgrundlagen zu entwickeln. Dies kann die spätere Prüfungsdurchführung vereinfachen und die Basis für eine konstruktive und partnerschaftliche Zusammenarbeit mit dem Prüfungspartner sein.

Für jede Prüfung ist eine Planung zu entwickeln und es sind die Ziele, Umfang, Zeitplan und zugeordnete Ressourcen zu dokumentieren. Hierbei kommt der Festlegung der Prüfungsziele eine besondere Bedeutung zu.

Die Prüfungsziele sind basierend auf den analysierten bzw. vermuteten Risiken festzulegen. Die Risikoorientierung der Internen Revision bezieht sich nicht nur auf die jährliche Revisionsplanung, sondern ist in jeder einzelnen Prüfung bereits eine grundlegende Voraussetzung zur Gestaltung der Prüfungsdurchführung.

Für eine Prüfung können ein Prüfungsziel oder mehrere Prüfungsziele definiert werden. In Abhängigkeit von dem Prüfungsziel kann die Prüfungsstrategie festgelegt werden. Die Prüfungsstrategie ist dabei so zu gestalten, dass die vorgesehenen Prüfungshandlungen vor dem Hintergrund der definierten Prüfungsziele eine möglichst objektive Aussage zu den festgestellten Prüfungsergebnissen ermöglichen.[151]

Hinsichtlich der Festlegung des Prüfungsumfangs ist entscheidend, dass mit dem betrachteten Umfang die Auftragsziele erreicht werden können. Bei der Festlegung des Prüfungsumfangs werden gemäß Top-down-Ansatz die wesentlichen Risiken der Organisation zugrunde gelegt. Die Schlüsselkontrollen, auf die sich die Organisation bei der Steuerung dieser Risiken stützt, müssen von der Prüfungsleitung identifiziert und in den Prüfungsumfang aufgenommen werden.

In der Literatur zur Internen Revision findet man viele verschiedene Definitionen und Klassifizierungen von Kontrollen. Eine gängige Definition lautet: Kontrollen umfassen durch das Management eingeführte Verfahren, Arbeitsanweisungen, Aufgaben und Aktivitäten, die angemessene Sicherheit darüber gewährleisten sollen, dass spezifische Ziele der Organisation erreicht werden.[152]

Amling und Bantleon bezeichnen Kontrollen als Maßnahmen, die in den jeweiligen Arbeitsabläufen als Teilprozess integriert sind, d.h. sie sind im Rahmen der Ablauforganisation in Arbeitsabläufen, Arbeitsanweisungen, Stellenbeschreibungen usw. fixiert.[153] Kontrolle bezeichnet die prozessintegrierte Überwachung. Hierbei können Kontrollen eine vorbeugende, eine korrigierende/verhindernde und eine aufdeckende Zielsetzung besitzen. Man unterscheidet manuelle und automatisierte Kontrollen.

Das IIA definiert den Begriff der Kontrolle im Glossar der Standards:

> Kontrolle – Jede Maßnahme des Managements, des Leitungs- und Überwachungsorgans oder anderer Stellen, die dazu dient, Risiken zu steuern und die Wahrscheinlichkeit zu erhöhen, dass festgesetzte Ziele und Vorgaben erreicht werden.

151 Vgl. DIIR-Arbeitskreis MaRisk, S. 59.
152 Vgl. ISACA (2019), S. 41.
153 Vgl. Amling und Bantleon (2009), S. 39.

Zur Unterscheidung und weiteren Charakterisierung von verschiedenen Arten von Kontrollen hebt die ISACA die „General Controls" (Allgemeine Kontrollen) als Teilmenge der Kontrollen hervor.

Allgemeine Kontrollen finden auf alle Bereiche einer Organisation einschließlich IT, Infrastruktur und Unterstützungsleistungen Anwendung.[154] Allgemeine Kontrollen beinhalten:

- Kontrollen im internen Rechnungswesen, die dazu dienen, Vermögenswerte zu sichern und die Verlässlichkeit der Finanzdaten zu erhöhen.
- Operative Kontrollen, die alltägliche Transaktionen, Funktionen und Aktivitäten betreffen, und die sicherstellen, dass die Tätigkeiten in Einklang mit den Geschäftszielen ausgeführt werden.
- Administrative Kontrollen, die die Effizienz eines funktionalen Bereichs und die Übereinstimmung mit Vorgaben des Managements betreffen. (Administrative Kontrollen unterstützen die operativen Kontrollen, die die Effizienz von Vorgängen und die Einhaltung von Verfahren der Organisation betreffen.)
- Verfahren und Anweisungen der Organisationssicherheit, die die korrekte Nutzung von Information und Technologie sicherstellen.
- Übergreifende Verfahren zur Erstellung und Nutzung angemessener Dokumente und Aufzeichnungen (manuell oder automatisch), die helfen, den korrekten Nachweis von Geschäftsvorfällen sicherzustellen (Audit Trail).
- Anweisungen und Tätigkeiten, die eine angemessene Sicherheit beim Zugriff auf und bei der Nutzung von Vermögenswerten und Einrichtungen gewährleisten.
- Physische und logische Sicherheitsvorgaben für alle Rechenzentren und IT-Ressourcen (z.B. Server und Telekommunikationsinfrastruktur).

Das IIA definiert auch Kontrollprozesse im Glossar der Standards:

> Kontrollprozesse – Die Richtlinien, Verfahren und Aktivitäten, die entwickelt und angewendet werden, um Risiken so zu managen, dass sie innerhalb der Risikotoleranz einer Organisation liegen.

Eine besondere Bedeutung unter den Kontrollen, die das Management nutzt, um Risiken zu steuern, haben die Schlüsselkontrollen. Als Schlüsselkontrollen bezeichnet man alle Kontrollen, die erforderlich sind, um hinreichende Sicherheit zu gewährleisten, dass kritische Risiken wirksam gesteuert wer-

154 Vgl. ISACA (2019), S.43.

den. Schlüsselkontrollen sind erforderlich, um die Risiken im Zusammenhang mit einem kritischen Geschäftsziel zu steuern.

Das Interne Kontrollsystem umfasst Überwachungsvorgänge, die in den organisationsinternen Ablauf eingebettet sind, und die Überwachungsvorgänge, bei denen der Überwachungsträger für die Überwachung eines Prozesses verantwortlich ist, ohne in den organisationsinternen Ablauf eingebettet zu sein.[155] Mit dem Internen Kontrollsystem werden die wichtigen Kontrollen einer Organisation ziel- und ergebnisorientiert gestaltet, verbessert und immer wieder erneuert.

Für eine Revisorin und einen Revisor ist es vor dem Beginn der Prüfungsdurchführung notwendig, sich mit den Kontrollen im Prüfungsobjekt vertraut zu machen. Die Phase der Prüfungsvorbereitung umfasst folgende drei Teile:

(1) eine formale Auswertung der Dokumentation („Schreibtischprüfung"),

(2) eine Durchsicht von relevanten Dokumenten mit der Absicht, Fragestellungen in das Arbeitsprogramm aufzunehmen und

(3) die Aufnahme und Darstellung von Prozessen, um ein Verständnis für die Prozesse zu entwickeln. Eine Revisorin oder ein Revisor sollte verschiedene Techniken einsetzen, um die Systeme und Prozesse des Prüfungsobjektes zu verstehen.[156]

Für eine ganzheitliche Beurteilung der Kontrollumgebung dürfen Revisorinnen und Revisoren IT-basierte Kontrollen nicht ausblenden. Interne Revisorinnen und Revisoren haben immer schon ein Basis-IT-Wissen benötigt, eine tragfähige Grundlage an Kenntnissen über allgemeine Prüfungstools und ein funktionales Verständnis der Datenflüsse und Infrastrukturen in ihren Organisationen. Was sich in den letzten Jahren aber mit dem Fortschritt der Technologien verändert hat, und was sich in der Zukunft fortsetzen wird, ist das Verständnis von „Basis", „Grundlage", „allgemein" und „funktional". Ein High-Level-Verständnis der Infrastruktur und der Anwendungen in der Organisation ist die Basis. Zusätzlich sollte jede Revisorin und jeder Revisor die IT-Risiken kennen und die allgemeinen IT-Kontrollen, die diese Risiken mitigieren. Revisoren müssen verstehen, wie Daten in Geschäftsprozesse integriert sind.[157] Allerdings ist ein Mangel an Menschen mit umfassenden und tiefen IT-Kenntnissen zu erkennen, die als Interne Revisorin oder Revisor tätig sein wollen. In Abbildung 31 sind einige der Quellen dargestellt, aus denen sich das gesuchte IT-Know-how zusammensetzt.[158]

---

155 Vgl. Lück (2000), S. 53.
156 Vgl. Russel (2007), S. 53.
157 Vgl. Gossens (2019), S. 132.
158 Vgl. Bünis und Gossens (2022), S. 67.

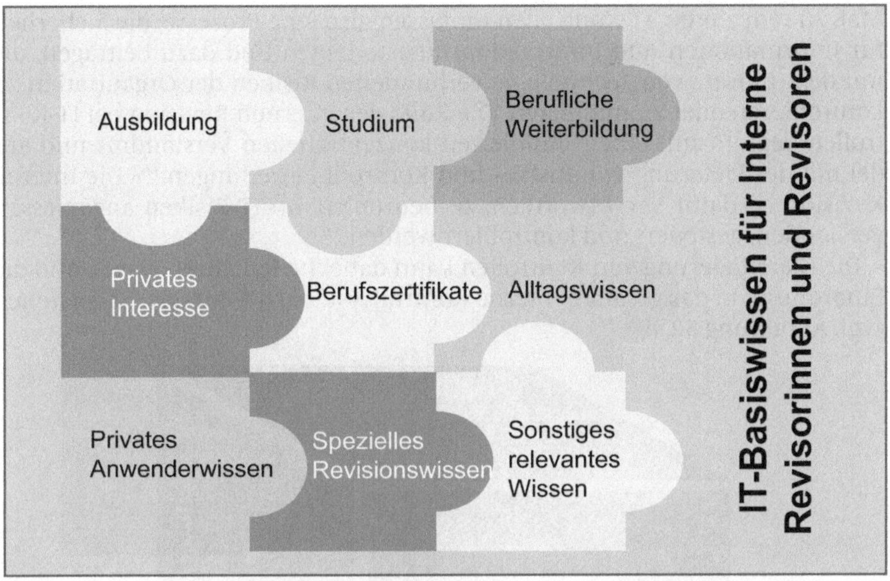

Abbildung 31: Quellen des IT-Basiswissens von Revisorinnen und Revisoren

Im Rahmen seiner Global Guidance innerhalb des IPPF hat das IIA die Global Technology Audit Guides (GTAG) herausgegeben. Drei dieser GTAGs wollen wir explizit aufgreifen,[159] da diese unserer Meinung nach in besonderer Weise für alle Mitarbeiterinnen und Mitarbeiter in der Internen Revision einen intuitiven Zugang zu den Grundlagen der IT ermöglichen. Alle drei werden vom IIA explizit als Wissensgrundlage im Internal Audit Competency Framework aufgeführt.[160] Aber selbstverständlich bieten auch die anderen GTAGs hilfreiche Anleitungen zur Durchführung von IT-bezogenen Revisionsprüfungen.

GTAG Information Technology Risk and Controls

Einen guten und sinnvollen Einstieg bietet der GTAG „Information Technology Risk and Controls".[161] Dieser definiert die begrifflichen Grundlagen für die anderen GTAGs und ist deshalb von besonderer Bedeutung. Außerdem beschreibt er ausführlich die Prämissen zum Umgang mit dem Thema IT in der Internen Revision.

Gemäß „Information Technology Risk and Controls" kann Kontrolle definiert werden als der Prozess, der in das Risikomanagement eingebettet ist und vom Management durchgeführt wird, um Risiken auf ein akzeptables

159 Im Einzelnen: „Information Technology Risk and Controls", „IT Essentials for Internal Auditors" sowie „Auditing IT Governance".

160 Vgl. IIA (2020a).

161 Vgl. IIA (2012b).

Maß zu reduzieren. IT-Kontrollen umfassen also jene Prozesse, die Sicherheit für Informationen und Informationsdienste bieten und dazu beitragen, die mit dem Einsatz von Technologie verbundenen Risiken der Organisation zu kontrollieren oder zu mitigieren. Die Rolle der Internen Revision bei IT-Kontrollen beginnt mit einem fundierten konzeptionellen Verständnis und endet mit der Lieferung von Risiko- und Kontrollbeurteilungen.[162] Die Interne Revision ist dafür verantwortlich, zu beurteilen, ob IT-Risiken angemessen verstanden, gesteuert und kontrolliert werden.[163]

Die Klassifizierung von Kontrollen kann dabei helfen, ihren Zweck und die Einordnung in das gesamte Interne Kontrollsystem (IKS) besser zu verstehen (vgl. Abbildung 32).[164, 165]

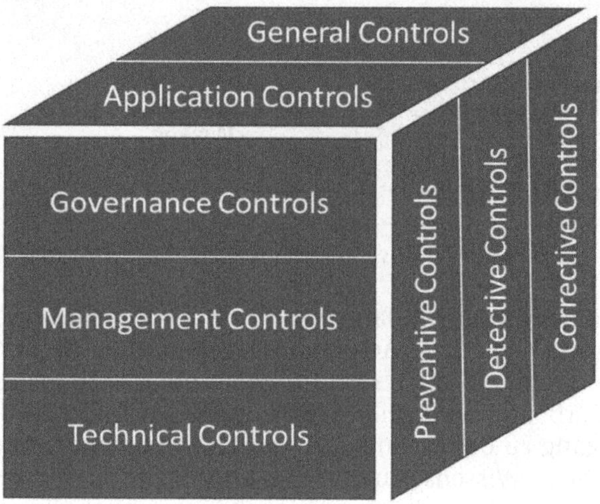

Abbildung 32: Klassifizierung von Kontrollen gemäß IIA

Grundsätzlich lassen sich Kontrollen in präventive, detektive und korrektive Kontrollen einteilen.[166] Präventive Kontrollen verhindern Fehler, Versäumnisse oder Sicherheitsvorfälle. Detektive Kontrollen helfen, Fehler oder Vorfälle zu entdecken, die sich den präventiven Kontrollen entziehen konnten. Korrektive Kontrollen korrigieren Fehler, Versäumnisse oder Vorfälle, nachdem sie entdeckt wurden. Das Konzept eines Kontrollsystems bezeichnet die integrierte Sammlung von Kontrollkomponenten und -tätigkeiten, die von einer Organisation angewendet werden, um ihre Ziele zu erreichen.[167]

162 Vgl. IIA (2012b), S. 3 f.

163 Vgl. Ibrahim (2014), S. 19.

164 Vgl. Anderson et al. (2017), S. 7–14.

165 Vgl. IIA (2012b), S. 16.

166 Vgl. IIA (2012b), S. 17.

167 Vgl. zur Systematisierung von Kontrollen auch Bünis und Gossens (2020), S. 117–119.

IT-Kontrollen werden traditionell als allgemeine Kontrollen (IT General Controls) und Anwendungskontrollen (IT Application Controls) klassifiziert:

- Allgemeine IT-Kontrollen sind übergreifende und durchdringende Kontrollen der IT-Umgebung.[168] Sie gelten für alle Systemkomponenten, Prozesse und Daten einer bestimmten Organisation oder Systemumgebung.
- IT-Anwendungskontrollen sind Kontrollen, die durch die IT-Anwendung selbst unterstützt werden und den einzelnen Geschäftsprozess betreffen.[169] Anwendungskontrollen umfassen Kontrollen innerhalb einer Anwendung rund um Eingabe, Verarbeitung und Ausgabe.

Eine weitere Möglichkeit, Kontrollen zu klassifizieren, bietet die Gruppe bzw. Funktion, die dafür verantwortlich ist, dass die Kontrollen ordnungsgemäß implementiert und durchgeführt werden. Abbildung 33 detailliert, was unter Governance, Management und Technical Controls zu verstehen ist.[170]

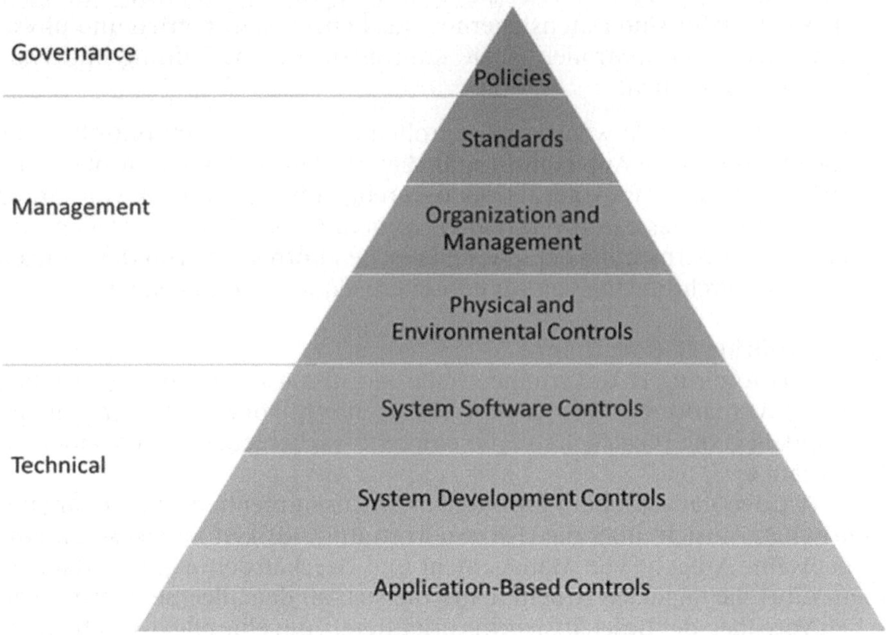

Abbildung 33: IT-Kontrollrahmenwerk gemäß IIA

IT-Kontrollen auf der Governance-Ebene einer Organisation sind eine wichtige Teilmenge des gesamten IKS.Diese IT-Kontrollen fallen in die Verantwortung des Managements. Das Management ist dafür verantwortlich, dass

168 Vgl. Bungartz (2020), S. 73.
169 Vgl. Bungartz (2020), S. 74.
170 Vgl. Anderson et al. (2017), S. 7–14.

IT-Kontrollen angemessen konzipiert und wirksam implementiert sind. Dabei sind die Ziele der Organisation, die Risiken, die der Zielerreichung gegenüberstehen, und die Geschäftsprozesse und Ressourcen zu berücksichtigen.

Technische Kontrollen bilden die Grundlage für die Verlässlichkeit nahezu aller anderen Kontrollen innerhalb der Organisation. Sie sind das Rückgrat des Kontrollrahmenwerks auf Managementebene. Wenn sie schwach ausgeprägt sind, betrifft dies das gesamte IKS.Technische IT-Kontrollen beziehen sich auf die in der Organisation genutzten Technologien der IT-Infrastruktur.

Folgt man der Einteilung in allgemeine IT-Kontrollen und Anwendungskontrollen, so gibt es zwei Arten von IT-Prüfungen. Diese sind beide notwendig, um eine vollständige, sichere und ordnungsgemäße Informationsverarbeitung zu gewährleisten:

- Die Prüfung allgemeiner Kontrollen bezieht sich auf umfassende Kontrollen, die für alle Bereiche der Organisation gelten, einschließlich IT-Infrastruktur und Support-Services, und für eine Vielzahl von Anwendungen. Beispiele dafür sind Datensicherheit, Rechenzentrumsbetrieb und physische Sicherheitskontrollen sowie Kontrollen bei Anschaffung und Wartung von Systemen.
- Die Prüfung von Anwendungskontrollen bezieht sich auf Kontrollen, die spezifisch für eine Applikation sind. Ziel der Anwendungskontrolle ist es, sicherzustellen, dass Transaktionen durchgeführt, autorisiert, vollständig und korrekt erfasst und verarbeitet werden. Anwendungskontrollen umfassen die Überprüfung der mathematischen Korrektheit von Datensätzen und die Durchführung von numerischen Sequenzprüfungen.[171]

GTAG Auditing IT-Governance

Der GTAG Auditing IT-Governance stellt den Bezug zwischen IT-Kontrollen und IT-Governance her. Wenn Kontrollen schlecht konzipiert oder mangelhaft sind, liegt die Ursache häufig in einer schwachen oder unwirksamen IT-Governance.[172]

Die IT-Governance steht in unmittelbarem Zusammenhang mit der organisatorischen Aufsicht über die IT-Ressourcen und -Risiken und ist somit eine gemeinsame Aufgabe von Management und Geschäftsleitung. Das Management führt die täglichen Arbeiten aus, die sich an den allgemeinen strategischen Vorgaben der Geschäftsleitung orientieren, um eine effektive, effiziente und akzeptable Nutzung der IT-Ressourcen zu gewährleisten. Zu den wichtigsten Ergebnissen einer wirksamen IT-Governance gehören:

- Die IT-Strategien sind auf die Organisationsziele abgestimmt.
- Risiken werden erkannt und angemessen verwaltet.

171 Vgl. Ibrahim (2014), S. 19.
172 Vgl. IIA (2018b), S. 4.

- IT-Investitionen werden so optimiert, dass sie einen Mehrwert für die Organisation darstellen.
- Die IT-Leistung wird anhand aussagekräftiger Kennzahlen definiert, gemessen und berichtet.
- Die IT-Ressourcen werden effektiv verwaltet.

Eine schlechte IT-Governance kann erhebliche negative Auswirkungen auf eine Organisation haben, sowohl in finanzieller Hinsicht als auch in Bezug auf den Ruf. Die Bewältigung dieser Auswirkungen erfordert Zeit, Energie und Geld. Entgegen der früher weit verbreiteten Entfremdung zwischen der Geschäftsleitung und der IT-Abteilung, die nur dazu da war, alltägliche IT-Services zu erbringen, ist die entscheidende Bedeutung der IT für die Entwicklung von Wettbewerbsvorteilen und für die Erreichung der strategischen Ziele der Organisation heute weithin anerkannt. Für eine risikoorientierte Interne Revision ist die Beschäftigung mit den Komponenten der IT-Governance daher essenziell. Wie in Abbildung 34 dargestellt, wurden die Schlüsselkomponenten einer effektiven IT-Governance in drei Kategorien eingeteilt, die man mit Organisationsstrukturen, IT-Prozesse und IT-Verfahren bezeichnen kann.[173]

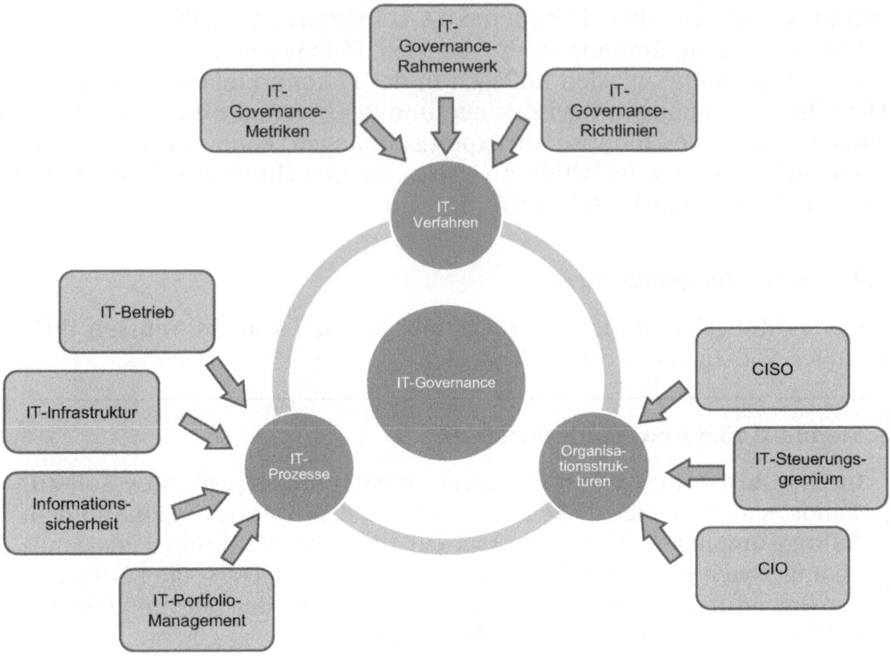

Abbildung 34: IT-Governance-Komponenten gemäß IIA

173 Vgl. IIA (2018b), S. 10f.

GTAG IT Essentials for Internal Auditors
Der GTAG IT Essentials for Internal Auditors bietet wesentliches und aktuelles Wissen zum Thema IT.

Inhaltlich beschäftigt sich der GTAG mit

- der Beziehung zwischen IT und Geschäftsbetrieb,
- verschiedenen Netzwerkstrukturen, Komponenten und verwandten Konzepten,
- der IT-Infrastruktur, einschließlich Hardware, Software und Datenbanken,
- der Nutzung, Implementierung und Entwicklung von Anwendungen in Organisationen,
- sowie Themen wie Data Analytics, Social Media, Machine Learning und KI, Robotic Process Automation und mehr.

Dieser Leitfaden führt in die grundlegenden IT-Kompetenzen ein und vermittelt das IT-Verständnis, das jede Revisorin und jeder Revisor benötigt. Er behandelt operative und strategische Themen sowie die zugrundeliegenden Technologien selbst. Der GTAG geht nicht im Detail auf IT-Kontrollen oder IT-Prüfungen ein, weil diese in anderen IIA-Leitfäden behandelt werden.

Für jede Interne Revision ist es essenziell, IT-Experten im Team zu haben, die auf Augenhöhe mit den Kollegen in der IT kommunizieren. Gründliche IT-Prüfungen benötigen Revisorinnen und Revisoren, die die Sprache der IT sprechen. Wenn es Inhouse an Expertise mangelt, kann Outsourcing oder Co-Sourcing die bessere Alternative sein, als schlecht vorbereitete Prüferinnen und Prüfer in technische Prüfungen zu schicken.

5.1.4 Bewertungskriterien

Bevor Prüfungshandlungen durchgeführt werden können, müssen die erwarteten Soll-Zustände ermittelt werden.

Standard 13.4 Bewertungskriterien

Interne Revisorinnen und Revisoren müssen die relevantesten Soll-Zustände ermitteln, die zur Bewertung der in den Auftragszielen und dem Auftragsumfang festgelegten Aspekte des Untersuchungsgegenstands herangezogen werden sollen. Bei Beratungsleistungen ist die Festlegung von Bewertungskriterien je nach Vereinbarung mit den relevanten Stakeholdern möglicherweise nicht erforderlich.

> Interne Revisorinnen und Revisoren müssen beurteilen, inwieweit Geschäftsleitung und Überwachungsorgan angemessene Soll-Zustände festgelegt haben, um festzustellen, ob der Untersuchungsgegenstand seine Ziele und Vorgaben erreicht hat. Wenn diese Soll-Zustände angemessen sind, müssen die Internen Revisorinnen und Revisoren sie für die Bewertung verwenden. Sind die Soll-Zustände unzureichend, müssen die Internen Revisorinnen und Revisoren in Gesprächen mit Geschäftsleitung und/oder Überwachungsorgan geeignete Kriterien ermitteln.
>
> Quelle: IIA/DIIR, Global Internal Audit Standards

Interne Revisorinnen und Revisoren sollen sich auf die für den Auftrag relevantesten Bewertungskriterien konzentrieren. Diese Kriterien sollen den Soll-Zustand des Gegenstands darstellen und spezifisch und praktikabel sein. Interne Revisorinnen und Revisoren vergleichen den Soll-Zustand mit dem Ist-Zustand. Der Soll-Zustand besteht aus den erwarteten Ergebnissen, während der Ist-Zustand durch die tatsächlichen Ergebnisse offenbart wird. Der Soll-Ist-Vergleich im Rahmen der Prüfungsdurchführung ist die Basis potenzieller Feststellungen der Internen Revision und der Gesamturteile. Angemessene Soll-Zustände sind relevant, an den Zielen der Organisation ausgerichtet und führen zu zuverlässigen Vergleichen. Beispiele sind:

- Richtlinien, Verfahren, Key Performance Indicators (KPIs) oder Ziele für den Untersuchungsgegenstand.
- Gesetze, Vorschriften und vertragliche Verpflichtungen.
- Rahmenwerke, Standards, Leitlinien und Benchmarks.
- Bewährte organisatorische Verfahren.

Die Bestimmung der Kriterien, die am besten zum Erreichen der Auftragsziele geeignet sind, erfordert von den Internen Revisorinnen und Revisoren ein professionelles Urteilsvermögen.

5.1.5 Ressourcen zur Auftragsdurchführung

Zur Durchführung von Revisionsaufträgen müssen die angemessenen personellen und technologischen Ressourcen zur Verfügung stehen. Art und Komplexität des Auftrags sind entscheidend für die Menge und die Art der Ressourcen, die eingeplant werden müssen.

Standard 13.5 Auftragsressourcen

Bei der Planung eines Auftrags müssen Interne Revisorinnen und Revisoren die Arten und Mengen von Ressourcen ermitteln, die zum Erreichen der Auftragsziele erforderlich sind.

Interne Revisorinnen und Revisoren müssen Folgendes berücksichtigen:

- Art und Komplexität des Auftrags.
- Zeitrahmen, in dem der Auftrag abgeschlossen werden soll.
- Ob die verfügbaren finanziellen, personellen und technologischen Ressourcen angemessen und ausreichend sind, um die Ziele des Auftrags zu erreichen.

Wenn die verfügbaren Ressourcen unangemessen oder unzureichend sind, müssen Interne Revisorinnen und Revisoren die Bedenken mit der Revisionsleitung besprechen, um die Ressourcen zu beschaffen.

Quelle: IIA/DIIR, Global Internal Audit Standards

Das Identifizieren und Zuweisen von Ressourcen ist Aufgabe der Revisionsleitung oder einer von ihr benannten Prüfungsleitung. Um die Qualität der Planung nach und nach zu verbessern, ist es sinnvoll, dass die Revisorinnen und Revisoren die tatsächlich aufgewendete Zeit für die Durchführung eines Auftrags im Vergleich zur budgetierten Zeit dokumentieren. Die Dokumentation kann überprüft werden, um die zukünftige Ressourcenplanung zu verbessern.

Bei der Spezifikation eines Prüfungsauftrags sollte die Leitung der Internen Revision die Schlüsselfaktoren für den Prüfungserfolg in Betracht ziehen und den geeigneten Qualifikationsmix und die Menge an Ressourcen festlegen, die zur Durchführung des jeweiligen Auftrags erforderlich sind. Nach der Bestimmung der Kompetenzanforderungen müssen festgelegt werden:[174]

- Struktur des Prüfungsteams.
- Profile der Revisorinnen und Revisoren, die den Auftragsspezifikationen entsprechen.
- Quellen für Ressourcen, wenn sie insbesondere bei kleinen Revisionseinheiten nicht innerhalb der Internen Revision vorhanden sind.
- Potenzielle Interessenkonflikte: Identifizierte Konflikte müssen ggf. gelöst werden, indem andere Ressourcen ausgewählt werden.

174 Vgl. Sawyer (2019), S. 304.

Insbesondere bei kleinen Internen Revisionen werden Aufträge auch an einzelne Prüferinnen oder Prüfer vergeben. In diesem Fall sollte besonders darauf geachtet werden, dass die betreffende Person die Kompetenz hat, alle Prüfungsziele zu erreichen.

Bei größeren Aufträgen kann das Prüfungsteam z.B. eine Prüfungsleitung umfassen, die den Auftrag plant, die Arbeit der einzelnen Teammitglieder beaufsichtigt und den Berichtsentwurf verfasst, sowie mehrere Revisorinnen und Revisoren, die Prüfungsschritte und Tests von Kontrollen durchführen.[175] Die Prüfungsleitung ist verantwortlich für die Ermittlung des Gesamturteils im Prüfungsergebnis.

In der Regel wird ein Prüfungsauftrag an eine Prüfungsleiterin oder einen Prüfungsleiter vergeben und die Verteilung der Rollen und Tätigkeiten ist über den definierten Revisionsprozess und die Aufbauorganisation dauerhaft festgelegt. Die Erteilung des Prüfungsauftrags und die Benennung der Prüfungsleitung müssen so rechtzeitig erfolgen, dass dem Prüfungsteam genügend Zeit für die Prüfungsvorbereitung verbleibt. Wegen der besonderen Bedeutung der Prüfungsleitung als zentrale Rolle für die erfolgreiche Prüfungsdurchführung sind bei ihrer Auswahl und Benennung neben der ausreichenden Führungsqualifikation auch die Erfahrungen und speziellen Fachkenntnisse zu berücksichtigen.

Die notwendigen operativen Tätigkeiten während der Prüfungsvorbereitung werden durch die Prüfungsleitung verantwortet. Dabei hat die Prüfungsleitung in Abhängigkeit von der Komplexität der Prüfung die Möglichkeit, einzelne Tätigkeiten zu delegieren oder weitere Fachprüferinnen und/ oder -prüfer hinzuzuziehen.

Jede Prüfung hat eine Prüfungsleitung, auch wenn nur eine Person für die Prüfung benannt wird. Die Prüfungsleitung ist u.a. verantwortlich für die in der Abbildung 35 aufgeführten Aufgaben.

Im Regelfall berichtet die Prüfungsleitung der Revisionsleitung über alle die Prüfung betreffenden wesentlichen Sachverhalte. Die Prüfungsleitung ist auch erster Ansprechpartner und Kontakt zu den Prüfungspartnern.

Entsprechend der Zielsetzung der Prüfung sind fachlich versierte Revisorinnen und Revisoren für das Prüfungsteam vorzusehen. Sofern die Prüfung nicht allein durch die Prüfungsleitung durchgeführt wird, sind Aufgaben und Verantwortlichkeiten im Team festzulegen.[176] Zur Vergabe von Aufgabenpaketen haben sich in der Prüfungspraxis mit der Komplettvergabe zu Prüfungsbeginn und der sequenziellen Vergabe im Verlauf der Prüfung zwei Verfahren herausgebildet.[177] Bei Prüfungen mit einem größeren Prüfungsteam und einem hohen zeitlichen Aufwand empfiehlt es sich zudem, Meilensteine festzulegen.

175 Vgl. Sawyer (2019), S.305.

176 Vgl. DIIR-Arbeitskreis MaRisk, S.53.

177 Vgl. Lauer und Liebe (2015), S.112.

Aufgaben der Prüfungsleitung

- Vorbereitung des Arbeitsprogramms
- Vorbereitung des Auftakt- und Schlussgespräches
- Richtigkeit der Prüfungsergebnisse
- Erstellung des Prüfungsberichts
- Performance des Prüfungsteams
- Kommunikation mit der Revisionsleitung
- Follow-up
- Einhaltung der Standards und der Methoden der Internen Revision
- Dokumentation der Prüfung

Abbildung 35: Aufgaben der Prüfungsleitung

Im Verlauf der Prüfung ist es die Aufgabe der Prüfungsleitung, fortlaufend zu überprüfen, ob der im Vorfeld festgelegte Prüfungsumfang und die Prüfungsschwerpunkte noch sachgerecht und angemessen sind. Ist dies nicht der Fall, sind Anpassungen vorzunehmen, zu begründen und in Abhängigkeit vom Sachverhalt kompetent zu genehmigen.[178]

Es ist allerdings wichtig, nicht nur die Mitarbeiterressourcen aufzulisten, sondern auch die verfügbare Technologie, die für die Erreichung der Prüfungsziele hilfreich oder notwendig ist. Außerdem ist zu berücksichtigen, ob zusätzliche externe Ressourcen bzw. Technologie für die Durchführung des Auftrags notwendig sind.

5.1.6 Das Arbeitsprogramm

Das Ergebnis der Planungsphase eines Revisionsauftrags ist ein dokumentiertes Arbeitsprogramm, welches die durchzuführenden Prüfungs- oder Beratungstätigkeiten der Internen Revision enthält.

178 Vgl. DIIR-Arbeitskreis MaRisk, S. 59.

Standard 13.6 Arbeitsprogramm

Interne Revisorinnen und Revisoren müssen ein Arbeitsprogramm erstellen und dokumentieren, um die Auftragsziele zu erreichen.

Das Arbeitsprogramm muss auf den während der Auftragsplanung gewonnenen Informationen basieren, gegebenenfalls einschließlich der Ergebnisse der Risikobeurteilung zu dem Auftrag.

Das Arbeitsprogramm zum Auftrag muss Folgendes enthalten:

- Soll-Zustände, die bei der Bewertung jedes Ziels verwendet werden.
- Tätigkeiten zur Erreichung der Auftragsziele.
- Methoden, einschließlich der zu verwendenden analytischen Verfahren, und Tools zur Durchführung der Tätigkeiten.
- Interne Revisorinnen und Revisoren, die mit der Ausführung jeder Tätigkeit beauftragt sind.

Die Revisionsleitung muss das Arbeitsprogramm überprüfen und genehmigen, bevor es umgesetzt wird, und im Falle von späteren Änderungen unverzüglich nochmals überprüfen und genehmigen.

Quelle: IIA/DIIR, Global Internal Audit Standards

Das Arbeitsprogramm baut auf den während der Planung des Auftrags gesammelten Informationen auf und beschreibt die Tätigkeiten, die zur Erreichung der Ziele des Auftrags eingesetzt werden sollen. Selbstverständlich hängt der Detaillierungsgrad eines Arbeitsprogramms von der Art des Auftrags ab. Auch die anzuwendenden Methoden sind zu dokumentieren. Zu beachten ist, dass bei der Verwendung von Stichproben die Methode der Stichprobenziehung, die Ermittlung der Stichprobengröße und die Angabe der Möglichkeit der Hochrechnung des Stichprobenergebnisses auf die Grundgesamtheit dokumentiert werden. Die Risiken und Kontrollen, die während der Risikobeurteilung des Auftrags identifiziert wurden, können mit einem Testansatz verknüpft werden, um die Wirksamkeit der Kontrollen zu prüfen.

Vor der Entwicklung des Arbeitsprogramms kann es für Interne Revisorinnen und Revisoren eventuell nützlich sein, folgende Aspekte des anstehenden Auftrags zu berücksichtigen:

- Die angemessene Stichprobengröße für das Testing und anzuwendende Methoden.
- Das Risikoregister oder die Risikomatrix und wie diese bei der Entwicklung des Arbeitsprogramms anzuwenden sind.
- Den Umfang des Auftrags.

- Überlegungen wie die Auftragsziele erreicht werden können.
- Die Beurteilung, ob die notwendigen Ressourcen zur Verfügung stehen.
- Die Urteile und die Schlussfolgerungen aus der Planungsphase des Auftrags.

Gewöhnlich genutzte Formate für ein Arbeitsprogramm umfassen Standardvorlagen oder Checklisten zur Dokumentation der Abarbeitung von Planungsschritten, Memoranden, die erledigte Aufgaben zusammenfassen, und zusätzliche Spalten in der Risiko-Kontroll-Matrix. Gut dokumentierte Arbeitsprogramme helfen dabei, Funktionen, Verantwortlichkeiten und Aufgaben an die Mitglieder des Teams zu kommunizieren. Sie können die Freizeichnung für abgeschlossene Arbeiten, die Namen der Prüferinnen und Prüfer, die die Arbeiten durchgeführt haben, und das Datum der Ausführung der Arbeiten beinhalten.

Zu beachten ist, dass die Standards an dieser Stelle die Genehmigung des Arbeitsprogramms vorsehen. Dies ist als Bestandteil der laufenden Qualitätssicherung von Prüfungen im Rahmen des Qualitätssicherungs- und Verbesserungsprogramms der Internen Revision zu sehen. Die Revisionsleitung ist zuständig für die Genehmigung, sie kann dies aber auch delegieren.

Häufig wird das Arbeitsprogramm während der Prüfung angepasst werden, z.B. weil sich Veränderungen im Fokus der Prüfung ergeben oder zunächst nicht bekannte Änderungen in Aufbauorganisationen, Prozessen oder IT-Systemen offenkundig werden. Auch diese Anpassungen sind zu genehmigen.

Die Prüfungsschwerpunkte und die Prüfungstiefe spiegeln sich in den geplanten Prüfungshandlungen im Arbeitsprogramm (auch: Prüfungsleitfäden, strukturierte Checklisten) wider.

Die Grundlage für das Arbeitsprogramm sind die fachlichen und organisatorischen Anforderungen an die Prüfungspartner. Die Erstellung des Arbeitsprogramms ist die Aufgabe der Prüfungsleitung. Das Arbeitsprogramm ist ein Hilfsmittel, um zu prüfen, inwieweit das tatsächliche Handeln des Prüfungspartners dem entspricht, was gemäß dem Soll-Zustand zu erwarten ist. Das Arbeitsprogramm sollte Prüfungshandlungen bzw. zu klärende Fragen, Erläuterungen und Feststellungen enthalten, die sich jeweils auf eine Anforderung beziehen.

Der Prüfungspartner hat selbstverständlich das Recht, Ursprung und Quelle der jeweiligen Anforderung zu hinterfragen. Die Prüfungsleitung sollte in der Lage sein, diese Fragen ausführlich, objektiv und nachvollziehbar zu beantworten. Der Zweck des Arbeitsprogramms ist, das Prüfungsteam bei der Sammlung von Prüfungsnachweisen zu unterstützen. Das Programm führt das Team durch die Prüfung und bietet ihm die Möglichkeit, die gewonnen Informationen strukturiert zu dokumentieren und zu speichern.

Das Arbeitsprogramm sollte vor dem Beginn der Durchführungsphase vorbereitet werden. Es sollte eine Referenzierung der Fragen, Feststellungen oder Schlüsselwörter zu den spezifischen Anforderungen bestehen. Das Programm sollte ausreichend Raum für Kommentare und Prüfungsergebnisse bieten. Im trivialsten Fall bietet ein Arbeitsprogramm ausschließlich die Möglichkeit, geschlossene Prüfungsfragen mit Ja oder Nein zu beantworten. Dieses Arbeitsprogramm ermöglicht die Referenzierung, bietet allerdings keine Möglichkeit, Antworten auf offene Prüfungsfragen zu dokumentieren. Besonders bei Anwendung der Interviewtechnik kann dies ein Nachteil sein.

Nach erfolgreicher Prüfungsvorbereitung wird das Prüfungsteam wissen, worauf es während der Prüfungsdurchführung achten muss und welche Informationen wichtig sind. Während das Prüfungsteam beobachtet, interviewt, analysiert oder sonstige Prüfungshandlungen durchführt, werden die Einträge des Arbeitsprogramms nach und nach beantwortet und ergänzt. Dieses Vorgehen ist gründlich, nachvollziehbar und ein wesentlicher Schlüssel für eine erfolgreiche und effektive Prüfung.

Wenn es sich nicht um eine Untersuchung im Rahmen eines Fraud-Falles handelt, ist es natürlich zulässig, dem Prüfungspartner auf Anfrage das Blankoarbeitsprogramm auszuhändigen. Das ausgefüllte Programm hingegen wird in der Regel vertraulich behandelt. Es ist ein wesentlicher Bestandteil der Prüfungsunterlagen und dient später dazu, das Prüfungsergebnis nachvollziehbar zu belegen. Abbildung 36 zeigt wichtige Aufgaben des Arbeitsprogramms auf.[179]

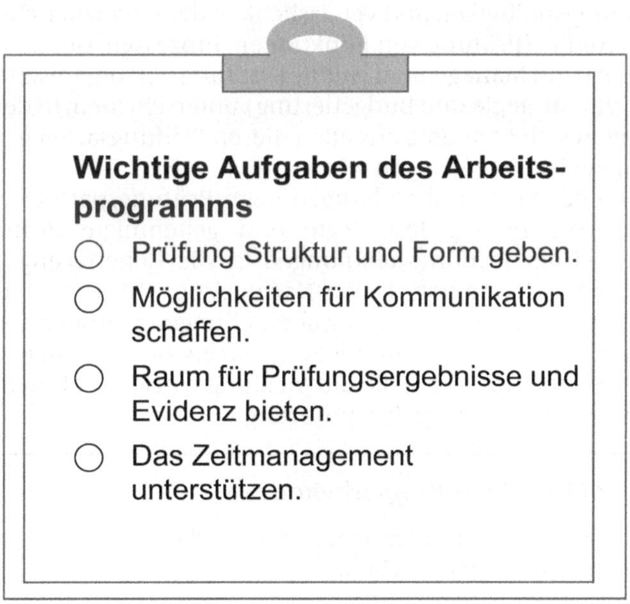

Abbildung 36: Wichtige Aufgaben des Arbeitsprogramms

179 Vgl. Russel (2007), S. 48.

Oftmals wird es notwendig sein, neben dem Programm weitere Dokumente der Prüfungsdokumentation anzufertigen, auf die in dem zentralen Arbeitsprogramm referenziert werden kann. Z. B. sind bei Stichprobenprüfungen Herleitung, Art und Umfang der Stichproben zu definieren und nachvollziehbar zu dokumentieren. Dies erfolgt für gewöhnlich nicht in dem zentralen Programm.

Die Prüfungsleitung und das Prüfungsteam bestimmen im Rahmen der Prüfungsvorbereitung diejenigen Informationen (Prüfungsunterlagen und Prüfungsdaten), die notwendig sind, um zu prüfen, ob angemessene Kontrollen implementiert wurden und ob diese wirksam sind. Diese Informationen können in das Arbeitsprogramm aufgenommen oder separat aufgeführt werden. Diese Sammlung umfasst die Prüfungsevidenz, die das Prüfungsteam zur Erfüllung des Prüfungsauftrags benötigt, z.B. Bestellungen, Ausschusslisten, Lieferscheine, Buchungsbelege. Ergebnis dieser Überlegungen wird die Liste der beim Prüfungspartner anzufordernden Daten oder Dokumente sein.

5.2 Durchführung von Aufträgen

Hinsichtlich des Inhalts einer Prüfung werden traditionell Compliance Audits (Einhaltung von Gesetzen, Vorschriften und internen Regelungen), Financial Audits (Ordnungsmäßigkeit und Verlässlichkeit der Finanzberichterstattung), Operational Audits (Prüfung von Funktionen, Prozessen, Geschäftsbereichen und Projekten) und Management Audits (Prüfung von organisationsinternen Regelungen zur Strategie und Budgetierung) unterschieden. In der Revisionspraxis finden in sich Elemente aus allen diesen Prüfungsarten gemeinsam in den meisten Revisionsprüfungen wieder.

Im Rahmen der Prüfungshandlungen beim Prüfungspartner wird der bei der Prüfungsvorbereitung festgelegte und genehmigte Prüfungsumfang untersucht. Ziel der Prüfungshandlungen ist die Generierung, Sammlung, Bewertung und Dokumentation von Nachweisen, auf deren Basis ein Prüfungsurteil gebildet und ggf. Prüfungsfeststellungen getroffen werden. Auch die mit den Feststellungen verbundenen Risiken, die Ursachen, die Wesentlichkeit der Feststellungen und die Entwicklung von Maßnahmen zur Abhilfe sind Gegenstand der Prüfungsdurchführung.

Prinzip 14 Führe die Auftragsarbeiten aus

Interne Revisorinnen und Revisoren setzen das Arbeitsprogramm um, um die Auftragsziele zu erreichen.

Quelle: IIA/DIIR, Global Internal Audit Standards

5.2.1 Sammeln von Informationen

Bevor Analysen und Bewertungen durchgeführt werden können, müssen Revisorinnen und Revisoren Informationen beschaffen, die sowohl für das Auftragsziel relevant als auch zuverlässig und ausreichend für die Analyse und Bewertung sind.

Standard 14.1 Sammeln von Informationen für Analysen und Bewertungen

Um Analysen und Bewertungen durchführen zu können, müssen Interne Revisorinnen und Revisoren relevante, zuverlässige und ausreichende Informationen sammeln:

- Relevante Informationen passen zu den Auftragszielen, liegen innerhalb des Umfangs des Auftrags und tragen zur Entwicklung von Auftragsergebnissen bei.
- Zuverlässige Informationen sind sachlich richtig und aktuell. Interne Revisorinnen und Revisoren wenden professionelle Skepsis an, um zu bewerten ob Informationen zuverlässig sind. Die Zuverlässigkeit wird gestärkt, wenn die Informationen direkt von einer Internen Revisorin oder einem Revisor oder von einer unabhängigen Quelle eingeholt wurden, durch weitere Informationen verifiziert sind oder aus einem System mit wirksamen Governance-, Risikomanagement- und Kontrollprozessen stammen.
- Ausreichende Informationen ermöglichen es Internen Revisorinnen und Revisoren, Analysen durchzuführen und Bewertungen abzuschließen, und ermöglichen es einer umsichtigen, informierten und kompetenten Person, das Arbeitsprogramm zu wiederholen und zu den gleichen Schlussfolgerungen wie die Interne Revisorin oder der Revisor zu gelangen.

Interne Revisorinnen und Revisoren müssen bewerten, ob die Informationen relevant und zuverlässig sind und ob sie ausreichen, damit die Analysen eine angemessene Grundlage für die Formulierung möglicher Feststellungen und Gesamturteile zu einem Auftrag bilden.

Interne Revisorinnen und Revisoren müssen festlegen, ob sie zusätzliche Informationen für Analysen und Bewertungen einholen, wenn die Nachweise nicht relevant, zuverlässig oder ausreichend sind, um die Feststellungen des Auftrags zu stützen. Wenn relevante Nachweise nicht erlangt werden können, müssen die Internen Revisorinnen und Revisoren entscheiden, ob sie dies als Feststellungen betrachten.

Quelle: IIA/DIIR, Global Internal Audit Standards

Bei der Durchführung von Aufträgen geht es darum, Informationen zu sammeln, die für die Auftragsziele relevant sind und innerhalb des Auftragsumfangs liegen. Mit professioneller Skepsis sollen Revisorinnen und Revisoren die Zuverlässigkeit dieser Informationen beurteilen.

Beim Sammeln von Informationen sollen Interne Revisorinnen und Revisoren überlegen, ob sie eine vollständige Grundgesamtheit von Daten oder eine repräsentative Stichprobe testen wollen. Die Verwendung von Datenanalysesoftware erleichtert die Möglichkeit, vollständige oder gezielte Datenpopulationen zu testen. Bei der Auswahl einer Stichprobe ist zu beachten, ob die Auswahlmethode und die Größe der Stichprobe eine statistische Hochrechnung auf die Grundgesamtheit ermöglicht.

Prüfungsnachweise sind alle Arten von Informationen, die von der Internen Revision dazu verwendet werden festzustellen, ob die geprüfte Einheit oder die geprüften Daten den Erwartungen oder Zielen entsprechen, und die die Schlussfolgerungen in der Prüfung stützen.

Es ist notwendig, dass die Schlussfolgerungen der Internen Revision auf ausreichenden, relevanten und zuverlässigen Nachweisen beruhen.

Die Art der Prüfungsnachweise kann sehr unterschiedlich sein. Beispiele sind:

- Interviews oder Umfragen.
- Offizielle Dokumentationen.
- Berechnungen der Revisorinnen oder Revisoren.
- Unabhängige Bestätigungen.
- Nachweise interner Kontrollen.
- Zugriff auf Anwendungssysteme zur Beobachtung oder Extraktion von Daten.
- Analysen von Beziehungen zwischen Daten.
- Physische Beobachtungen von Anlagen, Inventaren oder Prozessen.
- Aufzeichnungen des Rechnungswesens.
- Bestätigungen des Prüfungspartners oder von externen Stellen. (Hier ist die Zuverlässigkeit der Information zu hinterfragen.)

Ein Prüfungsbeleg ist ausreichend, wenn die Beweiskraft so sachlich, adäquat und überzeugend ist, dass eine andere Person zu der gleichen Schlussfolgerung kommen würde wie die Prüferin oder der Prüfer. Die Anforderung an die Zuverlässigkeit ist erfüllt, wenn die Beweiskraft die beste ist, die mit vernünftigen Mitteln zu erhalten ist. Relevanz bezieht sich auf die Beziehung zwischen der Information und ihrer Anwendung. Zum Belegen eines Sachverhalts muss eine logische, sinnvolle Beziehung existieren.

Insbesondere hinsichtlich der Zuverlässigkeit der Prüfungsnachweise sind einige Überlegungen angebracht:

- Belege aus externen Quellen sind zuverlässiger als Belege von innerhalb der Organisation. Aus diesem Grunde werden Saldenbestätigungen der Gläubiger für die Prüfung von Forderungskonten angefordert.
- Unterzeichnete Verträge können als zuverlässig betrachtet werden, wenn Originaldokumente zur Verfügung stehen.
- Interne Informationen ohne Beteiligung von externen Stellen sind in ihrer Überzeugungsfähigkeit reduziert. Die Verlässlichkeit ist größer, wenn die Quellen unabhängig vom geprüften Bereich sind.
- Ob von extern oder intern: Revisorinnen und Revisoren sollte immer die Qualifikation und die Funktion und Zuständigkeit desjenigen, der die Information bzw. den Beleg liefert, berücksichtigen.
- Ein objektiver Nachweis ist verlässlicher als ein Beleg, der eine Interpretation erfordert. Beispielsweise ist die Auswertung einer Diskussion mit Nutzern über die Effizienz einer neuen IT-Anwendung möglicherweise kein objektiver Nachweis.
- Prüferinnen und Prüfer sollten berücksichtigen, dass Nachweise vielleicht nicht dauerhaft zur Verfügung stehen. Z. B. könnte ein aus einer Datenbank generierter Report nach einer gewissen Zeit nicht mehr reproduzierbar sein, um die Art und Weise, den Zeitpunkt und den Umfang einer durchgeführten Prüfungshandlung nachzuweisen. Ähnliches gilt für nicht gegen Veränderungen geschützte Spreadsheets.

Hinlänglichkeit und Verlässlichkeit von Informationen steigen, wenn die Information aktuell, bestätigt und/oder direkt durch die Interne Revision (z.B. durch Beobachtung eines Prozesses oder Überprüfung von Dokumentation) oder von einer unabhängigen dritten Partei erlangt worden sind. Außerdem sind Informationen dann verlässlicher, wenn sie aus einem System erzeugt wurden, in dem die Kontrollen wirksam sind.

Während der Phase Prüfungsdurchführung werden Prüfungsnachweise gesammelt. Die gesammelten Belege entscheiden über die Einschätzung der Übereinstimmung oder Nicht-Übereinstimmung bzw. den Grad der Übereinstimmung mit Gesetzen und regulatorischen Anforderungen oder organisatorischen Anforderungen (Verfahren, Prozessen und Anweisungen).

Am Ende der Prüfung muss die Revisorin oder der Revisor alle Anforderungen mit den gesammelten Prüfungsnachweisen in Beziehung setzen. Im positiven Fall zeigen die gesammelten Arbeitspapiere, dass der Prüfungspartner angemessene Kontrollen implementiert hat und diese wirksam anwendet.

Man kann zwischen manuellen und analytischen Prüfungsverfahren unterscheiden. Während einfache manuelle Prüfungsverfahren das Sammeln von Informationen durch Erhebung (z.B. Interviews oder Umfragen),

Beobachtung und Untersuchung umfassen, benötigen aufwendigere manuelle Verfahren zwar mehr Zeit, liefern aber im Allgemeinen größere Prüfungssicherheit. Die deutlich komplexeren analytischen Verfahren werden verwendet, um erhobene Informationen mit Erwartungen zu vergleichen.

Folgende wichtige Techniken zum Sammeln der Prüfungsevidenz stehen u.a. zur Verfügung:

- Überprüfen der Organisationsstrukturen: Eine Aufbauorganisation, die eine angemessene Funktionstrennung gewährleistet, ist eine Schlüsselkontrolle. Prüferinnen und Prüfer sollten allgemeine organisatorische Kontrollen verstehen und in der Lage sein, diese Kontrollen in der geprüften Organisationseinheit zu bewerten.
- Überprüfen der Verfahren und Abläufe: Prüferinnen und Prüfer sollte sich überzeugen, dass angemessene Verfahren und Abläufe installiert sind und die Mitarbeiterinnen und Mitarbeiter diese verstehen und anwenden. Es sollte sichergestellt werden, dass das Management die Verantwortung dafür trägt, die Verfahren zu entwickeln, zu dokumentieren, bekanntzumachen und zu kontrollieren, ob allgemeine Ziele und Anweisungen eingehalten werden. Regelmäßig muss überprüft werden, ob die installierten Verfahren noch angemessen sind.
- Überprüfen der Dokumentation: Zunächst müssen Prüferinnen und Prüfer die existierende Dokumentation verstehen. Im Falle von elektronisch vorhandener Dokumentation ist auch zu bewerten, ob die Integrität der Dokumentation gewahrt ist.
- Interviews mit geeigneten Mitarbeiterinnen und Mitarbeitern: Interviewtechniken sind eine wichtige Fähigkeit für Revisorinnen und Revisoren. Interviews sollten im Voraus vereinbart und die Ziele dabei klar kommuniziert werden. Sie sollten einer festgelegten Struktur folgen und in einem Protokoll dokumentiert werden.
- Beobachtung von Abläufen: Die Beobachtung von Abläufen ist eine Schlüsseltechnik für viele Arten von Prüfungen. Revisorinnen und Revisoren sollte unaufdringlich beobachten und ausreichend detailliert dokumentieren, um adäquate Prüfungsnachweise zu generieren.
- Physische Untersuchung: Die physische Untersuchung betrifft Dinge, die man zählen, messen oder wiegen kann. Dies ist die zuverlässigste Quelle objektiver Nachweise. Wenn Messgeräte verwendet werden, muss die Korrektheit der Messung und der Kalibrierung sichergestellt sein.
- Unabhängige Bestätigung: Durch eine unabhängige Bestätigung erbitten und erhalten Interne Revisorinnen und Revisoren eine schriftliche Verifikation der Richtigkeit von Informationen durch eine unabhängige dritte Partei.

Im Folgenden wird auf einzelne Methoden zur Informationsbeschaffung und Datensammlung (Interviews, Beobachten, Dokumentenprüfung, Stichproben) sowie auf Sonderprüfungen, Fraud-Ermittlungen und Projektprüfungen detaillierter eingegangen.

Interview (Prüfungsgespräch)

Das Prüfungsgespräch ist die herausforderndste, aber auch lohnendste Aufgabe und Tätigkeit in der Prüfungsphase. Der Umgang mit Menschen im Rahmen einer Prüfung ist in jedem Fall eine große Herausforderung.

Trotz Digitalisierung und neuer Technologien und Methoden zählen Interviews und Befragungen nach wie vor zu den am häufigsten eingesetzten Techniken für die Planung, die Bewertung der Gestaltung von Kontrollen und die Berichterstattung über die Ergebnisse. Interviews und Befragungen sind fast immer unerlässlich, um Beobachtungen ins rechte Licht zu rücken, damit die Revisorinnen und Revisoren die richtigen Schlussfolgerungen ziehen können. Und: Was die Revisorinnen und Revisoren in Interviews und Befragungen erfahren, kann die aussagekräftigste Information sein, die sie während der Prüfung erhalten.

Die Entscheidung über die anzuwendende(n) Methode(n) hängt im Wesentlichen von dem Ziel der Prüfung, dem zugrunde liegende Risiko und den für die Methode erforderlichen Ressourcen ab. Hierbei bietet das Prüfungsinterview in der Regel eine äußerst effiziente Prüfungsmethode.

Interne Revisorinnen und Revisoren sind, wenn überhaupt, selten in der Lage, absolute Gewissheit über den Wahrheitsgehalt der Aussagen und Informationen des Managements oder über die Zuverlässigkeit von Daten zu erlangen. Selbst erfahrene Interne Revisorinnen und Revisoren sind selten bei der Beurteilung von Tätigkeiten und Leistungen zweifelsfrei von Informationen und Aussagen überzeugt. Dies liegt an der Art und dem Umfang der von ihnen gesammelten Nachweise zur Wirksamkeit von Risikosteuerungsmaßnahmen und Kontrollprozessen sowie an den Arten von Beurteilungen, die sie abgeben. Häufig müssen sich Interne Revisorinnen und Revisoren auf Nachweise stützen, die eher relativ als absolut überzeugend sind, und die zu prüfenden Verhältnisse sind selten schwarz oder weiß, sondern häufig im Graubereich. Sie sind selten komplett richtig oder komplett falsch. Hinzu kommt die Notwendigkeit, dass die Feststellungen, Schlussfolgerungen und Empfehlungen der Internen Revision mit vertretbarem Aufwand und innerhalb eines angemessenen Zeitraums getroffen und kommuniziert werden müssen, um einen wirtschaftlichen Mehrwert zu schaffen.

Es ist naheliegend, dass die Beschaffung zuverlässigerer Prüfungsnachweise sich aufwendiger gestaltet als die Beschaffung weniger zuverlässiger Nachweise. Es geht also mit der Steigerung der Zuverlässigkeit der Informationen in der Regel eine Reduzierung der Prüfungseffizienz einher.

Der Ressourcenaufwand für die Prüfung muss sich am Mehrwert orientieren. Wer viel in die Zuverlässigkeit von Informationen investiert, wird möglicherweise unverhältnismäßig viel Prüfungsaufwand treiben müssen.

Hinsichtlich der Reduzierung des Prüfungsrisikos durch zuverlässige Prüfungsnachweise sollte eine Interne Revision angemessen und wirtschaftlich agieren.

Antworten oder Aussagen bei Interviews und Befragungen sind das, was die Menschen den Revisorinnen und Revisoren sagen. Antworten und Aussagen gelten im Allgemeinen als die schwächste Form des Nachweises. Aber auch hier gibt es deutliche Unterschiede und manche im Prüfungsinterview gewonnene Aussagen sind stärker als andere. Z.B. kann die Person, die eine Aufgabe ausführt, einen stärkeren Nachweis dafür liefern, wie die Aufgabe tatsächlich ausgeführt wird, als eine Führungskraft, die vielleicht nur weiß, wie sie ausgeführt werden sollte. Andererseits hat die Person, die die Aufgabe ausführt, einen Anreiz, der Revisorin und dem Revisor zu sagen, dass die Aufgabe korrekt ausgeführt wird, auch wenn dies nicht immer der Fall ist.[180]

Generell gilt, dass Menschen, die von den zu prüfenden Tätigkeiten unabhängig sind – sofern sie sachkundig sind – zuverlässigere Aussagen machen als Menschen, die an den Tätigkeiten beteiligt sind. Auch sind Aussagen von zwei oder mehr Menschen aussagekräftiger als die von einer Person.

In der Regel müssen die Erkenntnisse, die Revisorinnen und Revisoren bei Interviews und Befragungen gewinnen, durch stichhaltigere Nachweise untermauert werden, bevor sie als Grundlage für Prüfungsurteile dienen können.

In jeden Fall ist es notwendig, ein Prüfungsinterview richtig zu führen.

Das Durchführen von Interviews und Befragungen ist nach wie vor eine der wichtigsten Fähigkeiten und ein normaler Bestandteil der Arbeit Interner Revisorinnen und Revisoren. Interviews dienen dazu, Informationen und Meinungen über eine bestimmte Tätigkeit oder ein bestimmtes Thema während einer Prüfung zu sammeln. Dokumente erklären, wie etwas gemacht werden soll, aber nur die Menschen, die es machen, können den Prüferinnen und Prüfern sagen, wie es wirklich gemacht wird.[181] Die Fähigkeit, gute Interviews zu führen, ist für die Arbeit der Internen Revision also von grundlegender Bedeutung.

Gute Interview- und Befragungstechniken sorgen dafür, dass sich die Personen wohl fühlen, dass sie bereit sind, Informationen zu geben, dass sie einen kooperativen Ton in die Prüfung einbringen und dass eine erfolgreiche Durchführung des Prüfungsauftrags möglich ist. Schlechte Interview- und Befragungstechniken erzeugen Widerstand oder sogar Feindseligkeit, veranlassen Menschen dazu, Informationen zurückzuhalten oder falsche Angaben zu machen, und führen zu der realen Möglichkeit eines gescheiterten Prüfungsauftrags.[182]

Unabhängig vom Ziel des Interviews sollten sich die Revisorinnen und Revisoren die Rolle des Interviewers zu eigen machen und bewährte Techni-

---

180 Vgl. Bünis und Gossens (2024).

181 Vgl. Roth (2023), S. 17.

182 Vgl. Sawyer (1996), S. 155 f.

ken anwenden. Die richtigen Fragen zu stellen, bedeutet jedoch nicht zwangsläufig, dass wichtige Informationen aufgedeckt werden. Ein guter Interviewer erkennt auch die Notwendigkeit, Wahrheit von Täuschung zu unterscheiden. Die Formulierung effektiver Fragen, das Verständnis der Kommunikationsdynamik, die aktive Teilnahme am Interviewprozess und die Aufmerksamkeit für Anzeichen von Täuschung helfen den Revisorinnen und Revisoren, die Effektivität und Effizienz ihrer Interviews und ihrer gesamten Aufträge zu steigern.[183]

Die Bandbreite von Interviews und Befragungen ist dabei recht groß. Einige Interviews und Befragungen können recht informell sein, z.B. ein kurzer Informationsaustausch oder ein Telefongespräch, während andere einen wesentlich höheren Grad an Formalität annehmen können.

In der Regel werden Revisorinnen und Revisoren mit ausreichender Planung und Vorbereitung bessere Ergebnisse bei Interviews und Befragungen erzielen. Ein erfolgreiches Interview besteht in der Regel aus verschiedenen Schritten und folgt einem standardisierten Ablauf, der in Abbildung 37 dargestellt ist.[184]

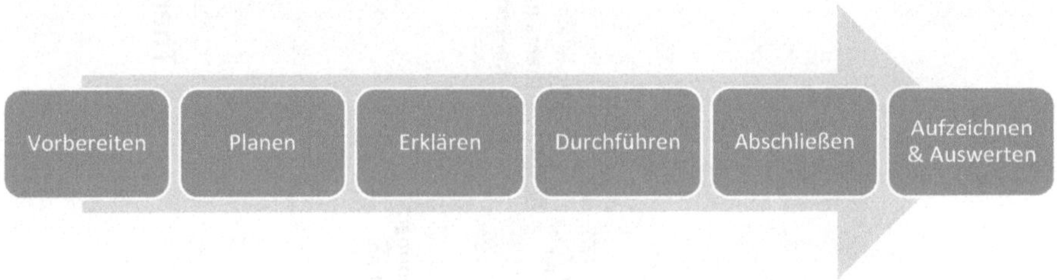

Abbildung 37: Ablauf eines Prüfungsinterviews

Vorbereitung und Planung sind essenziell für den Erfolg des Interviews und haben damit einen massiven Anteil an der Zuverlässigkeit der gewonnenen Informationen und der Erreichung der Prüfungsziele. Es ist wichtig, Prüfungsgespräche nicht unvorbereitet zu führen. Es gilt, vor dem Gespräch so viel wie möglich über den Prüfungspartner zu lernen.

Wichtige Punkte, mit denen sich Revisorinnen und Revisoren im Vorfeld eines Interviews beschäftigen sollten, sind die interviewte Person, die Einordnung der Person in der Organisation, die kulturellen Rahmenbedingungen, unter denen das Interview stattfindet, sowie das grundlegende Verständnis von Thema und Kontext (siehe Abbildung 38). Die Ziele des Gesprächs sollten festgelegt und die Fragen, die darauf ausgerichtet sind, diese Ziele zu erreichen, sollten vorbereitet werden.

183 Vgl. Ratley (2013), S.69.
184 Vgl. Sawyer (1996), S.156.

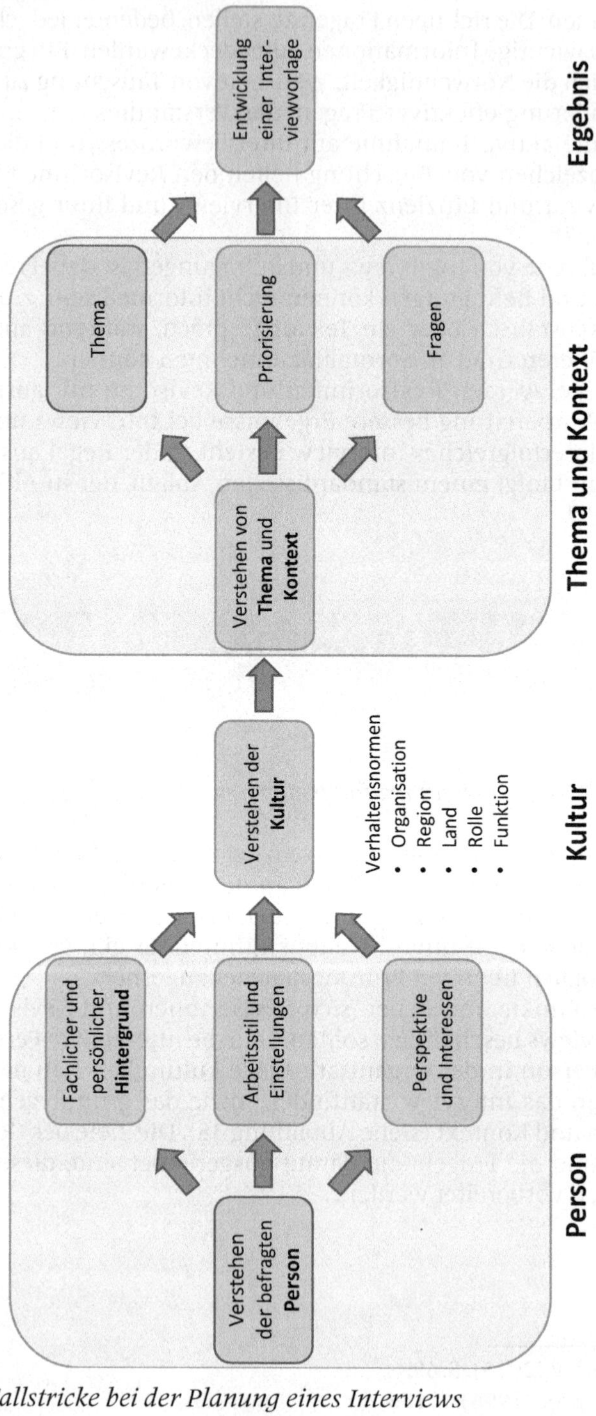

Abbildung 38: Fallstricke bei der Planung eines Interviews

Das Chartered Institute of Internal Auditors (IIA UK and Ireland) hat im Jahr 2023 einige hilfreiche Tipps zur Durchführung von Prüfungsinterviews veröffentlicht.[185] Die folgende Auflistung gibt Hinweise zur Planung und Vorbereitung.

Planen und Vorbereiten

- Versenden Sie die Einladungen zu den Interviews rechtzeitig.
- Sorgen Sie dafür, dass für das Gespräch ausreichend Zeit eingeplant wird.
- Seien Sie sich über den Zweck des Gesprächs im Klaren: Schreiben Sie sich die Ziele und Absichten auf. Machen Sie Ihre Recherchen.
- Stellen Sie eine Liste von Fragen auf: Machen Sie sich klar, was Sie sagen wollen, und stellen Sie sicher, dass die Fragen eine Reihe von miteinander verbundenen und aufeinander aufbauenden Punkten bilden.
- Lassen Sie sich Informationen ausdrucken oder zusenden, wenn Sie während des Gesprächs über bestimmte Dokumente sprechen oder auf diese verweisen wollen.

Ein Interview ist eine Übung in Kommunikation. Interne Revisorinnen und Revisoren sollten Experten für den Kommunikationsprozess sein. Eine gute Gesprächsführung ist nicht jeder und jedem (auch nicht in der Internen Revision) in die Wiege gelegt, aber Revisorinnen und Revisoren können sie entwickeln. Interviews und Befragungen können für Interne Revisorinnen und Revisoren eine effektive und effiziente Methode sein, relevante Informationen zu erhalten. Inwieweit dies gelingt, hängt allerdings stark von dem Können und der professionellen Anwendung ab. Die folgende Liste des IIA UK and Ireland gibt hilfreiche Hinweise zu den Phasen Erklärung und Durchführung eines Interviews.[186]

Erklären und Durchführen

- Informieren Sie den Interviewpartner vorab über das Gesprächsthema. Falls Sie Kopien von Dokumenten/Informationen benötigen, bitten Sie darum, dass sie während des Interviews zur Verfügung zu stehen.

185 Vgl. IIA UK (2023).
186 Vgl. IIA UK (2023).

- Geben Sie neuen Gesprächspartnern eine Kopie der Geschäftsordnung der Internen Revision und/oder einen Ablaufplan mit Informationen über den Revisionsprozess.
- Erläutern Sie den Grund für die Sitzung, den Ablauf und das Gesprächsthema.
- Erklären Sie dem Befragten, dass während der Sitzung Aufzeichnungen gemacht werden.
- Hören Sie sich die Antworten des Interviewpartners auf Ihre Fragen an, klären Sie sie und stellen Sie gegebenenfalls weitere unterstützende Fragen.
- Interviews, die im Rahmen einer Revisionsprüfung durchgeführt werden, sollten dokumentiert werden, mit einem klaren Verweis darauf, wer an dem Treffen teilgenommen hat, sowie auf Datum, Uhrzeit, Ort und Zweck des Treffens, da dies Teil der Arbeitspapiere der Internen Revision sein wird.

Abbildung 39 zeigt weitere Tipps für die Durchführung eines Interviews.

Abbildung 39: Tipps für die Durchführung eines Interviews

Das Interview endet in der Regel damit, dass die Revisorin oder der Revisor sich bei seinem Interviewpartner bedankt und das Gespräch abschließt. Falls angemessen, sollte das Interview mit einer positiven Note beendet werden, indem die Revisorin oder der Revisor Vereinbarungen zusammenfasst oder lobenswerte Aktionen anerkennt. Wenn nicht alle wichtigen Fragen gestellt werden konnten, sollte ein weiteres Gespräch vereinbart werden. Die letzten Minuten des Interviews können für die zwischenmenschlichen Beziehungen und künftige Treffen von Bedeutung sein.

Die folgende Auflistung gibt Hinweise zum Abschluss eines Interviews.[187]

> **Abschließen und Auswerten**
>
> - Legen Sie dem Interviewpartner klar dar, was die nächsten Schritte im Prüfungsprozess sind.
> - Werten Sie die gewonnenen Informationen aus und untersuchen Sie, ob die Ziele des Treffens erreicht worden sind.

Schon heute bieten KI-Lösungen eine Vielzahl von Funktionen, wie z.B. die Erstellung von Interviewprotokollen, die Revisorinnen und Revisoren beim Interview und der Dokumentation der Ergebnisse unterstützen können. Die Einbindung weiterer Systeme zur Erreichung der individuellen Interviewziele ist natürlich nicht nur bei virtuellen Interviews möglich, sondern kann auch die Effizienz und Effektivität von konventionellen Interviews erhöhen. Es muss ja nicht gleich ein Lügendetektor sein.

Aktuelle wissenschaftliche Untersuchungen gehen aber auch bereits einen Schritt weiter, wie z.B. bei der Nutzung verkörperter Gesprächsagenten (Embodied Conversational Agents, ECAs).[188] Das ECA-Konzept soll die Mensch-Maschine-Interaktion vereinfachen, indem es Funktionen der Mensch-Mensch-Interaktion überträgt. Dies ermöglicht einen intuitiven Zugriff und fördert die Akzeptanz. Zu diesem Konzept gehört sowohl die Verkörperung eines menschlichen Gegenübers durch einen Avatar als auch die Fähigkeiten, verbalen und nonverbalen Input zu erkennen und darauf zu reagieren. Als Rückkopplung für den menschlichen Gesprächspartner ist es notwendig, dass der Avatar selbstständig verbalen und nonverbalen Output generiert.

Hier zeigen verschiedene Studien bei Prüfungsinterviews bereits positive Ergebnisse.[189] ECAs können bereits jetzt in der Internen Revision eingesetzt werden. Auch wenn deren Implementierung mit Aufwand verbunden ist, lässt sich hierdurch die Effizienz von Interviews verbessern und viel Zeit einsparen. Zudem deuten die Ergebnisse darauf hin, dass künftige technologische Verbesserungen in der Sprache und beim Aussehen der ECAs diese noch effizienter machen können.

Beobachtung von Aktivitäten

Mit Beobachtung ist gemeint, dass Revisorinnen und Revisoren ihre Sinne einsetzen: Sie schauen sich die zu prüfende Örtlichkeit an. Sie achten auf auffällige Gerüche, z.B. in Produktionsanlagen. Sie hören den Mitarbeiterinnen und Mitarbeitern zu und nehmen die Geräusche der Örtlichkeit auf. Manchmal fühlen sie auch an Objekten, beispielsweise um festzustellen, ob ein

187 Vgl. IIA UK (2023).
188 Vgl. Salierno (2022), S.75.
189 Vgl. Fligge (2021).

Fleck noch feucht ist. Sie können Prozesse beobachten, um festzustellen, ob die angewiesenen Verfahren eingehalten werden.

Es ist immer besser, einen tatsächlichen Ablauf zu beobachten, als ein extra für die Prüfung eingerichtetes Testsystem oder eine Übung, wobei dies natürlich nicht immer möglich ist. Insbesondere bei ex-ante-Prüfungen zeigt sich die Praxis erst zu einem späteren Zeitpunkt.

Hinzuweisen ist auch darauf, dass Revisorinnen und Revisoren möglichst vermeiden sollten, in den Praxisablauf eines Prozesses einzugreifen, um diesen nicht zu beeinträchtigen und um die Ergebnisse nicht zu verfälschen. Relevant ist dies insbesondere bei Prüfungssoftware oder Protokollierungsroutinen, die ansonsten in der Produktionsumgebung nicht aktiv sind und bei denen immer erst mit der IT-Abteilung abgeklärt werden muss, dass kein negativer Einfluss auf die Produktionsumgebung auftritt.

Prüfung von Dokumenten und Dateien

Während der Prüfungsvorbereitung werden Dokumente ausgewertet, um die Angemessenheit des Systems zu bestimmen. Sie werden genutzt, um Prüfungsansätze und Prüfungsfragen zu entwickeln. Während der Prüfungsdurchführung werden Dokumente benutzt, um Prozessschritte oder die angemessene Abfolge von Tätigkeiten zu bestätigen. Es kann sich um Verfahrensbeschreibungen, Handbücher, Prozessdokumentationen und Anweisungen handeln. Diese Dokumente zeigen den definierten Soll-Zustand auf. Anhand dieser Dokumente kann die Revisorin oder der Revisor prüfen, ob Regelungen existieren, diese mit der tatsächlichen Praxis vergleichen und sie nutzen, um das operative Geschäft des Prüfungspartners besser zu verstehen.

Dateien, also elektronisch aufgezeichnete Informationen, können als Dokumentation des tatsächlichen Ablaufs aufgefasst werden. Das Prüfen von Dateien ist eine Möglichkeit festzustellen, ob Regelungen eingehalten wurden. Hierdurch kann ein hohes Niveau an Zuverlässigkeit der Prüfungsnachweise erreicht werden. Voraussetzung dafür ist, dass die Daten vollständig, aktuell und ausreichend sind, um als Nachweis dienen zu können. Ferner müssen sie in einer kontrollierten und freigegebenen IT-Umgebung erzeugt werden.

Natürlich können grundsätzlich sowohl manuell erzeugte Dokumente als auch aus Dateien erzeugte Dokumente und Dateien selbst als wirksame Prüfungsnachweise dienen.

Auswahl von Prüfungselementen (Stichproben)

Ein wesentliches Element der Revisionsarbeit ist die Risikoorientierung. Diese ist nicht nur bei der Aufstellung des Revisionsplans, sondern auch bei der Durchführung einer einzelnen Prüfung zu berücksichtigen. Anwendung findet die Risikoorientierung unter anderem bei der Festlegung der Prüfungsziele und damit verbunden auch bei der Auswahl der zu prüfenden Elemente. Oftmals ist die einschränkende Auswahl von zu prüfenden Elementen geboten, notwendig oder sinnvoll.

Eine Prüfung unter Anwendung eines Auswahlverfahrens ist im Gegensatz zur Vollprüfung eine Auswahl- oder Teilprüfung.[190] Während eine Vollprüfung eine lückenlose Prüfung sämtlicher Daten bzw. Einheiten verlangt, die zu einer Grundgesamtheit gehören, wird bei einer Auswahlprüfung nur ein Teil einer Grundgesamtheit untersucht. Hierbei liegt der Vorteil gegenüber einer Volluntersuchung insbesondere darin, dass sie schneller durchgeführt werden kann und geringere Kosten verursacht. Die Auswahl der zu untersuchenden Daten bzw. Einheiten kann bewusst oder als Stichprobe, d.h. repräsentativ, erfolgen.

Das Institut der Wirtschaftsprüfer hat im Prüfungsstandard zu Prüfungsnachweisen im Rahmen der Abschlussprüfung (IDW PS 300 n.F.) folgende Einteilung der Möglichkeiten zur Auswahl der zu prüfenden Elemente gewählt (s. auch Abbildung 40):[191]

- Vollerhebung (Auswahl aller Elemente),
- bewusste Auswahl (Auswahl bestimmter Elemente) und
- Stichprobe (repräsentative Auswahl).

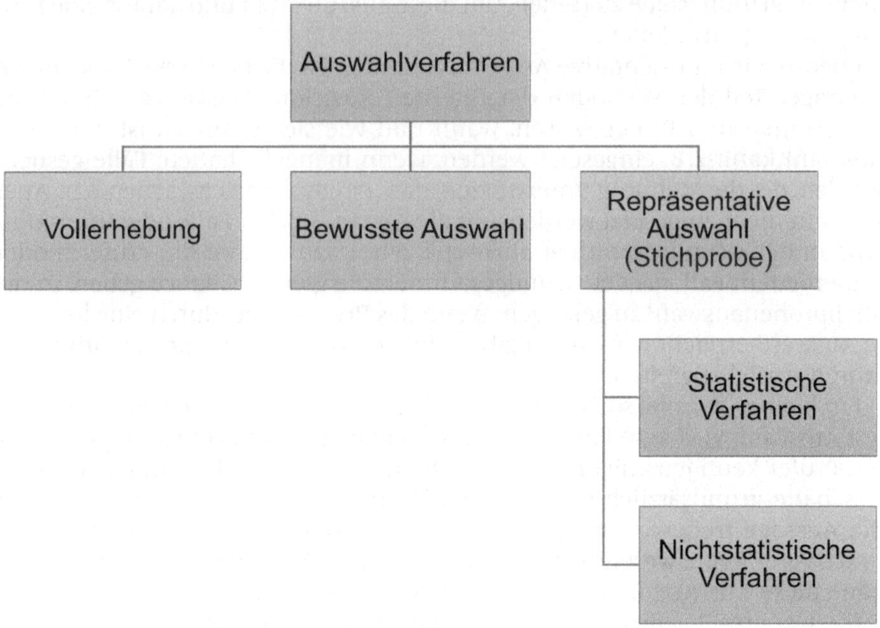

Abbildung 40: Auswahlverfahren in Anlehnung an IDW PS 310

190 Vgl. Hömberg (2011), S. 336.
191 Vgl. IDW (2019), IDW PS 310, S. 2.

Diese Einteilung erscheint in besonderem Maße geeignet, die Möglichkeiten der Auswahlmethode für die Prüfung und die Aussagekraft hinsichtlich des Prüfungsziels zu beschreiben.[192] Gemäß IDW bezeichnet der Begriff Stichprobe nur die repräsentative Auswahl, die mittels statistischer Methoden oder nichtstatistisch gewonnen werden kann.[193]

Das zu formulierende Prüfungsergebnis hängt vom gewählten Auswahlverfahren ab. Daher ist bei der Auswahl der Methode das Prüfungsziel von ausschlaggebender Bedeutung.

Während statistische Verfahren die Anwendung von Techniken beinhalten, aus denen mathematisch ableitbare Schlussfolgerungen auf die Grundgesamtheit gezogen werden können, können im Fall von nichtstatistischen Verfahren oder von bewusster Auswahl die Ergebnisse der Auswahl in der Regel nicht zur Hochrechnung mathematisch korrekter Schlussfolgerungen benutzt werden. Nichtstatistische Verfahren können genutzt werden, wenn Ergebnisse schnell und zur Bestätigung einer Situation benötigt werden. Bei der bewussten Auswahl werden Vorabinformationen, Erfahrungswissen und „prüferischer Spürsinn" der Revisorinnen und Revisoren dazu genutzt, nach subjektivem Ermessen eine Entscheidung über die in die Auswahl aufzunehmenden Prüfungsfälle zu treffen, um diese auszuwerten und daraus eine Prüfungsaussage abzuleiten.

Ebenso wie repräsentative Auswahlverfahren ist die bewusste Auswahl ein wichtiger Teil der Methoden der Internen Revision. Allerdings müssen die Prüferinnen und Prüfer wissen, wann und wie sie zu nutzen ist. Bewusste Auswahl kann z.B. eingesetzt werden, wenn mängelbehaftete Fälle gesucht werden, die die Meinung unterstützen, dass ein System Schwächen hat. Aber sie kann nicht eingesetzt werden, um die Anzahl solcher Fälle oder ihren Umfang in der Grundgesamtheit abzuschätzen: Dazu müsste die Prüferin oder Prüfer jedem Fall aus der Grundgesamtheit die gleiche Chance geben, in die Stichprobenauswahl zu gelangen. Wenn das Prüfungsziel durch eine bewusste Auswahl erreicht wird, dann gibt es keinen Grund, auf repräsentative Verfahren zurückzugreifen.[194]

Ein kleines Beispiel soll das verdeutlichen: Nach dem Treffen einer bewussten Auswahl wird kein Fehler in den untersuchten Transaktionen gefunden. Ein Prüfer kann jetzt nicht mit ausreichender Sicherheit behaupten, dass die Geschäfte grundsätzlich ordnungsgemäß abgewickelt werden. Er kann nur die Aussage treffen, dass er keine Basis für weitere Untersuchungen sieht und dass er keine wesentlichen Fehler vermutet. Abhängig vom Prüfungsziel kann diese Aussage dennoch ein sinnvolles Ergebnis sein.[195]

Ein weiteres Beispiel: Es kann sein, dass eine Prüferin Mängel im Internen Kontrollsystem vermutet. Zur Bestätigung ihrer Vermutung kann sie eine

192 Vgl. IDW (2019), IDW PS 300 n.F., S.20.

193 Vgl. IDW (2019), IDW PS 300 n.F., S.20 und IDW PS 310, S.1.

194 Vgl. Sawyer (1996), S.483 ff.

195 Vgl. Sawyer (1996), S.485.

bewusste Auswahl von Prüfungselementen treffen. Wenn die Auswahl ihre Vermutung bestätigt, ist das Prüfungsziel mithilfe einer bewussten Auswahl erreicht und repräsentative Verfahren (Stichproben) sind weder zielführend noch erforderlich.

Bei der bewussten Auswahl werden Vorabinformationen und Erfahrungen dazu genutzt, gezielt solche Elemente auszuwählen, bei denen Indikatoren für eine erhöhte Fehleranfälligkeit vorliegen. Die Auswertung der für diese Elemente erlangten Prüfungsnachweise ermöglicht es, die ursprüngliche Risikoeinschätzung zu aktualisieren bzw. zu bestätigen.[196]

Bei der Bestimmung des Ausmaßes einer bestimmten Prüfungshandlung und der Methode der Auswahl der zu untersuchenden Objekte kann die Prüferin oder der Prüfer Stichprobenverfahren (repräsentative Auswahl) verwenden, die sich in bestimmten Fällen als vorteilhaft erwiesen haben. Die Verwendung von statistischen Stichproben ersetzt nicht die professionelle Einschätzung durch die Prüferin oder den Prüfer, sondern erlaubt statistische Messungen hinsichtlich des Ergebnisses der Prüfung, die ansonsten nicht zur Verfügung stehen würden.[197]

Die Anwendung eines Auswahlverfahrens erfordert einige grundlegende Schritte. Für jeden Schritt sollte die Begründung im Rahmen der Prüfungsdokumentation nachweisbar sein. Der folgende Ablauf verdeutlicht, worauf es bei der Auswahl von Prüfungselementen ankommt:

1. Zunächst muss man sich klar darüber werden, welches die im Rahmen des Prüfungsumfangs und der Prüfungsziele adäquate Grundgesamtheit ist, über die eine Prüfungsaussage getroffen werden soll.
2. Nach der Identifikation der Grundgesamtheit muss geklärt werden, wie die Grundgesamtheit für die Prüfung verfügbar gemacht werden kann.
3. Danach ist festzulegen, ob eine Vollerhebung durchgeführt oder eine Auswahl von Prüfungselementen getroffen werden soll. Bei der Auswahl ist die bewusste Auswahl oder die Stichprobenauswahl möglich. Als Stichprobe kann eine statistische oder nichtstatistische Auswahl vorgesehen werden.
4. Erst im nächsten Schritt ist die Größe der Auswahl festzulegen.
5. Jetzt kann die Auswahl erfolgen und die Prüfungshandlungen können durchgeführt werden.
6. Schließlich sind die Ergebnisse für die ausgewählten Prüfungselemente auszuwerten und das Prüfungsurteil zu formulieren.

Der Ablauf wird auch in Abbildung 41 dargestellt.[198]

196 Vgl. IDW (2019), IDW PS 300 n.F., S.20.
197 Vgl. Guy et al. (2002), S.6.
198 Vgl. Gehringer (2015), S.25.

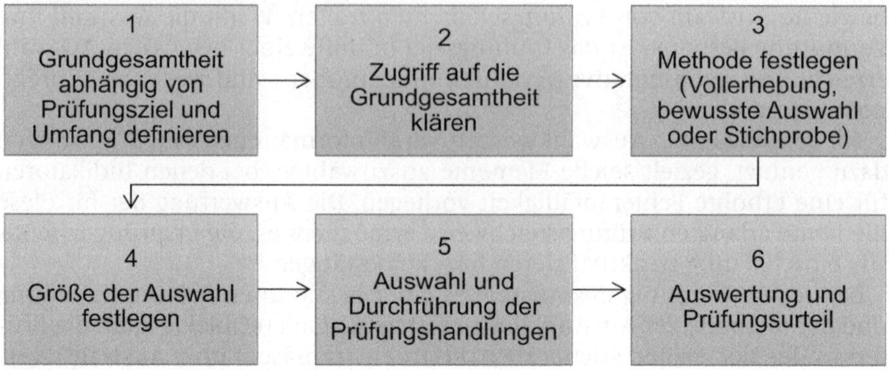

Abbildung 41: Durchführung einer Auswahl

Revisorinnen und Revisoren können eine komplette Grundgesamtheit oder eine repräsentative Stichprobe von Informationen testen. Wenn sie sich für die Auswahl einer Stichprobe entscheiden, sind sie für die Anwendung von Methoden verantwortlich, die sicherstellen, dass die gewählte Stichprobe die gesamte Grundgesamtheit und/oder den gesamten Zeitraum repräsentieren, auf die/den die Ergebnisse verallgemeinert werden.

Neben der bewussten Auswahl stehen statistische und nichtstatistische Verfahren zur Auswahl von Prüfungselementen zur Verfügung. Dabei haben alle Methoden drei wesentliche Gemeinsamkeiten:[199]

- Alle Verfahren benötigen prüferisches Urteilsvermögen bei der Planung, Durchführung und Beurteilung. Der Einsatz eines statistischen Verfahrens ersetzt nicht das prüferische Urteilsvermögen.
- Die durchzuführenden Prüfungshandlungen sind unabhängig vom gewählten Auswahlverfahren.
- Der Einsatz aller Verfahren ist durch die Standards legitimiert.

Aber auch über zwei wesentliche Unterschiede sollte man sich als Prüferin oder Prüfer klar sein:[200]

- Stichprobenrisiko: Stichproben werden angewandt, wenn die Prüferin oder der Prüfer zu einem Urteil kommen und dabei nur einen repräsentativen Teil der Gesamtheit untersuchen will. Es besteht dabei das Risiko, dass die Stichprobe nicht repräsentativ für die Gesamtheit ist. Prüfer müssen sich aber auf das Ergebnis aus der Untersuchung der Stichprobe verlassen, wenn sie die Gesamtheit nicht untersuchen. Das Stichprobenrisiko besteht darin, dass die Prüferin oder der Prüfer die falsche Schlussfolgerung zieht. Dieses Risiko kann mit statistischen Verfahren gemessen und

199 Vgl. Apostolou (2004), S. 7.
200 Vgl. Apostolou (2004), S. 7 f.

gesteuert werden. Mit nichtstatistischen Methoden ist das Stichprobenrisiko nicht zu messen oder zu steuern.

- Statistische Verfahren erfordern statistisches Know-how, das durch Erfahrung oder Ausbildung erworben werden kann. Die bewusste Auswahl oder nichtstatistische Verfahren erfordern keine technische Expertise bezüglich Statistik.

Die Vor- und Nachteile der repräsentativen Verfahren werden in Abbildung 42 gegenübergestellt.[201]

Statistische Stichproben	Nichtstatistische Stichproben
Vorteile	
• Der zur Erreichung des Prüfungsziels erforderliche minimale Stichprobenumfang kann ermittelt werden. • Quantitative Auswertung und Darstellung der Prüfungsergebnisse sind möglich. • Das Stichprobenrisiko ist messbar. • Die Stichprobe ist die Messlatte für die Hinlänglichkeit der Prüfungsnachweise. • Gewünschtes Sicherheitsniveau und Präzision der Aussage können individuell festgelegt werden.	• Prüferinnen und Prüfer können eigene Erfahrung und eigene Überlegungen einfließen lassen. • Die Stichprobe kann auf individuelle Bedürfnisse hin angepasst werden (z. B. effektiv und effizient).
Nachteile	
• Die Zufallsauswahl kann teuer und zeitaufwendig sein. • Evtl. fällt Ausbildungsaufwand in der Internen Revision an. • Evtl. fällt Aufwand für Statistik-Software an.	• Die Ergebnisse sind nicht auf die Grundgesamtheit übertragbar. • Das Stichprobenrisiko ist nicht messbar. • Es besteht das Risiko eines zu geringen oder zu großen Prüfungsumfangs. • Die Qualität hängt stark von der Qualifikation und Erfahrung der Prüferinnen und Prüfer ab

Abbildung 42: Vor- und Nachteile statistischer und nichtstatistischer Stichproben

201 Vgl. Sawyer et al. (1996), S. 478 f.

Dabei gelten die Aussagen zu den nichtstatistischen Stichprobenverfahren unter Berücksichtigung der abweichenden vorgesehenen Prüfungsziele grundsätzlich auch für die bewusste Auswahl, wobei das Stichprobenrisiko für die bewusste Auswahl nicht relevant ist.

Was die Anwendung von Stichprobenverfahren unter Risikoaspekten für die Prüfungsplanung und die Einschätzung des Prüfungsergebnisses bedeutet, wird anhand der Abbildung 43 deutlich.[202] Es ist wichtig, dass eine Revisorin oder ein Revisor sich dieser Auswirkungen auf das Prüfungsrisiko bewusst ist und dass es in angemessener Art und Weise berücksichtigt wird.

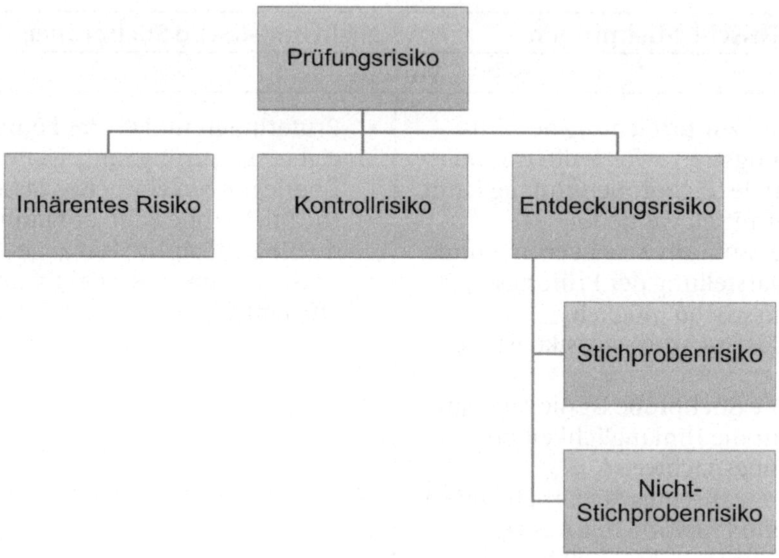

Abbildung 43: Stichprobenverfahren unter Risikogesichtspunkten

Das inhärente Risiko, das Kontrollrisiko und das Entdeckungsrisiko bestimmen zusammengenommen das Prüfungsrisiko, einen wesentlichen Fehler zu übersehen. Dabei bezeichnet das inhärente Risiko die Gefahr des Vorliegens eines wesentlichen Fehlers unter der Annahme, es gäbe kein Internes Kontrollsystem. Das Kontrollrisiko ist das Risiko, dass ein bestehender wesentlicher Fehler durch vorhandene Kontrollen (weitgefasst: durch das Interne Kontrollsystem) nicht verhütet oder entdeckt wird.[203] Mit dem Entdeckungsrisiko ist im Zusammenhang mit einer Revisionsprüfung das Risiko gemeint, dass ein bestehender wesentlicher Fehler von der Internen Revision übersehen wird.

Während das Stichprobenrisiko – wie oben schon erwähnt – das Risiko ist, dass die auf Grundlage einer Stichprobe getroffene Schlussfolgerung von derjenigen Schlussfolgerung abweicht, die bei einer vollständigen Prüfung der

202 Vgl. Bünis und Gossens (2017a), S. 8.
203 Vgl. Hömberg (2011), S. 336.

Grundgesamtheit getroffen worden wäre, unterliegt die bewusste Auswahl bestimmter Elemente nur einem Nicht-Stichprobenrisiko. Unter dem Nicht-Stichprobenrisiko versteht man das Risiko, dass aus einem Grund, der nicht mit dem Stichprobenrisiko zusammenhängt, eine falsche Schlussfolgerung gezogen wird.[204]

Es ist die Aufgabe der Revisorin oder des Revisors, im Rahmen der Prüfungsplanung die auftretenden inhärenten Risiken zu identifizieren und das gegenwärtige Kontrollrisiko abzuschätzen. Die gewonnenen Erkenntnisse sind bei der Auswahl der Prüfungselemente zu berücksichtigen.

Zur Abgrenzung von statistischen und nichtstatistischen Stichprobenverfahren im Rahmen der repräsentativen Auswahl dient die Abbildung 44.[205]

Statistische Verfahren zeichnen sich dadurch aus, dass die Auswahl der Prüfungselemente zufallsgesteuert erfolgt und dass bei der Auswertung die Anwendung der Wahrscheinlichkeitstheorie einschließlich der Bewertung des Stichprobenrisikos zur Anwendung kommt. Bei nichtstatistischen Verfahren ist eines der beiden Merkmale nicht erfüllt.[206]

Zur Auswahl von Prüfungselementen werden in der Standardliteratur häufig die folgenden Techniken aufgeführt:[207]

- Zufallsstichprobe – die Auswahl ist nicht durch vorgelagerte Überlegungen vorherbestimmt; jede Einheit der Grundgesamtheit hat die gleiche Chance, ausgewählt zu werden.
- Geldwertbasierte Stichprobe – benutzt, um mögliche Falschangaben monetärer Art auf einem Konto zu identifizieren.
- Geschichtete Stichprobe – benutzt, um die Grundgesamtheit in Untergruppen aufzuteilen. Gewöhnlich wird eine Zufallsauswahl aus jeder Untergruppe zur Prüfung ausgewählt.
- Merkmalsstichprobe – benutzt, um Merkmale einer auszuwertenden Grundgesamtheit zu bestimmen.
- Variablenstichprobe – benutzt, um die monetäre Auswirkung von Merkmalen einer Grundgesamtheit zu bestimmen.
- Einschätzende Stichprobe – basiert auf der professionellen Einschätzung der Prüferin oder des Prüfers. Wird benutzt, um auf eine Situation zu fokussieren, deren Existenz sinnvollerweise angenommen werden kann, und diese zu bestätigen.
- Entdeckungsstichprobe – benutzt, wenn die Entdeckung eines Einzelfehlers oder Einzelfalls zu einer intensiven Untersuchung führen würde.

204 Vgl. IDW (2019), IDW PS 310, S. 4.
205 Vgl. Sawyer et al. (1996), S. 488.
206 Vgl. IDW (2019), IDW PS 310, S. 4.
207 Vgl. Bünis und Gossens (2017a), S. 10.

Zu den Details dieser Verfahren sei auf die gängige Standardliteratur im Literaturverzeichnis verwiesen.

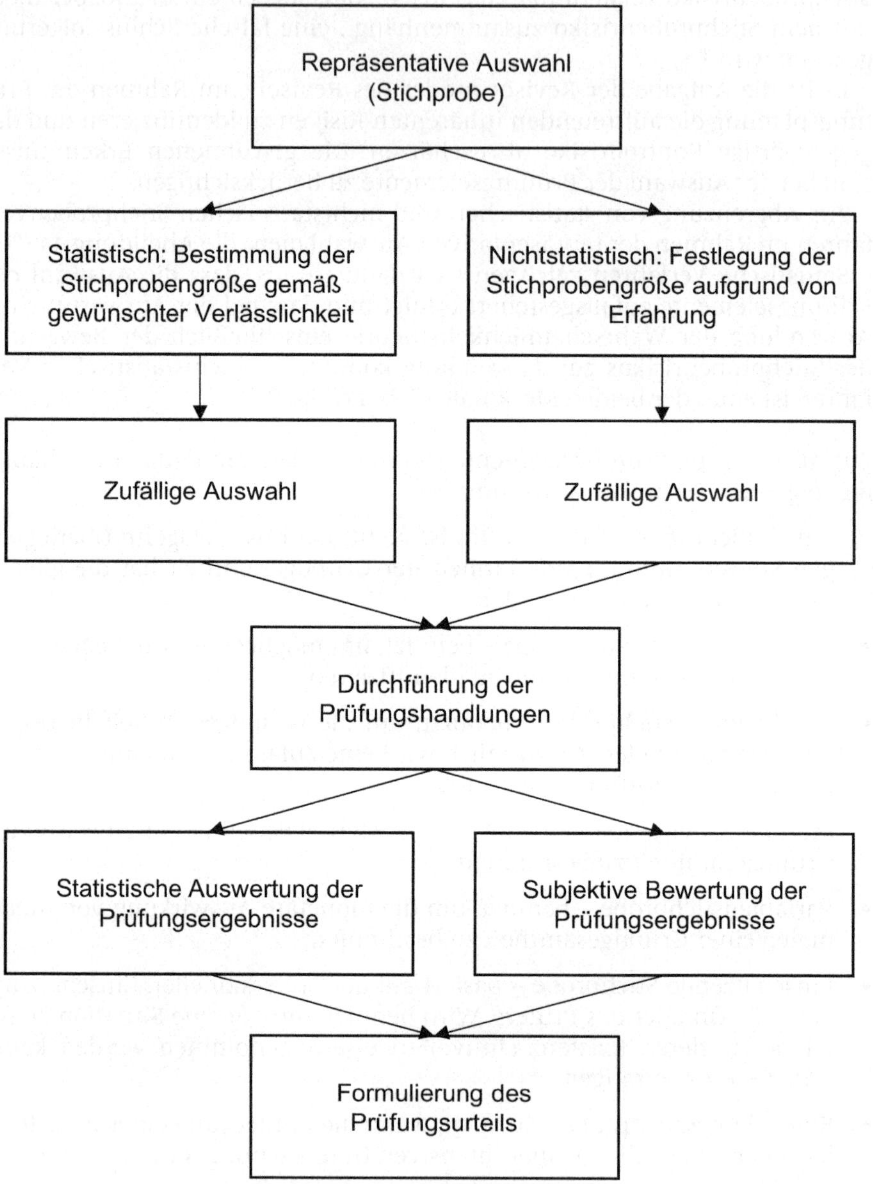

Abbildung 44: Statistische und nichtstatistische Stichprobenverfahren

Wenn sich eine Prüferin oder ein Prüfer für die Anwendung eines Stichprobenverfahrens entscheidet, dann können die **zehn Gebote der Stichprobenerhebung** (nach Sawyer)[208] helfen:

1. Kenne die statistischen Verfahren, aber nutze sie nur, wenn sie zur Erreichung der Prüfungsziele notwendig sind.
2. Kenne die Grundgesamtheit deiner Stichprobe und formuliere dein Prüfungsurteil nur bezogen auf diese.
3. Gebe bei statistischen Analysen jedem Mitglied der Grundgesamtheit die gleiche Chance, ausgewählt zu werden.
4. Gebe persönlicher Voreingenommenheit keinen Einfluss auf die Auswahl der statistischen Stichprobe.
5. Lasse die Zufälligkeit der Stichprobe nicht durch Muster in der Grundgesamtheit beeinträchtigen.
6. Ziehe keine Schlussfolgerungen bezüglich der Grundgesamtheit bei bewusster Auswahl.
7. Wenn statistische Verfahren die Angabe einer erwarteten Fehlerrate erfordern, dann schätze sie sinnvoll und berücksichtige, dass ab einer gewissen Fehlerrate automatisch Korrekturen vorhanden wären.
8. Nutze die Schichtung der Grundgesamtheit, um die Varianz in einer Stichprobe einzugrenzen.
9. Setze nicht grundlos hohe Ziele für die Verlässlichkeit der statistischen Aussage (Konfidenzniveau und Präzision). Kontrollen, Überwachung, sich selbst korrigierende Verfahren und die Aufmerksamkeit des Managements können berücksichtigt werden, um den Stichprobenumfang zu reduzieren.
10. Höre nicht bei den statistischen Ergebnissen auf. Untersuche, warum Abweichungen vorgekommen sind.

Sonderprüfungen

In der Revisionspraxis wird man immer wieder der Prüfungsart Sonderprüfung begegnen.[209] Eine Charakterisierung der Sonderprüfung in der Internen Revision hat die Projektgruppe „Muster-Revisionshandbuch" des DIIR erarbeitet und schon im Jahr 1994 im Muster-Revisionshandbuch veröffentlicht:

208 Vgl. Sawyer et al. (1996), S. 495 f.

209 Vgl. zum Thema Sonderprüfungen ausführlich Bünis und Gossens (2016).

> „Sonderprüfungen fallen bei speziellen Anlässen oder Vorkommnissen an. Sie werden notwendig aufgrund besonderer Feststellungen im Rahmen normaler Prüfungen oder finden im Auftrag der Geschäftsleitung statt. Sie müssen kurzfristig in den Prüfungsablauf integriert werden (Ad hoc-Revision)."[210]

Amling und Bantleon greifen das Thema Sonderprüfung im Rahmen der Jahresplanung und bei der Systematisierung der Revisionsprüfungen nach Prüfungsarten auf. Während sie sich bei der Darstellung der Prüfungsarten auf die Definition aus dem Muster-Revisionshandbuch beziehen,[211] definieren sie Sonderprüfungen in der Jahresplanung als Prüfungen, die aus nicht vorhersehbaren, und deshalb nicht planbaren Ereignissen (z.B. Fraud oder Ergebniseinbrüche) resultieren.[212]

Ein ähnlicher Sonderprüfungsansatz wurde von der Bankenaufsicht im Rahmen der Mindestanforderungen an das Risikomanagement (MaRisk) aufgegriffen, weiterentwickelt und konkretisiert. In den MaRisk wird gefordert sicherzustellen, dass kurzfristig notwendige Sonderprüfungen, z.B. anlässlich deutlich gewordener Mängel oder bestimmter Informationsbedürfnisse, jederzeit durchgeführt werden können.[213]

Detaillierte Informationen zu diesen Anforderungen finden sich in der Kommentierung von Hannemann et al.[214] Dort wird erläutert, dass primärer Auslöser für Sonderprüfungen vermutete oder festgestellte Mängel in bestimmten Bereichen oder Abläufen sind, denen eine gewisse Bedeutung beigemessen wird. Es handelt sich um risikorelevante Schwachstellen, die kurzfristig aufgetreten oder erkennbar geworden sind. Gründe, die eine Sonderprüfung notwendig machen können, sind:

- Das Bewertungsergebnis einer vorangegangenen Revisionsprüfung,
- bisher nicht erkannte Handelsusancen,
- nicht richtig bzw. nicht als neu eingeschätzte Markt- oder Produktentwicklungen,
- Entwicklungen bei wichtigen Geschäftspartnern,
- Schwächen im Internen Kontrollsystem,
- neue rechtliche Entwicklungen,
- vermutete dolose (betrügerische) Handlungen,

210 Vgl. DIIR-Projektgruppe Muster-Revisionshandbuch (1994), S.47.
211 Vgl. Amling und Bantleon (2009), S.290.
212 Vgl. Amling und Bantleon (2009), S.209.
213 Vgl. BaFin (2024), BT 2.3, Tz. 4.
214 Vgl. Hannemann et al. (2022), S.2077 ff.

- Betrugsfälle durch Dritte oder
- ein negatives Erscheinungsbild in der Presse.

Ein wesentliches charakteristisches Merkmal von Sonderprüfungen ist, dass diese i.d.R. kurzfristig durchzuführen sind. Die Durchführung erfolgt demnach anlassbezogen. Dadurch kommt ihnen automatisch eine hohe Priorität bei der Prüfungsplanung zu.[215] Der Anstoß für die Sonderprüfungen kann von der Geschäftsführung, von anderen Organisationseinheiten oder der Internen Revision selbst kommen.

Revisorinnen und Revisoren führen ihre Prüfungen nur nach einer Beauftragung durch. Im Allgemeinen gilt der genehmigte Revisionsplan als Auftrag zur Durchführung der Prüfungen. Wenn darüber hinaus Sonderprüfungen vorgenommen werden, stellt sich die Frage nach dem Auftrag. Revisorinnen und Revisoren sollten sich darauf verlassen können, dass der Prüfungsauftrag zweifelsfrei erteilt und auch das Prüfungsziel möglichst schon dokumentiert ist. Die Durchführung einer Sonderprüfung „auf Zuruf" sollte gerade deshalb unterbleiben, weil der Prüfungsgegenstand einer Sonderprüfung oft heikel und sensibel ist. Daher sind Transparenz und Nachvollziehbarkeit des gesamten Vorgangs wichtig.

Wenn die Interne Revision einen Anteil ihrer Zeit für ungeplante Prüfungen reserviert hat und dieser Anteil für Anfragen nach Sonderprüfungen verwendet wird, dann geht dies zu Lasten anderer, potenziell mehr wertstiftender Prüfungen. Die Interne Revision muss diesen Effekt auf den gesamten Revisionsplan berücksichtigen. Sie muss sicher sein, dass insgesamt die gelieferte Prüfungssicherheit für die Organisation erhöht wird.

Grundsätzlich ist zu klären, ob die Interne Revision der richtige Auftragnehmer und eine Sonderprüfung der Internen Revision das adäquate Mittel ist, um den Prüfungsauftrag sinnvoll und angemessen im Sinne der Zielerreichung durchzuführen. Hat die Interne Revision das spezielle Fachwissen und die richtigen Hilfsmittel, um die Sonderprüfung in dem vorgesehenen Zeitrahmen, d.h. in der Regel ad-hoc, zu übernehmen?

Für die zielfokussierte Auftragsklärung sollte sich die Interne Revision, auch und gerade dann unbedingt Zeit nehmen, wenn diese Zeit wegen der Dringlichkeit der Sonderprüfung vermeintlich nicht zur Verfügung steht.[216] Bei der Erstellung des Prüfungskonzeptes und in der Prüfungsvorbereitung sind wichtige Fragen vorab zu klären.

Abbildung 45 zeigt eine Übersicht der zu klärenden Aspekte.

215 Vgl. Hannemann et al. (2022), S. 2078 ff.

216 Vgl. Puhani (2015), S. 13.

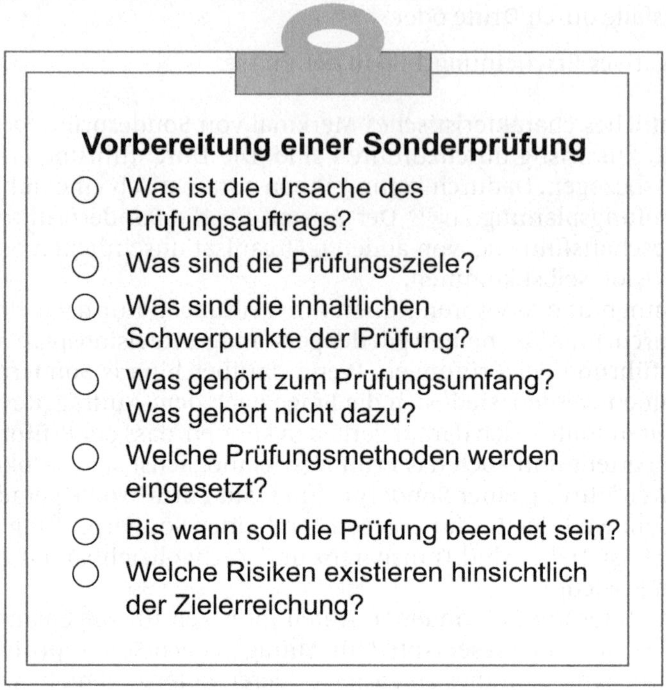

Abbildung 45: Vorbereitung einer Sonderprüfung

Vor dem Hintergrund des Umgangs mit besonders sensiblen Themen und Daten sollten die Vertraulichkeit der Prüfung und die sich daraus ergebenden Anforderungen sowie die passende Kommunikationsstrategie bereits bei der Auftragsklärung festgelegt werden.

Es ist anzuraten, in die Beschreibung der Revisionsmethoden (Revisionshandbuch) auch einen Abschnitt über Sonderprüfungen aufzunehmen und die Art und Weise der formellen Beauftragung zu regeln. Hier sollte festgelegt werden, wer eine Sonderprüfung beauftragt. In den meisten Fällen sind dies die Geschäftsleitung, das Aufsichtsorgan und/oder die Revisionsleitung. In der Praxis kommen aber auch Beauftragungen durch den Abschlussprüfer und durch Fachbereiche vor.

Es soll nicht unerwähnt bleiben, dass die MaRisk klarstellen: Die Interne Revision agiert zwar unabhängig, dennoch kann die Geschäftsleitung in Ausübung ihres Direktionsrechts zusätzliche Prüfungen beauftragen.[217]

217 Vgl. BaFin (2024), BT 2.2 Tz. 1: „Die Interne Revision hat ihre Aufgaben selbständig und unabhängig wahrzunehmen. Insbesondere ist zu gewährleisten, dass sie bei der Berichterstattung und der Wertung der Prüfungsergebnisse keinen Weisungen unterworfen ist. Das Direktionsrecht der Geschäftsleitung zur Anordnung zusätzlicher Prüfungen steht der Selbständigkeit und Unabhängigkeit der Internen Revision nicht entgegen."

Teilweise ist auch die Beauftragung durch das Aufsichtsorgan vorgesehen und gesetzlich geregelt. Zu nennen ist hier beispielsweise die Sparkassenordnung Bayern, wo in § 22 folgende, weitreichende Regelung zur Beauftragung von Sonderprüfungen der Internen Revision durch den Verwaltungsrat festgelegt ist: „Der Verwaltungsrat kann die Sparkasse jederzeit durch die Interne Revision, die insoweit ausschließlich seinen Weisungen unterliegt, prüfen lassen."[218]

Auch für Sonderprüfungen gelten die allgemeinen Anforderungen der Standards. Die MaRisk nehmen bei der Pflicht zur Prüfungsdokumentation[219] die Sonderprüfungen ebenfalls nicht aus. Die Pflicht zur Erstellung eines Prüfungsberichts auch für Sonderprüfungen ist selbstverständlich.[220]

Gerade für Sonderprüfungen sind die Erstellung eines Arbeitsprogramms und die Abstimmung der Prüfungsziele schon im Rahmen des Prüfungsauftrags notwendig. Denn bei vielen Sonderprüfungen werden aus einer Vielzahl von möglichen Prüfungshandlungen beim betroffenen Prüfungsobjekt gezielt und detailliert diejenigen ausgewählt, die zur Erreichung des Prüfungsziels notwendig sind. In vielen Fällen wird hier eine enge Abstimmung mit der Revisionsleitung oder anderen Führungskräften sinnvoll sein. Die in den Standards vorgegebene Genehmigung des Arbeitsprogramms ist gerade für die oft sensiblen Prüfungsgegenstände einer Sonderprüfung wichtig.

Ist bei einer Sonderprüfung ein iterativer Prüfungsansatz notwendig, der im Zeitverlauf während der Prüfung eine Schärfung, Präzisierung oder Anpassung des Prüfungsauftrags und des Prüfungsziels notwendig macht, so ist eine besonders enge Abstimmung mit der Leitung der Internen Revision unumgänglich. Die Faktoren Flexibilität und Zeit können bei einer Sonderprüfung mit iterativem Prüfungsansatz entscheidend sein. Die Qualität der Prüfung und des Prüfungsergebnisses dürfen nicht unter dem gewählten Vorgehen leiden.

Die Antwort auf die Frage, wann und wie eine Sonderprüfung endet, kann nur die Revisionsleitung geben. Auch wenn im Rahmen der Auftragsklärung

---

218 Verordnung über die Organisation und den Geschäftsbetrieb der Sparkassen (Sparkassenordnung, SpkO), www.gesetze-bayern.de.

219 Vgl. BaFin (2024), BT 2.4 Tz. 2: „Die Prüfungen sind durch Arbeitsunterlagen zu dokumentieren. Aus ihnen müssen die durchgeführten Arbeiten sowie die festgestellten Mängel und Schlussfolgerungen für sachkundige Dritte nachvollziehbar hervorgehen."

220 Vgl. BaFin (2024), BT 2.4 Tz. 1: „Über jede Prüfung muss von der Internen Revision zeitnah ein schriftlicher Bericht angefertigt und grundsätzlich den fachlich zuständigen Mitgliedern der Geschäftsleitung vorgelegt werden. Der Bericht muss insbesondere eine Darstellung des Prüfungsgegenstandes und der Prüfungsfeststellungen, gegebenenfalls einschließlich der vorgesehenen Maßnahmen, enthalten. Wesentliche Mängel sind besonders herauszustellen. Dabei sind die Prüfungsergebnisse zu beurteilen. Bei schwerwiegenden Mängeln muss der Bericht unverzüglich der Geschäftsleitung vorgelegt werden."

die wesentlichen Determinanten für die Prüfung festgelegt wurden, so ist es doch eine wichtige und notwendige Tätigkeit und Aufgabe der Revisionsleitung, das aktuelle Prüfungsergebnis kontinuierlich zu überprüfen und vor dem Hintergrund des Ressourcenverbrauchs das weitere Vorgehen in der Prüfung festzulegen. Auch bei der Durchführung einer Sonderprüfung sind die Prüfungsressourcen risikoorientiert zu überprüfen, effizient und effektiv einzusetzen und zu begründen. Gegebenenfalls sollte die Revisionsleitung die Prüfungszeiten im Rahmen der Jahresberichterstattung der Internen Revision erläutern und rechtfertigen.

Bei Sonderprüfungen kann sich die Abstimmung des Prüfungsberichts bzw. die Kommunikation des Prüfungsergebnisses mit dem Prüfungspartner bzw. den betroffenen Personen als schwierig herausstellen. Einerseits ist oftmals eine schnelle Berichterstattung gewünscht, um anstehende Entscheidungen der Geschäftsleitung zu unterstützen. Andererseits ist wegen der oft heiklen Feststellungen besonderes Konfliktpotenzial vorhanden. Dennoch sollte die Interne Revision nicht von ihrem Ziel abrücken, nur Berichte herauszugeben bzw. Ergebnisse zu kommunizieren, die mit den Prüfungspartnern abgestimmt sind. Gegebenenfalls kann dies durch Aufnahme von Stellungnahmen der Prüfungspartner in den Revisionsberichterstattung erreicht werden. Mindestens ist sehr transparent darzustellen, wenn (noch) keine Abstimmung oder Einigkeit erreicht werden konnte.

Die Ergebnisse von Sonderuntersuchungen werden in der Regel nur an einen eingeschränkten Adressatenkreis kommuniziert. Der informierte/involvierte Personenkreis ist zu dokumentieren.

> Für Sonderprüfungen ist hinsichtlich der Qualitätssicherung in den Standards kein Ausnahmefall vorgesehen. Auch unter dem bei Sonderprüfungen oftmals vorhandenen Zeitdruck und trotz der oft behandelten sensiblen Themen sind die normalen, für Prüfungen vorgesehenen Kontrollen im Rahmen des Revisionsprozesses und die interne Qualitätssicherung von Prüfungsdokumentation und Berichterstattung zu durchlaufen. Denn es gibt ja keinen Grund, Sonderprüfungen besonders nachlässig oder besonders schlecht zu erledigen. Ganz im Gegenteil: Die höhere Aufmerksamkeit des Managements für das Ergebnis der Sonderprüfung rechtfertigt eine besonders sorgfältige Prüfungsdurchführung.

Sollte aufgrund der besonderen Umstände einer Sonderprüfung eine Abweichung von den Standards notwendig sein, so ist dies gemäß Standard 15.1 im Rahmen der Berichterstattung offenzulegen.

Die klare Formulierung der Regeln für Sonderprüfungen im Revisionshandbuch kann den beauftragten Prüferinnen und Prüfern helfen, schnell den korrekten Einstieg in den Sonderauftrag zu finden und wichtige Prozessschritte nicht zu übersehen.

Fraud-Untersuchungen
Eine besondere Entwicklung haben in den letzten Jahren diejenigen Sonderprüfungen erfahren, die sich mit vermuteten dolosen (betrügerischen) Handlungen und deren Aufklärung befassen. Als Anlässe für diese Prüfungen sind neben den Anhaltspunkten, die sich als Ergebnis einer Revisionsprüfung selbst ergeben, auch formelle und informelle Hinweise denkbar, die von möglichen dolosen Handlungen berichten. Dazu zählen etwa anonyme oder nicht anonyme Schreiben an die Interne Revision, den Compliance-Beauftragten oder die Geschäftsleitung sowie Anhaltspunkte, die über ein installiertes Hinweisgebersystem (Whistleblowing) oder eine Ombudsstelle kommen. Diese Hinweise sind vor Durchführung einer Sonderuntersuchung zu substantiieren. Diese spezielle Form von Sonderprüfungen wird auch als Compliance-Untersuchung, Interne Sonderuntersuchung, Unterschlagungsprüfung oder Fraud Audit bezeichnet.

Nun ist die Interne Revision gemäß moderner Corporate Governance Ansätze nicht die einzige Organisationseinheit, die mit der Untersuchung von Betrug und Fehlverhalten befasst sein könnte. Hier kommen auch die zuständigen Organisationsfunktionen für

- Compliance und Recht,
- Organisationssicherheit,
- Personalangelegenheiten,
- Datenschutz,
- IT-Sicherheit oder
- eigens eingerichtete Spezial-Untersuchungseinheiten wie Forensik-Einheiten

in Betracht.[221] Im Sinne des Three Lines Model[222] genügt es, wenn die Organisation die Sonderuntersuchungen in der zweiten Linie (z. B. Compliance-Funktion) ansiedelt. Die Interne Revision hat dann die Aufgabe, die Angemessenheit und Wirksamkeit der Ausübung dieser Funktion zu überwachen. In diesem Sinne schreibt das IIA im Jahr 2019 in einem Positionspapier: „Organisationen sollten über robuste interne Kontrollen verfügen, um das Risiko für Fraud zu begrenzen, und die Interne Revision hat dabei die Aufgabe, diese Kontrollen zu beurteilen. Das Fraud-Risiko sollte in den Revisionsplan und jeden Prüfungsauftrag aufgenommen werden, um die Angemessenheit von Fraud-Kontrollen zu bewerten." In der gleichen Veröffentlichung weist das IIA darauf hin, dass Interne Revisorinnen und Revisoren „Fraud nur dann untersuchen [sollten], wenn sie über die erforderlichen Erfahrungen und das erforderliche Fachwissen verfügen. Organisationen sollten nicht davon aus-

221 Vgl. Burgard (2012), S. 159 f.
222 Vgl. IIA (2020b).

gehen, dass die Fähigkeiten der Internen Revision auch die Untersuchung von Fraud beinhalten."[223]

Viele Interne Revisionen zählen aber die Fraud-Untersuchung nach wie vor zu ihren Aufgaben. Wichtig ist, dass die Interne Revision in diesen Fällen eine eindeutige Legitimation durch das verantwortliche Management erhalten hat, in der Regel in der Geschäftsordnung der Internen Revision. Außerdem muss den Beteiligten klar sein, dass die Interne Revision dann genau diese Aufgabe „Durchführung von Sonderuntersuchungen" selbst nicht mehr prüfen kann.

Die Unterschiede der Funktionen von Interner Revision und Fraud-Untersuchungen werden in dem Beitrag „Einrichtung einer internen Untersuchungsabteilung und deren Prozesse" von Bührer aufgezeigt.[224] Hinsichtlich der Rolle der Internen Revision bei Fraud-Untersuchungen und für die Darstellung der Vor- und Nachteile der alleinigen Zuständigkeit der Internen Revision bei der Aufklärung von (Korruptions-)Verdachtsfällen sei hier auf den Beitrag von Besl im „Handbuch Internal Investigations" verwiesen.[225]

Bezüglich der Dokumentationsanforderungen und Aufbewahrungspflichten ist davon auszugehen, dass diese für Fraud-Untersuchungen deutlich anspruchsvoller und umfassender sind als für reguläre Revisionsprüfungen und sonstige Sonderprüfungen der Internen Revision. Die Anforderung der Beweiskraft der Dokumentation erfordert bei Übernahme der Untersuchung durch die Interne Revision ein spezielles Know-how.

Behandelt die Revisionseinheit die Sonderuntersuchungen wie normale Revisionsprüfungen, so sind die Standards und die Regelungen und Methoden des Revisionshandbuchs für Prüfungen konsequenterweise anzuwenden. Behandelt sie die Sonderuntersuchungen aber wie Beratungsaufträge, so sind gegebenenfalls andere formelle Anforderungen zu erfüllen, die ebenso auf den Standards basieren und in den Methoden der Internen Revision zu detaillieren sind.

Ähnliches gilt auch für die Untersuchung von Qualitätsproblemen und Sicherheitsvorfällen (z. B. Cyber-Attacken, Einbrüchen, Beschwerden, Fehlerhäufungen etc.).

Welche Rolle die Interne Revision im Rahmen von internen Sonderuntersuchungen spielt, und ob die Interne Revision sich im Rahmen von Sonderprüfungen mit vermuteten Fraud-Fällen beschäftigt, ist im Rahmen der Corporate Governance und daraus abgeleitet in der Geschäftsordnung der Internen Revision bzw. im Revisionshandbuch festzulegen. Das Vorgehen und die Befugnisse und Kompetenzen sind zu dokumentieren. Einen Überblick zum Thema geben Kopetzky und Göbel in ihrem Artikel „Selbstverständnis der Internen Revision bei Sonderuntersuchungen im Mittelstand der D-A-CH-Region".[226]

223 Vgl. IIA (2019b).
224 Vgl. Bührer (2012), S. 106.
225 Vgl. Besl (2013), S. 215 ff.
226 Vgl. Kopetzky und Göbel (2009), S. 520 ff.

Projektprüfungen durch die Interne Revision
Das DIIR hat mit dem DIIR Revisionsstandard Nr. 4 einen Leitfaden zur Prüfung von Projekten erarbeitet.[227] Darin wird zunächst in Übereinstimmung mit DIN 69901 die Definition eines Projektes gegeben:

> Ein Projekt ist ein Vorhaben, das im Wesentlichen durch die Einmaligkeit der Bedingungen in ihrer Gesamtheit gekennzeichnet ist, wie z. B. Zielvorgabe, zeitliche, finanzielle, personelle und andere Begrenzungen, Abgrenzung gegenüber anderen Vorhaben, projektspezifische Organisation. Dies umfasst eine befristete Aufbau- und Ablauforganisation einschließlich einer besonderen Management-Umgebung sowie das Ziel, einen bestimmten Business Case (Geschäftsplan) zu erfüllen.

Daraus leitet das DIIR drei Dimensionen der Projektprüfung ab:

1. Als Prüfungsumfang kommt das gesamte Projektportfolio, ein Programm oder ein einzelnes Projekt in Frage.
2. Als Prüfungsgebiete werden das Projektmanagement, der Business Case und die fachlichen Anforderungen an das Projekt identifiziert.
3. Als Prüfungsziele nennt das DIIR Ordnungsmäßigkeit, Sicherheit, Wirtschaftlichkeit, Zweckmäßigkeit und Zukunftssicherung.

Gegenstand und Inhalt einer Projektprüfung lassen sich somit aus den drei Dimensionen bestimmen. Bei einer Projektmanagement-Revision ist das Management des Projektes Gegenstand der Prüfung, also z. B. die Organisation, die Planung und Kontrollen. Bei einer Prüfung des Business Case wird der Geschäftsplan, also die Projektgrundlage untersucht. Und bei einer Prüfung der fachlichen Anforderungen stehen die Projektergebnisse im Fokus.

Bezüglich des Prüfungsgebietes Projektmanagement werden – in Anlehnung an den DIIR Revisionsstandard Nr. 4 – die in der Abbildung 46 aufgeführten Prüfungsfelder vorgeschlagen. Dabei sind wie üblich der definierte Soll- mit dem Ist-Zustand abzugleichen, eine Ursachenanalyse durchzuführen und die daraus für die Organisation entstehenden Risiken zu bewerten.

Zu den Aufgaben der Internen Revision gemäß MaRisk[228] gehört es, unter Wahrung ihrer Unabhängigkeit und unter Vermeidung von Interessenkonflikten bei wesentlichen Projekten begleitend/beratend tätig zu sein. Außerdem verlangen die MaRisk,[229] dass die Interne Revision bei wesentlichen Veränderungen in Aufbau- oder Ablauforganisation oder bei IT-Systemen zu beteiligen ist. Diese Regelungen hat die Bankenaufsicht erlassen, damit die Interne Revision

227 Vgl. DIIR (2019).
228 Vgl. BaFin (2024), BT 2.1 Tz. 2.
229 Vgl. BaFin (2024), AT 8.2.

- wichtige Hinweise schon frühzeitig in Projekten adressieren kann,
- sich selbst frühzeitig über Veränderungen informieren kann, um dieses Wissen in folgenden Prüfungen anwenden zu können, und
- in ihrer Position gestärkt wird, da es nicht (mehr) zulässig ist, die Interne Revision aus wesentlichen Projekten herauszuhalten.

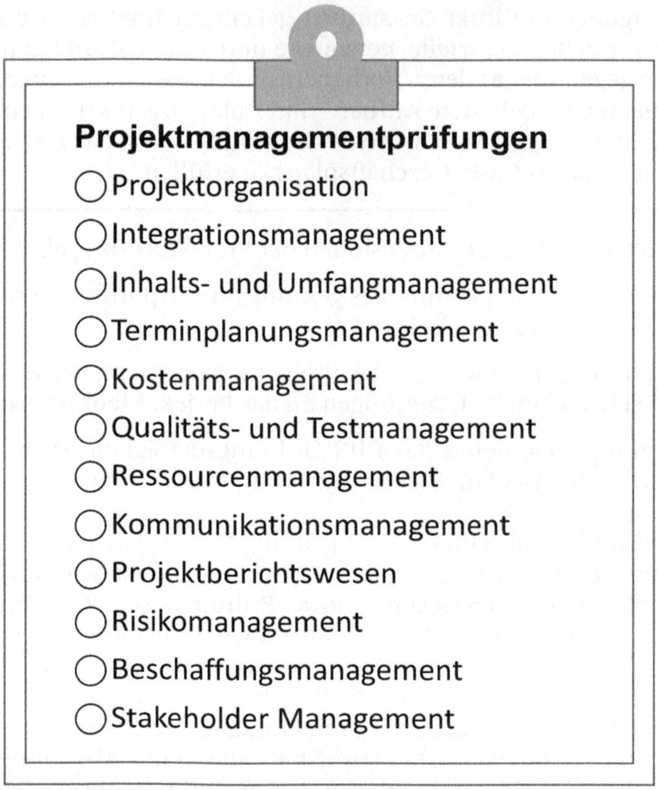

Abbildung 46: Aspekte von Projektmanagementprüfungen

Die für Banken regulatorisch geregelten Projektbegleitungen können auch in anderen Branchen in gleicher Weise durchgeführt werden.

Die Begleitung durch die Interne Revision kann eine Prüfung sein, kann aber auch im Rahmen einer beratenden Aktivität durchgeführt werden.

Bei der Auswahl der Projekte, die die Interne Revision als wesentlich betrachtet, sind wie bei allen Prüfungsobjekten risikoorientierte Kriterien anzuwenden. Es sollte – wie bei der Auswahl der sonstigen Prüfungsobjekte – eine nachvollziehbare Dokumentation der Auswahl erfolgen.

Die folgende Liste zeigt beispielhafte Risikokriterien für die Projektauswahl.

Risikokriterien für die Projektauswahl

- Gesetzliche oder regulatorische Anforderungen.
- Auswirkung der Änderung von IT-Systemen.
- Änderungen an Prozessen oder wesentlichen Teilen des IKS.
- Bedeutung des Projekterfolgs für die Gesamtorganisation.
- Mit dem Projekt verbundene operationelle Risiken.
- Projektbudget.

In der Internen Revision müssen einige Voraussetzungen für die Auswahl von Projekten erfüllt sein:

- Für die systematische Auswahl von Projekten ist eine (ggf. weltweite) Datenbasis in der Organisation erforderlich.
- Mehr als andere Revisionsaktivitäten setzt die Beschäftigung mit Projekten die Abstimmung mit anderen Organisationseinheiten voraus.
- Die Interne Revision muss in ihrer Planung flexibel auf Terminverschiebungen in Projekten reagieren können.
- Die Interne Revision muss genügend personelle Ressourcen und das angemessene Know-how vorhalten.

Man kann die Beschäftigung der Internen Revision mit Projekten wie in Abbildung 47 gezeigt in fünf Kategorien einteilen. Welche Aktivität tatsächlich durch die Interne Revision durchgeführt wird, hängt insbesondere von der Risikoeinschätzung ab.

Für jede Projektprüfung ergibt sich die Notwendigkeit, diese wie jede andere Revisionsprüfung zu planen und zu dokumentieren. Am Ende sind die Ergebnisse zu kommunizieren.

Projektberatungen, die keine Prüfungen sind, tauchen im Prüfungsprogramm auch nicht als Prüfungen auf. Allerdings ist in der Kapazitätsplanung Vorkehrung für angemessenes Know-how und ausreichendes Zeitbudget zu treffen.

Für viele Interne Revisorinnen und Revisoren ist die Projektbegleitung eine besondere Herausforderung, da diese für sie nicht zu den traditionellen und klassischen Aufgaben gehört. Der Erfolg der Tätigkeit hängt dabei von einigen Faktoren ab:

- Revisorinnen und Revisoren müssen sich das notwendige Know-how zum Projektmanagement erarbeiten.
- Revisorinnen und Revisoren müssen sich die Wahrnehmung als Sparringspartner auf Augenhöhe erarbeiten.
- Das Vertrauensverhältnis zu den Verantwortlichen im Projekt ist von besonderer Bedeutung.
- Revisorinnen und Revisoren dürfen sich nicht vom Projekt „vereinnahmen" lassen. Sie sollen zwar beraten und Empfehlungen aussprechen, aber keine Entscheidungen treffen. Die Unabhängigkeit muss gewahrt bleiben.
- Die Projektbegleitung durch die Interne Revision ersetzt nicht das Qualitätsmanagement im Projekt.

Fünf Kategorien der Beschäftigung mit Projekten		
Abschließende Projektprüfung	Prüfung	Wird in der Endphase eines Projektes durchgeführt. Prüfungsobjekt können das Projektmanagement und das Projektergebnis sein.
Projektstatusprüfung		Wird während des laufenden Projektes durchgeführt. Prüfungsobjekt sind das Projektmanagement und der Projektfortschritt.
Projektbegleitende Prüfung		Wird während der gesamten Projektlaufzeit durchgeführt. Prüfungsobjekt sind das Projektmanagement und der gesamte Lebenszyklus des Projektes. Zwischenberichte sind möglich.
Projektbegleitung (Initiative durch die Interne Revision)	Beratung	Oftmals durch die Interne Revision initiierte, langfristig angelegte Beratungsaktivität
Projektbegleitung (Initiative durch das Projekt)		Oftmals durch das Projekt initiiert. Der Prüfer agiert als Berater für spezielle Fragen gegenüber dem Projektteam.

Abbildung 47: Fünf Kategorien der Beschäftigung mit Projekten

5.2.2 Entwicklung von Feststellungen

Die Analyse der gesammelten Informationen ist die Basis für die Entwicklung von Feststellungen der Internen Revision.

> **Standard 14.2 Analysen und potenzielle Feststellungen**
>
> Interne Revisorinnen und Revisoren müssen relevante, zuverlässige und ausreichende Informationen analysieren, um potenzielle Feststellungen zu einem Auftrag zu entwickeln. Bei Beratungsleistungen ist das Sammeln von Nachweisen für die Erarbeitung von Feststellungen möglicherweise nicht erforderlich, je nach Vereinbarung mit den relevanten Stakeholdern.
>
> Interne Revisorinnen und Revisoren müssen Informationen analysieren, um festzustellen, ob es eine Abweichung zwischen dem Soll-Zustand und dem Ist-Zustand des Untersuchungsgegenstands gibt.
>
> Interne Revisorinnen und Revisoren müssen den Ist-Zustand anhand von Informationen und Nachweisen bestimmen, die während des Auftrags gesammelt wurden.
>
> Eine Abweichung zwischen dem Soll-Zustand und dem Ist-Zustand weist auf eine potenzielle Feststellung hin, die vermerkt und weiter bewertet werden muss. Wenn erste Analysen keine ausreichenden Nachweise zur Unterstützung einer möglichen Feststellung liefern, müssen Interne Revisorinnen und Revisoren die gebotene berufliche Sorgfalt walten lassen, um festzustellen, ob zusätzliche Analysen erforderlich sind.
>
> Wenn zusätzliche Analysen erforderlich sind, muss das Arbeitsprogramm entsprechend angepasst und von der Revisionsleitung genehmigt werden.
>
> Wenn die Internen Revisorinnen und Revisoren feststellen, dass keine zusätzlichen Analysen erforderlich sind und keine Abweichung zwischen dem Soll-Zustand und dem Ist-Zustand besteht, müssen die Internen Revisorinnen und Revisoren im Gesamturteil zu dem Auftrag die Prüfungssicherheit hinsichtlich der Wirksamkeit der Governance-, Risikomanagement- und Kontrollprozesse der Funktion liefern.
>
> Quelle: IIA/DIIR, Global Internal Audit Standards

Wenn die Analysen eine Abweichung zwischen dem Soll-Zustand und dem Ist-Zustand anzeigen, gehört es auch zu den Aufgaben der Internen Revision die Ursache und die Bedeutung der Abweichung beziehungsweise das aus der Abweichung resultierende Risiko zu bestimmen. Hieraus ergibt sich auch die Bedeutung oder die Wesentlichkeit der potenziellen Feststellung.

Revisorinnen und Revisoren sollen verifizieren oder validieren, dass Kriterien eingehalten werden.

Im Allgemeinen ist die Verifizierung eine Prüfung der Übereinstimmung mit einer Spezifikation. Verifizierung soll sicherstellen, dass ein Prozess in der Praxis die Anforderungen des beschriebenen Prozesses gerecht wird. Die häufigste Methode ist das Sichten von Dokumenten und Aufzeichnungen. Auch Interviews sind geeignet zu verifizieren, dass Prozesse die Anforderungen erfüllen.

Die Validierung ist die Bewertung der Erreichung der beabsichtigten Leistung. Validierung soll sicherstellen, dass die Ergebnisse des untersuchten Prozesses geeignet sind, die beabsichtigten Ziele zu erreichen.

Die Standards 14.2 und 14.3 fordern, dass die während des Auftrags erhaltenen Informationen analysiert und bewertet werden, bevor Schlussfolgerungen daraus gezogen werden.

Eine Möglichkeit, um im Rahmen eines Prüfauftrags Nachweise zu erlangen, ist die Nutzung analytischer Verfahren. Hierbei ist insbesondere Folgendes zu beachten:

- Bedeutung des geprüften Bereichs, Einschätzung des Risikomanagements im geprüften Bereich und Angemessenheit des Internen Kontrollsystems.
- Verfügbarkeit und Verlässlichkeit von Informationen.
- Genauigkeit, mit der die Ergebnisse der analytischen Prüfungsverfahren hergeleitet werden können.
- Verfügbarkeit von und Vergleichbarkeit mit Informationen aus der Branche, in der die Organisation tätig ist.
- Ausmaß, in dem andere Verfahren Prüfnachweise beitragen.

Bei analytischen Verfahren können monetäre Größen, Mengenangaben oder Verhältniskennzahlen zur Hilfe genommen werden. Beispiele analytischer Verfahren sind Kennzahlen-, Trend- und Regressionsanalysen, Angemessenheitstests, Zeitvergleiche, Prognosen und Benchmark-Informationen über ähnliche Branchen oder Organisationseinheiten. Solche Prüfungsansätze bieten häufig ein wirksames Instrument zum Erlangen von Prüfnachweisen. Die Bewertung ergibt sich aus einem Vergleich von Informationen mit den Erwartungen. Dabei wenden Revisorinnen und Revisoren ihre Erfahrung, Logik und professionelle Skepsis an, um die während des Auftrags erhaltenen Informationen zu bewerten und logische Schlussfolgerungen zu ziehen.

Analytische Verfahren unterstützen insbesondere bei der Identifizierung von

- unerwarteten Abweichungen,
- möglichen Fehlern,

- möglichen dolosen Handlungen oder Complianceverstößen und
- anderen ungewöhnlichen oder einmaligen Geschäftsvorfällen oder Ereignissen.

Analytische Prüfungsverfahren umfassen z. B.:

- Vergleichen von aktuellen Informationen mit Erwartungen, die auf vergleichbaren Informationen vorhergehender Perioden, Budgets oder Prognosen beruhen.
- Untersuchen der Beziehungen von Finanz- und entsprechenden nicht-finanziellen Informationen (z. B. gebuchte Gehälter im Vergleich mit Veränderungen der Mitarbeiterzahl).
- Untersuchen der Beziehungen zwischen Detailinformationen (z. B. Schwankung gebuchter Zinsaufwendungen im Vergleich mit Veränderungen der Verbindlichkeiten).
- Vergleichen von Informationen mit Benchmarks (z. B. vergleichbaren anderen Organisationseinheiten, Branche).

Soweit möglich, sollen Revisorinnen und Revisoren die Ursache einer Abweichung zwischen Soll-Zustand und Ist-Zustand ermitteln. Die Ursachenanalyse ermöglicht Einblicke, die die Wirksamkeit und Effizienz der Governance-, Risikomanagement- und Kontrollprozesse der Organisation verbessern. Obwohl komplexe Sachverhalte in der Regel gründliche Analysen erfordern, ist eine Ursachenanalyse in bestimmten Fällen so einfach wie das Fragen einer Reihe von „warum"-Fragen, um die Ursache einer Abweichung zu identifizieren.

5.2.3 Datenanalysen

Datenanalysesoftware ermöglicht das Testen einer Grundgesamtheit von Daten und nicht nur einer Stichprobe oder von Einzelfällen.

Während wirtschaftliche und zeitliche Restriktionen Revisorinnen und Revisoren in der Vergangenheit davon abgehalten haben, 100% einer gegebenen Grundgesamtheit zu testen, haben Fortschritte in der Datenanalyse dies in einem noch nie da gewesenen Umfang möglich gemacht. Möglich geworden ist dies, weil Einschränkungen wie Speicherplatz, Rechnerkapazitäten, Benutzerfreundlichkeit von Software und Fähigkeit der Revisorinnen und Revisoren, Ergebnisse aus großen Datenvolumen zu interpretieren, durch technologischen Fortschritt und Aus- und Weiterbildungsprogramme minimiert wurden.

Datenanalyse ist der Prozess des Sammelns und des Analysierens und der Berücksichtigung der Ergebnisse, um bessere Entscheidungen zu treffen. Der Einsatz von Datenanalysen erlaubt es, eine Grundgesamtheit von Informationen zu analysieren und Abweichungen intensiver zu prüfen. Damit Datenanalysen wirksam in der Internen Revision eingesetzt werden können, müssen die notwendigen Ressourcen Personal, Prozesse und Technologie verfügbar sein.[230]

Datenanalysen erlauben Revisorinnen und Revisoren, ihre Ressourcen auf hohe Risiken zu fokussieren und das Management mit einem höheren Grad an Prüfungssicherheit zu unterstützen.

Hierzu ist es notwendig, dass eine Interne Revision einen Plan für die Integration von Datenanalysen in die Revisionsarbeit entwickelt. Sechs Strategien können eine Interne Revision bei der Einführung oder Weiterentwicklung von Datenanalysen unterstützen.[231]

1. Erzeuge eher Bewusstsein als ein Silo.
2. Verstehe die Daten, bevor du in ein Tool investierst.
3. Plane ausreichend.
4. Denke im großen Ganzen.
5. Arbeite partnerschaftlich mit der IT zusammen.
6. Nutze den Vorteil von Visualisierungstools für eine ansprechende Berichterstattung.

Eine wesentliche Determinante für den Einsatz von Datenanalysen in der Internen Revision ist die Fähigkeit der Revisorinnen und Revisoren, Datenanalysen durchzuführen.[232] Abbildung 48 zeigt ein Reifegradmodell für Datenanalysen.[233]

Datenanalysen helfen Organisationen, Einblicke in die Vergangenheit, in die Gegenwart und in die Zukunft zu gewinnen. Diese Ansätze sind hilfreich, haben ihre Berechtigung und erfüllen ihren individuellen Zweck. Datenanalysen werden in der aktuellen Literatur anhand ihrer verfolgten Ziele in vier Gruppen eingeteilt (vgl. auch Abbildung 49):[234]

- Deskriptive Analysen: Informationen, die die Vergangenheit beschreiben, werden genutzt, um Aussagen darüber zu geben, was in der Zukunft passieren könnte. Beispiel: Die Analyse der Kreditorenbuchhaltung identifiziert alle Auszahlungen über mehr als 1.000 € an Samstagen.
- Diagnostische Analysen: Nutzung von Daten, um zu verstehen, warum und wie Dinge passieren. Dies kann helfen, Ursachen zu analysieren und Muster zu bestimmen. Beispiel: Die Analyse der Kreditorenbuchhaltung identifiziert den Leiter der Kreditorenbuchhaltung als denjenigen, der jeden Samstag Auszahlungen über mehr als 1.000 € genehmigt hat.

230 Vgl. Anderson et al. (2017), S. 11–1 f.
231 Vgl. Braun et al. (2017) und IIA (2019d), S. 3.
232 Vgl. IIA (2019c), S. 6 und IIA UK (2017), S. 8.
233 Vgl. IIA UK (2017).
234 Vgl. IIA (2019c), S. 3.

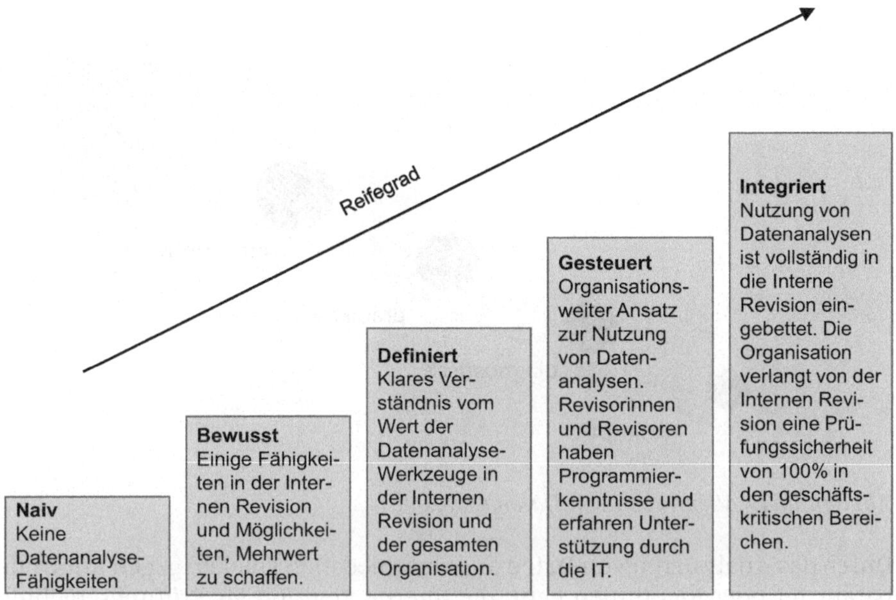

Abbildung 48: Reifegrade von Datenanalysen

- Prädiktive Analysen: Kombiniert Ergebnisse von deskriptiven und diagnostischen Analysen, um auf Basis der Vergangenheit begründet vorherzusagen oder zu vermuten, was in der Zukunft passieren könnte. Beispiel: Bei der Analyse der Verbindlichkeiten in mehreren Städten werden alle Auszahlungen über 1.000 € an Samstagen identifiziert und jedem Vorfall gemeinsame Attribute zugeordnet (z. B. die Gesamtanzahl der Lieferanten, Betriebszugehörigkeit der Beschäftigten und die Summe der monatlich gebuchten Rückstellungen).
- Präskriptive Analysen: Dies ist das höhere Ziel der Datenanalyse. Gemeint sind die Modellierung von Optionen zur Risikominimierung, das Anerkennen von Trends, die der Organisation helfen könnten, und die Skizzierung oder Festlegung künftiger Maßnahmen. Beispiel: Eine Analyse, die Szenarien zu verschiedenen Richtlinien aufbaut und testet, um festzustellen, welche Vorgehensweise zu einem Rückgang der Zahl der Auszahlungen über 1.000 € an Samstagen führen würde.

Datenanalysen können der Internen Revision helfen, ihre Prüfungsziele zu erreichen. Durch das Analysieren von Daten in Schlüsselprozessen der Organisation ist die Interne Revision in der Lage, Veränderungen oder Schwachstellen in den Prozessen der Organisation und potenzielle Schwächen, die dazu führen, dass sich die Organisation unangemessenen oder ungeplanten Risiken aussetzt, zu entdecken.

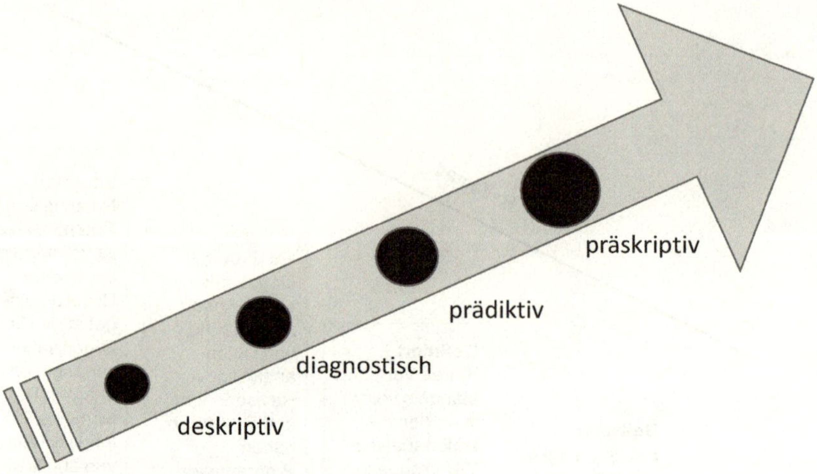

Abbildung 49: Vier Typen von Datenanalysen

Durch das Analysieren von Daten aus verschiedenen Quellen gegen Kontrollparameter oder Richtlinien kann die Interne Revision als Prüfungsergebnis präsentieren, wie gut automatisierte Kontrollen funktionieren, die auf Fakten und Zahlen basieren. Datenanalysetechnologie kann darüber hinaus eingesetzt werden, durch Suche von Indikatoren in den Daten zu bestimmen, ob semiautomatische oder manuelle Kontrollen wirksam sind. Durch das Analysieren der Gesamtheit aller relevanten Transaktionen und das Vergleichen von Daten aus verschiedenen Quellen kann die Interne Revision Belege für Fraud, Fehler, Ineffizienzen und fehlende Compliance identifizieren.[235]

Die folgende Aufzählung einhält eine Anzahl von Techniken, die sich in der Datenanalyse für Zwecke der Internen Revision als sehr wirksam erwiesen haben:[236]

- Berechnung von statistischen Parametern (z.B. Mittelwert, Standardabweichung, höchster und niedrigster Wert), um Ausreißer in Transaktionen zu identifizieren.
- Klassifizierung, um Muster und Beziehungen zwischen Gruppen von Datenelementen zu finden.
- Schichtung von numerischen Werten, um ungewöhnliche Werte zu identifizieren, z.B. extrem hohe oder niedrige Werte.
- Verwendung von Benford's Law zur Identifizierung des statistisch unwahrscheinlichen Vorkommens bestimmter Ziffern in natürlich vorkommenden Daten.

235 Vgl. IIA (2011b), S. 5.
236 Vgl. IIA (2011b), S. 5.

- Zusammenführen verschiedener Datenquellen, um ungewöhnliche übereinstimmende Werte (wie Namen, Adressen und Kontonummern) in unterschiedlichen Systemen zu identifizieren.
- Dublettentests zur Identifikation einfacher oder komplexer Duplikate von Transaktionen (wie Zahlungen, Gehaltsabrechnungen, Forderungen oder anderer bestimmter Kostenpositionen).
- Lückenanalyse, um fehlende Nummern in sequenziellen Daten zu finden.
- Summierung von numerischen Werten zur Überprüfung von Kontrollsummen.
- Validierung von Dateneingaben, um Buchungen oder Erfassungszeiten zu identifizieren, die ungewöhnlich oder verdächtig sind.

Ein bewährtes Verfahren für die Entwicklung eines Datenanalyseprogramms der Internen Revision sieht fünf verschiedene Schritte vor (vgl. Abbildung 50):

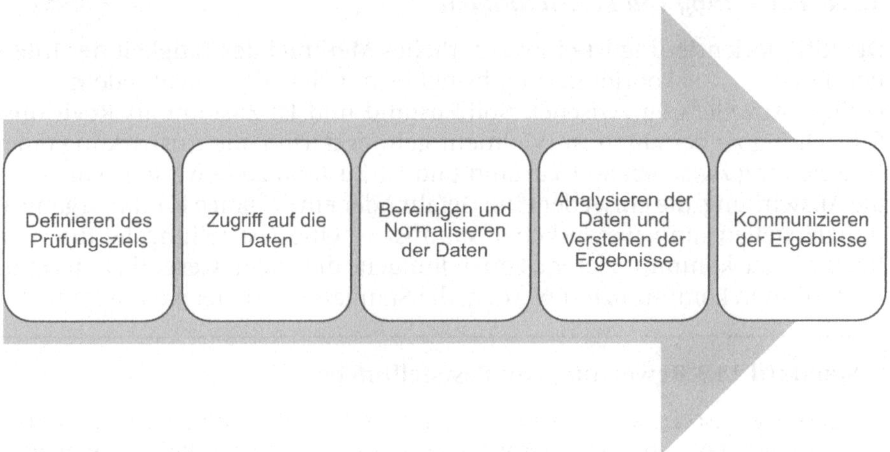

Abbildung 50: Fünf Schritte in der Datenanalyse der Internen Revision

1. Schritt: Festlegen der Fragestellung, die beantwortet werden soll, d.h. des Prüfungsziels.
2. Schritt: Erlangung des Zugriffs auf die Daten.
3. Schritt: Bereinigen und Normalisieren der Daten.
4. Schritt: Analysieren der Daten und Verstehen der Ergebnisse.
5. Schritt: Kommunizieren der Ergebnisse.

Es gibt eine Vielzahl von Werkzeugen und Anbietern, die für die Durchführung von Datenanalysen zur Verfügung stehen. Sie unterscheiden sich in ihrer Funktionsvielfalt und inwieweit die vorhandenen Funktionen und die jeweilige Anwendung für Revisionszwecke ausgereift sind.

Weil Organisationen über alle Branchen hinweg deutlich komplexer werden, besteht ein gemeinsames Verständnis darüber, dass die Datenanalyse ein kritischer Erfolgsfaktor ist, der Interne Revisionen dabei unterstützen kann, die Qualität ihrer Prüfungs- und Beratungsleistungen deutlich zu erhöhen. In seiner Publikation Global Knowledge Brief[237] hält das IIA unter den abschließenden Gedanken fest: „Die Zeit ist von entscheidender Bedeutung. Fangen Sie jetzt an. Verlieren Sie sich nicht im Datennebel, wenn Sie in Risiko-Geschwindigkeit prüfen können."

Norman Marks fasst die wesentlichen Aspekte zur Datenanalyse wie folgt zusammen:[238] „Software und Analysen können generell einen riesigen Unterschied in der Fähigkeit, Effizienz und Wirksamkeit einer Internen Revision machen. Aber die größten Ressourcen sind die Menschen im Revisionsteam und ihre Intelligenz, Neugier, Fantasie und Erkenntnisse – zusammen mit der Fähigkeit, ihre Erkenntnisse zu kommunizieren und Veränderungen zu beeinflussen."

5.2.4 Bewertung von Feststellungen

Die Risikoorientierung ist ein wesentliches Merkmal der Tätigkeit der Internen Revision. Risikoorientierung bringt es mit sich, dass nicht jede noch so geringe Abweichung zwischen Soll-Zustand und Ist-Zustand als Revisionsfeststellung zu berichten ist. Vielmehr geht es darum, die Auswirkung einer Abweichung zwischen Soll-Zustand und Ist-Zustand zu bewerten. Nur wenn die Auswirkung, die entweder eine Gefahr oder eine Chance für die Organisation darstellen kann, wesentlicher Natur ist, ist eine Feststellung der Internen Revision zu kommunizieren. Feststellungen, die nicht wesentlicher Natur sind, können kommuniziert werden, die Standards verlangen das aber nicht.

Standard 14.3 Bewertung von Feststellungen

Interne Revisorinnen und Revisoren müssen jede potenzielle Feststellung bewerten, um ihre Wesentlichkeit zu bestimmen. Bei der Bewertung potenzieller Feststellungen müssen Interne Revisorinnen und Revisoren mit dem Management zusammenarbeiten, um die Grundursache zu identifizieren, wenn dies möglich ist, die potenziellen Auswirkungen festzustellen und die Wesentlichkeit des Problems zu bewerten.

Um die Wesentlichkeit des Risikos zu bestimmen, berücksichtigen Interne Revisorinnen und Revisoren die Wahrscheinlichkeit des Risikoeintritts und die Auswirkungen, die das Risiko auf die Organisation oder ihre Governance-, Risikomanagement- oder Kontrollprozesse haben kann.

237 Vgl. IIA (2019c), S. 7.
238 Vgl. Marks (2016), S. 182.

> Wenn Interne Revisorinnen und Revisoren feststellen, dass die Organisation einem wesentlichen Risiko ausgesetzt ist, muss es dokumentiert und als Feststellung kommuniziert werden.
>
> Interne Revisorinnen und Revisoren müssen auf der Grundlage der Umstände und der festgelegten Methoden entscheiden, ob sie andere Risiken als Feststellungen berichten.
>
> Interne Revisorinnen und Revisoren müssen die einzelnen Feststellungen zu einem Auftrag nach ihrer Wesentlichkeit priorisieren und dabei die von der Revisionsleitung festgelegten Methoden anwenden.
>
> Quelle: IIA/DIIR, Global Internal Audit Standards

Bei der Prüfungsplanung und Prüfungsdurchführung spielen die beiden Themen Prüfungsrisiko und Wesentlichkeit eine Rolle. In Abhängigkeit von den Prüfungszielen beeinflussen das Prüfungsrisiko und die Wesentlichkeit Umfang und Tiefe einer Prüfung und steuern den Prüfungsverlauf und die Berichterstattung. In vielen Fällen ist das Ausmaß des Risikos eine Schätzung, die auf dem fachlichen Urteil der Revisorinnen und Revisoren beruht.

Im Glossar der Global Internal Audit Standards wird Wesentlichkeit definiert als die relative Bedeutung eines Sachverhalts in dem Kontext, in dem er betrachtet wird, einschließlich quantitativer und qualitativer Faktoren wie Ausmaß, Art, Wirkung, Relevanz und Auswirkung. Professionelles Urteilsvermögen unterstützt Interne Revisorinnen und Revisoren bei der Bewertung der Bedeutung von Sachverhalten im Zusammenhang mit den relevanten Zielen.

Das Institut der Wirtschaftsprüfer in Deutschland (IDW) hat einen Prüfungsstandard zum Thema Wesentlichkeit in der Abschlussprüfung veröffentlicht. Der IDW PS 250 n.F. beschreibt die Auswirkungen der Wesentlichkeit auf das Prüfungsrisiko und macht deutlich, dass die Wesentlichkeit nicht nur unter quantitativen, sondern auch qualitativen Gesichtspunkten zu beurteilen ist.[239] Obwohl für die Abschlussprüfung entwickelt, lassen sich Erkenntnisse und Hinweise des Prüfungsstandards auch auf Revisionsprüfungen übertragen.

Das Prüfungsrisiko wird definiert als das Risiko, dass Informationen einen wesentlichen Fehler enthalten, der während der Prüfung unentdeckt bleibt. Der Fehler muss hierfür von allen von dem Sachverhalt betroffenen Bereichen als wesentlich angesehen werden. Die Bewertung, ob etwas wesentlich ist oder nicht, ist eine Frage der professionellen Beurteilung.

Wesentlichkeit und Prüfungsrisiko stehen in einem wechselseitigen Zusammenhang: Je höher die Wesentlichkeit festgelegt wird, umso geringer ist das Prüfungsrisiko und umgekehrt. Bereits bei der Planung von Art, Zeitpunkt

239 Vgl. IDW (2019), IDW PS 250 n.F., S.1.

und Umfang von Prüfungshandlungen ist dieser wechselseitige Zusammenhang zwischen Wesentlichkeit und Prüfungsrisiko zu berücksichtigen.[240]

Wesentlichkeitsüberlegungen sind zusammen mit dem Verstehen des Prüfungsrisikos wichtige Konzepte bei der Entwicklung der Prüfungshandlungen für eine einzelne Prüfung. Zu berücksichtigen sind die Auswirkung auf die Organisation als Ganzes sowie Fehler, Unterlassungen, Unregelmäßigkeiten und Gesetzesverstöße, die als Ergebnis von Kontrollschwächen in dem geprüften Bereich auftreten können. Das Konzept der Wesentlichkeit ist adressatenorientiert. Unabhängig davon müssen sich die individuelle Wesentlichkeit und das individuelle Prüfungsrisiko an den Prüfungszielen orientieren.

Das Konzept der Wesentlichkeit ist auch maßgeblich für die Entscheidung, welche Prüfungsfeststellungen in der Berichterstattung kommuniziert werden sollen. Der Schlüssel für die Entscheidung über die Wesentlichkeit von Feststellungen ist die Beurteilung, was für die verschiedenen Hierarchiestufen des Managements wesentlich wäre. Eine solche Entscheidung erfordert eine Bewertung der potenziellen Auswirkungen, wenn keine korrigierenden Maßnahmen umgesetzt würden. Revisorinnen und Revisoren müssen einschätzen, welche Feststellungen sie für wesentlich bzw. berichtenswert halten.

Die Bewertung von Feststellungen kann ein wirksames Instrument sein, um die Wesentlichkeit der einzelnen Feststellungen zu beschreiben, und kann dem Management bei der Priorisierung seiner Maßnahmenpläne helfen.

Aus dem risikoorientierten Prüfungsansatz der Internen Revision ergibt sich logisch die Notwendigkeit einer risikoorientierten Berichterstattung. Die Interne Revision listet also die Feststellungen nicht nur auf, sie bewertet sie auch. Mit einer Klassifikation der Feststellungen wird eine ordinale Abstufung der festgestellten Risiken erreicht. Die Kategorien zur Einstufung der Mängel müssen im Revisionshandbuch zumindest qualitativ beschrieben werden. Die schriftliche Fixierung dient den Revisorinnen und Revisoren als Richtlinie für eine konsistente Risikoeinschätzung und damit der Vergleichbarkeit der Bewertung über mehrere Prüfungen hinweg. Zusätzlich bietet sie den Berichtsempfängern die Grundlage für eine nachvollziehbare Risikoeinschätzung.

Möglich ist z.B. eine Klassifikation in besonders schwerwiegend, schwerwiegend, wesentlich, bemerkenswert und geringfügig. Abhängig von der Wertung kann sich dann auch die Berichterstattung unterscheiden.

Abbildung 51 zeigt ein einfaches Beispiel für die Klassifikation von Feststellungen.

240 Vgl. IDW (2019), IDW PS 250 n.F., S.4f.

Wertung	Defintion	Berichterstattung
Besonders Schwer-wiegend	Existenzielles Gefährdungs-potenzial, im Einzelfall mit der Geschäftsleitung abzu-stimmen	Unverzüglich an Aufsichts-organ durch Geschäftslei-tung
Schwer-wiegend	Erhebliches Gefährdungs-potenzial, unmittelbares Eingreifen der Geschäftslei-tung erforderlich	Unverzüglich an Geschäfts-leitung
Wesentlich	Mittleres Risiko, für die Ge-schäftsleitung relevant	Im Prüfungsbericht beson-ders herauszustellen, Auf-nahme in den Jahresbericht
Bemer-kenswert	Nur mittelbares Risiko, Aus-wirkung auf die geprüfte Einheit	Aufnahme in den Prüfungs-bericht, keine darüber hinaus gehende Bericht-erstattung
Gering-fügig	Maßnahmen sind umzu-setzen, jedoch kein Einfluss auf das Gesamturteil der Prüfung	Keine Aufnahme in den Prüfungsbericht, aber Über-wachung im Rahmen des Follow-up

Abbildung 51: Einfaches Beispiel für eine Klassifikation von Feststellungen

Es ist vorteilhaft, das Klassifikationssystem von Feststellungen offen zu kommunizieren. Damit können die Prüfungspartner sich ein Bild von der Bedeutung und dem Risikogehalt der Feststellungen in ihrer Prüfung machen. Darüber hinaus sollte die Definition der Wertungsklassen Inhalt einer jeden Berichterstattung, z.B. in der Fußzeile eines Prüfungsberichts, sein.

> Wenn das Klassifikationssystem im Rahmen einer Überarbeitung der Revisionsprozesse neu definiert und umgesetzt werden soll, hat es sich auch bewährt, die Definition der verschiedenen Wertungen zusammen mit den Prüfungspartnern zu erarbeiten. Die Interne Revision kann damit im Sinne eines Revisionsmarketings viel für ihre Akzeptanz und ihren risikoorientierten Prüfungsansatz erreichen.

Die im Follow-up-Prozess behandelten und berichteten Feststellungen sollten innerhalb der dafür verwendeten Datenbank grundsätzlich vollständig, korrekt und unveränderlich abgebildet sein. Dann lassen sich mithilfe der Klassifikation (in Internen Revisionen mit einer ausreichenden Anzahl von Feststellungen) Statistiken über den Erledigungsstand im Zeit- oder

Geschäftsbereichsvergleich für die Follow-up-Berichte pointiert und mit hoher Qualität gestalten. Aussagen über die Bedeutung und den Risikogehalt der Feststellungen sind für die Ermittlung des durch die Interne Revision geschaffenen Mehrwerts hilfreich.

Den Kern der Ergebniskommunikation bilden die Prüfungsfeststellungen. Diese müssen für sachkundige Dritte nachvollziehbar sein. Diesem Anspruch ist durch eine aussagefähige Prüfungsdokumentation Rechnung zu tragen. Die Feststellungen sollen kurz und bündig in klarer Sprache verfasst werden, sodass alle Empfänger der Revisionsergebnisse die Bewertung der Internen Revision verstehen können.

Bei der Formulierung von Feststellungen hat sich in der Praxis ein äußerst hilfreicher Best Practice-Ansatz etabliert.[241] Bei allen Feststellungen sind konsequent der Soll-Zustand, der vorgefundene Ist-Zustand, die Ursache für die Abweichung zwischen Soll- und Ist-Zustand, das sich hieraus für die Organisation ergebende Risiko sowie die vereinbarten Maßnahmen aufzuführen (vgl. Abbildung 52).

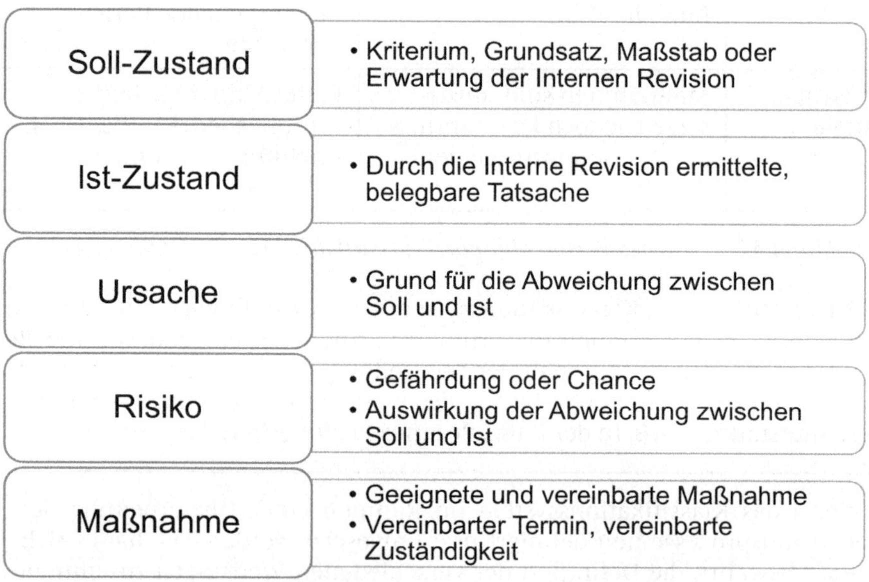

Abbildung 52: Die fünf Bestandteile der Formulierung einer Feststellung

Die Arbeitspapiere müssen so aufbereitet werden, dass alle relevanten Informationen erfasst werden und die Formulierungen sich so nah wie möglich an der finalen Berichterstattung orientieren. Alle fünf Bestandteile müssen sich in den Arbeitspapieren zu einer Revisionsfeststellung wiederfinden. Der

241 Vgl. IIA (2024), S. 119, Sawyers (2019), S. 286, ausführlich in Bünis und Gossens (2014a), S. 24 f.

Prozess zur Generierung einer Prüfungsfeststellung beginnt damit, dass die Prüferin oder der Prüfer eine Abweichung zwischen Soll- und Ist-Zustand vorfindet.[242]

- Der Soll-Zustand muss – insbesondere, wenn es sich nicht um regulatorische Anforderungen, sondern „nur" um Best Practice oder Erfahrungen der Revisorin oder des Revisors handelt – so beschrieben werden, dass er den Leser überzeugt.
- Der Ist-Zustand muss so präzise und klar wie möglich, korrekt und komplett dargestellt werden.
- Bevor die Prüferin oder der Prüfer weitere Zeit darauf verwendet, muss sie/er sich fragen: „Na und?" oder „Ist das wirklich wichtig?". Nicht jede Abweichung zwischen Soll- und Ist-Zustand ist ein ernsthaftes Problem. Welcher Schaden kann entstehen oder ist entstanden? Welches Risiko (Gefahr oder Chance) ergibt sich? Die Frage nach dem „Na und?" kann mehrere Wiederholungen erfahren, bis ein nennenswertes Risiko identifiziert ist. Die Formulierung des Risikos ist oftmals für das Weiterbestehen einer Feststellung entscheidend: Prüfer müssen eine überzeugende Antwort auf die Frage „Na und?" finden, um aus der Abweichung zwischen Soll- und Ist-Zustand ein Risiko abzuleiten. Gelingt das nicht, oder ist das Risiko trivial, braucht die Feststellung nicht in das Prüfungsergebnis und die Berichterstattung übernommen werden. Sie kann mündlich berichtet und dem Prüfungspartner zur weiteren Verfolgung überlassen werden. Es ist vorteilhaft, das Risiko, wenn möglich, quantitativ (z.B. in Geld, Zeit, Anzahl) auszudrücken, weil dies hilft, die Leser zu überzeugen und der Internen Revision höhere Glaubwürdigkeit verschafft.
- Nur wenn ein nennenswertes Risiko identifiziert wurde, müssen sich Prüfer damit weiter beschäftigen und nach der Ursache fragen. Die Klärung und Nennung der Ursache eines Risikos wird vielfach als der wichtigste der fünf Bestandteile angesehen, denn es sollte der Internen Revision ja um die Beseitigung der Ursache, nicht nur der Symptome, von Problemen gehen. Dies erfordert oft eine tiefschürfende Prüfungstätigkeit.
- Die dann folgende Empfehlung bzw. vereinbarte Maßnahme sollte auf die identifizierte Ursache zielen.

242 Zur Formulierung der Feststellungen vgl. Sawyer (2019), S. 285 ff.

> Bei der Formulierung mittels der fünf Bestandteile gibt es verschiedene Varianten, die je nach dem bevorzugten Stil der Revisionsberichterstattung gewählt werden können: Man kann die fünf Bestandteile jeweils nennen und tabellarisch und sachlich nacheinander abarbeiten. Man kann sie aber auch in einem Fließtext miteinander kombinieren. Durch die Reihenfolge der fünf Bestandteile können bestimmte Effekte erzielt werden. Beispielsweise erhöht die Nennung der Empfehlung/Maßnahme an erster Stelle den Fokus auf den Handlungsbedarf. Die Nennung von Ursache und Risiko an erster Stelle legt mehr Wert auf das Verständnis der Bedeutung der Feststellung. Auch durch pointierte Gestaltung des Layouts (Zeichensatz, Farbe) kann beim Leser Aufmerksamkeit für bestimmte Aspekte geweckt werden.

Die Vorteile liegen auf der Hand: Soll- und Ist-Zustand, Ursache, Risiko und Maßnahmen lassen sich einzeln mit dem betroffenen Prüfungspartner diskutieren und abstimmen. Die Diskussion wird dadurch wesentlich sachlicher. Anstelle des Abwehrens von Revisionsvorwürfen geht es jetzt um die objektive Richtigkeit von Sachaussagen. Dabei steht auch die Interne Revision auf dem Prüfstand: Welchen Soll-Zustand legt sie zugrunde? Welchen Risikomaßstab wendet sie an? Zudem hilft es den Revisorinnen und Revisoren enorm, sich jede Feststellung in die fünf Bestandteile zu zerlegen und diese separat zu formulieren. In der Praxis wird dann so manches diffuse Bauchgefühl zu einer wirklichen Feststellung. Umgekehrt lassen sich zunächst unsauber formulierte Mängel nicht aufrechterhalten, da beispielsweise ein sachgerecht anzulegender Soll-Zustand nicht ermittelbar oder ein wirkliches Risiko für die Organisation nicht erkennbar ist. Das Scheitern einer Einigung zwischen Interner Revision und Prüfungspartner wird beim Zerlegen einer Feststellung in die fünf Bestandteile quasi ausgeschlossen.

Ein weiterer, entscheidender Vorteil ergibt sich erst im Follow-up-Prozess. Denn dort werden Feststellungen aus ihrem ursprünglichen Textzusammenhang in der Berichterstattung (z. B. im Revisionsbericht) herausgelöst, umsortiert oder gefiltert. Die Feststellungstexte müssen also bei der Nachverfolgung selbsterklärend sein und ohne weitere Ergänzung für sich stehen können. Die konsequente Berücksichtigung der fünf Textbestandteile verhindert Missverständnisse in der Kommunikation und erspart umfangreiche Nacharbeiten. Die Qualität des Follow-up-Prozesses erhöht sich dadurch enorm. Für die wirksame technische Unterstützung der Follow-up-Kommunikation durch eine Revisionsmanagementsoftware ist die klare, selbsterklärende und an den fünf Bestandteilen ausgerichtete Formulierung von Feststellungen geradezu eine Mindestvoraussetzung.

5.2.5 Empfehlungen und Maßnahmen

Die Aufgabe der Internen Revision endet nicht mit dem Aufzeigen von Risiken oder Chancen, sondern es müssen auch entweder Empfehlungen zum

Umgang mit dem aufgedeckten Risiko abgegeben oder zusammen mit dem Prüfungspartner Maßnahmen entwickelt werden.

Standard 14.4 Empfehlungen und Maßnahmenpläne

Interne Revisorinnen und Revisoren müssen entscheiden, ob sie Empfehlungen ausarbeiten, Maßnahmenpläne vom Management anfordern oder mit dem Management zusammenarbeiten, um sich auf Maßnahmen zu einigen, die:

- Die Unterschiede zwischen dem festgelegten Soll-Zustand und dem Ist-Zustand beheben.
- Identifizierte Risiken auf ein akzeptables Niveau mindern.
- Die Grundursache der Feststellung adressieren.
- Den Untersuchungsgegenstand stärken oder verbessern.

Wenn Empfehlungen ausgearbeitet werden, müssen Interne Revisorinnen und Revisoren diese mit dem Management des Untersuchungsgegenstands besprechen.

Sind sich die Internen Revisorinnen und Revisoren und das Management über die Empfehlungen und/oder Maßnahmenpläne zu einem Auftrag uneinig, dann müssen die Internen Revisorinnen und Revisoren einer festgelegten Methode folgen, die es beiden Seiten ermöglicht, ihre Positionen und Begründungen darzulegen und eine Lösung zu finden.

Quelle: IIA/DIIR, Global Internal Audit Standards

Wenn zu einer Feststellung eine bestimmte korrigierende Maßnahme identifiziert wird, können Interne Revisorinnen und Revisoren diese als Empfehlung kommunizieren. Alternativ können sie dem Prüfungspartner mehrere mögliche Optionen vorschlagen. In einigen Fällen können sie dem Management empfehlen, selbst Optionen zu finden und die geeignete Vorgehensweise festzulegen. Zu einer einzelnen Feststellung kann es mehrere Empfehlungen oder korrigierende Maßnahmen geben.

Über die durchzuführenden Maßnahmen ist eine Vereinbarung zu treffen, die auch die Verantwortlichen und ein Erledigungsdatum benennt. Die Verantwortung für die Erledigung der vereinbarten Maßnahmen liegt beim Prüfungspartner.

Es ist unbedingt erforderlich, dass die Feststellungen der Internen Revision mit dem Prüfungspartner abgestimmt, von diesem akzeptiert und durch vereinbarte und dokumentierte Maßnahmenpläne ergänzt werden. Denn wenn Feststellungen nicht wirklich akzeptiert und Maßnahmen zur Erledigung nicht vereinbart werden, dann ist das Follow-up eines mit viel Engagement und Stress durchgesetzten Prüfungsergebnisses schon zum Scheitern verurteilt. Über nicht akzeptierte Feststellungen wird sich kein konstruktiver Dialog entfalten. Dies macht deutlich, dass die Implementierung eines wirksamen Follow-up-Prozesses mit der Abstimmung und Formulierung der Prüfungsergebnisse beginnt und auf einer funktionierenden und partnerschaftlichen Kommunikation mit dem Prüfungspartner aufbaut.[243]

Tatsächlich weist eine Studie nach, dass die eher effektiven Internen Revisionen typischerweise von regelmäßiger, zeitnaher und problemlösungsorientierter Kommunikation mit dem Prüfungspartner gekennzeichnet sind.[244] Beide Bereiche haben gemeinsame Ziele und ihr Verhalten ist von gegenseitigem Respekt geprägt. Die weniger effektiven Internen Revisionen sind typischerweise gekennzeichnet von unregelmäßiger und verspäteter Kommunikation, die sich mit der Suche nach Schuldigen beschäftigt. Im Verhältnis zwischen Interner Revision und Prüfungspartner mangelt es dabei auch an gegenseitigem Respekt. Daher erscheint es wichtig, die folgenden Hinweise für die Kommunikation von Feststellungen zu berücksichtigen:

Feststellungen und die hieraus abzuleitenden Maßnahmen sollen so frühzeitig wie möglich – bereits während der Prüfung – adressiert werden. Dies sollte nicht erst zum Zeitpunkt der Abfassung eines Revisionsberichts erfolgen. Der Inhalt der finalen Berichterstattung darf keine Überraschung darstellen, sondern sollte bereits vorher einvernehmlich abgestimmt worden sein.[245] Unterschiedliche Ansichten zwischen Revision und Prüfungspartner können und sollen so frühzeitig wie möglich geklärt werden. Durch solche Abstimmungen erhält der Prüfungspartner die Möglichkeit, unterschiedliche Auffassungen zu begründen bzw. Missverständnisse zu klären. Fehleinschätzungen können noch rechtzeitig korrigiert, eine erhöhte Akzeptanz gefördert und die abschließende Kommunikation der Prüfungsergebnisse beschleunigt werden. Bei konsequenter Anwendung dieser Empfehlung wird die Erstellung der Berichterstattung über das Prüfungsergebnis wesentlich einfacher. Schon im Entwurfsstadium können die abgestimmten Feststellungen aus der Findings List direkt in die Berichterstattung übernommen werden. Der sonst oft recht hohe Aufwand für die Abstimmung der Prüfungsergebnisse verkürzt sich. Bei vielen Revisionseinheiten wurde selbst der Aufbau und Inhalt der Berichterstattung durch die Nutzung dieses Verfahrens insgesamt einfacher, kürzer und adressatengerechter.

Geringfügige Feststellungen können gegebenenfalls schon während der Prüfung besprochen und erledigt werden. Die Dokumentation der Klärung ist in die Arbeitspapiere aufzunehmen. Sollten Feststellungen noch im Prüfungsverlauf bereinigt werden, ist es angebracht, diese zwar in der Berichterstattung zu erwähnen, aber durch „erledigt" zu kennzeichnen.

243 Vgl. hierzu ausführlich Bünis und Gossens (2014a), S. 24 f.

244 Vgl. Hoos und Lenz (2013), S. 113.

245 Vgl. Gallegos (2002), S. 17 f.

5.2.6 Gesamturteile

Mit der Herausgabe der Global Internal Audit Standards hat das IIA die Entwicklung eines Gesamturteils für Aufträge verbindlich vorgegeben. Dies war bisher auch schon bei vielen Internen Revisionseinheiten geübte Praxis. Wichtig ist, dass bei Prüfungen jetzt auch eine Aussage zur Wirksamkeit von Governance-, Risikomanagement- oder Kontrollprozessen abgegeben werden muss.

Standard 14.5 Gesamturteil zu einem Auftrag

Interne Revisorinnen und Revisoren müssen zu einem Auftrag ein Gesamturteil entwickeln, das die Auftragsergebnisse im Verhältnis zu den Auftragszielen und den Zielen des Managements zusammenfasst. Das Gesamturteil zu einem Auftrag muss das fachliche Urteil der Internen Revisorinnen und Revisoren über die Gesamtbedeutung der aggregierten Auftragsergebnisse zusammenfassen.

Gesamturteile zu Prüfungsaufträgen müssen das Urteil der Internen Revisorin oder des Internen Revisors bezüglich der Wirksamkeit der Governance-, Risikomanagement- und/oder Kontrollprozesse des Untersuchungsgegenstands beinhalten, einschließlich einer Anerkennung, wenn die Prozesse wirksam sind.

Quelle: IIA/DIIR, Global Internal Audit Standards

Die Zusammenfassung (Management Summary) einer Berichterstattung über die Prüfungsergebnisse enthält die zusammenfassende Beurteilung des Prüfungsergebnisses, ausgedrückt in einer kurzen Textpassage und/oder einer Bewertungsnote.

In den Methoden der Internen Revision sollte eine Bewertungsskala definiert werden, die je nach Beurteilung der festgestellten Risiken ein Gesamturteil definiert. Die Interne Revision sollte die Bewertungsskala – genau wie die Wertung von Einzelfeststellungen – in der Organisation offenlegen.

Abbildung 53 enthält ein Beispiel für ein System von Gesamtbewertungen.

Gesamtbewertung	**Definition**
1 – Gut	Keine oder geringfügige Feststellungen Nur unwesentliche Verbesserungsmöglichkeiten hinsichtlich Wirtschaftlichkeit, IKS, Risikomanagement oder Governance

Gesamtbewertung	Definition
2 – Zufriedenstellend	Geringe Auswirkungen der Feststellungen Moderate Verbesserungsmöglichkeiten hinsichtlich Wirtschaftlichkeit, IKS, Risikomanagement oder Governance
3 – Verbesserungsbedarf	Wesentliche Auswirkungen der Feststellungen Deutliche Verbesserungsmöglichkeiten hinsichtlich Wirtschaftlichkeit, IKS, Risikomanagement oder Governance
4 – Nicht zufriedenstellend	Wesentliche Auswirkungen der Feststellungen über das Prüfungsgebiet hinaus Erhebliche Mängel bei Wirtschaftlichkeit, IKS, Risikomanagement oder Governance
5 – Mangelhaft	Massive Auswirkungen der Feststellungen über das Prüfungsgebiet hinaus Massive Mängel bei Wirtschaftlichkeit, IKS, Risikomanagement oder Governance

Abbildung 53: Einfaches Beispiel für ein System von Gesamtbewertungen

5.2.7 Arbeitspapiere

Die Tätigkeit der Internen Revision ist zu dokumentieren. Zweck der Arbeitspapiere genannten Dokumentation ist die Nachvollziehbarkeit der Ergebnisse. Sie muss ausreichend sein, um einer sachverständigen Person das Nachvollziehen der Ergebnisse zu ermöglichen. Sämtliche Arbeitspapiere müssen Gegenstand einer Qualitätssicherung sein, um sicherzustellen, dass sie richtig, relevant und vollständig sind.

Standard 14.6 Auftragsdokumentation

Interne Revisorinnen und Revisoren müssen Informationen und Nachweise dokumentieren, um die Auftragsergebnisse zu belegen.

Die für einen Auftrag relevanten Analysen, Bewertungen und unterstützenden Informationen müssen so dokumentiert werden, dass eine informierte, umsichtige Interne Revisorin oder ein Revisor oder eine ähnlich informierte und kompetente Person die Arbeit wiederholen und dieselben Auftragsergebnisse ableiten könnte.

> Interne Revisorinnen und Revisoren und die Auftragsleitung müssen die Dokumentation des Auftrags auf Richtigkeit, Relevanz und Vollständigkeit überprüfen. Die Revisionsleitung muss die Dokumentation des Auftrags überprüfen und genehmigen. Interne Revisorinnen und Revisoren müssen die Dokumentation des Auftrags gemäß den relevanten Gesetzen und/oder Vorschriften sowie den Richtlinien und Verfahren der Internen Revision und der Organisation aufbewahren.
>
> Quelle: IIA/DIIR, Global Internal Audit Standards

Die Dokumentation ermöglicht es der Revisionsleitung und anderen, die Qualität der Arbeit der Internen Revision zu bewerten. Die Dokumentation dient auch dazu, die Einhaltung der Standards durch die Interne Revision nachzuweisen.

Für die Erstellung von Arbeitspapieren können Vorlagen oder Software verwendet werden. Das Ergebnis ist eine vollständige Dokumentation der erhaltenen Informationen, der durchgeführten Tätigkeiten, der Ergebnisse und der logischen Grundlage für jeden Schritt.

Interne Revisorinnen und Revisoren setzen viele verschiedene Formulare und Dokumente ein. Die Arbeitspapiere eines Auftrags dienen der Dokumentation der Informationen, die während des Auftragsprozesses generiert werden. Dies schließt die Planung, das Testen, Analysieren und Bewerten von Daten sowie die Formulierung von Auftragsergebnissen und Schlussfolgerungen ein. Arbeitspapiere können in Papierform, elektronisch oder in beiden Formen vorliegen. Die Nutzung von Revisionsmanagementsoftware kann die Konsistenz und Effizienz verbessern.

Arbeitspapiere sind alle Daten, Aufzeichnungen (Dokumentationen) und Unterlagen, die die Interne Revision im Zusammengang mit ihrer Tätigkeit erstellt oder von anderen Stellen innerhalb oder außerhalb der Organisation erlangt. Sie können sowohl in Papierform als auch mittels elektronischer oder anderer geeigneter Medien erstellt werden.[246] Die Revisionsleitung erstellt Vorgaben, wie die Arbeitspapiere für die jeweiligen Prüfungen anzufertigen sind. Führungskräfte der Internen Revision überprüfen die Arbeitspapiere. Daher haben diese im Rahmen der Qualitätssicherung eine besondere Bedeutung.

Arbeitspapiere erfüllen im Wesentlichen folgende Aufgaben:

- Unterstützen bei der Planung, Durchführung und Überprüfung von Aufträgen.
- Hauptgrundlage für die Prüfungsergebnisse.

---

246 Vgl. DSGV (2023), A 2.2, Anforderungen an das Führen von Arbeitsunterlagen der Innenrevision, S. 1.

- Dokumentation, ob Prüfungsziele erreicht wurden.
- Förderung der Genauigkeit und Vollständigkeit der ausgeführten Prüfungshandlungen.
- Bereitstellung einer Grundlage für das Programm zur Qualitätssicherung und Verbesserung der Internen Revision.
- Ermöglichen von Überprüfungen durch Dritte (z.B. im Rahmen von externen Qualitätsbeurteilungen gemäß Standard 8.4).

Ein Ziel ist es, mit den Arbeitspapieren Prüfungshandlungen so zu dokumentieren, dass sie für einen sachverständigen Dritten ohne vorherigen Bezug zur Prüfung in angemessener Zeit verständlich sind. Hierbei sollen die Arbeitspapiere Art und Umfang der durchgeführten Prüfungshandlungen, die daraus resultierenden Ergebnisse, den Zeitraum der Durchführung und die Prüferinnen und Prüfer sowie ggf. den die Prüfungshandlungen Qualitätssichernden (z.B. die Prüfungsleitung) ausweisen.[247]

Die Arbeitspapiere können folgende Elemente enthalten:

- Index- oder Referenznummer.
- Titel oder Überschriften, die den zu überprüfenden Bereich oder Prozess identifizieren.
- Datum oder Zeitraum des Auftrags.
- Umfang der durchgeführten Arbeiten.
- Aussage zum Zweck des Abzugs und der Analyse von Daten.
- Herkunft der Daten, die in den Arbeitspapieren enthalten sind.
- Beschreibung der bewerteten Grundgesamtheit, einschließlich Stichprobengröße und Methode der Auswahl.
- Methode der Datenanalyse.
- Details zu durchgeführten Tests und Analysen.
- Schlussfolgerungen einschließlich Querverweisen zu den Arbeitspapieren der Revisionsfeststellungen.
- Vorschlag für Arbeiten, die im Rahmen des Follow-up durchzuführen sind.
- Name der Revisorinnen und Revisoren, die den Auftrag ausgeführt haben.
- Notizen zur Überprüfung und Name derjenigen, die die Arbeiten überprüft haben.

247 Vgl. DIIR-Arbeitskreis MaRisk, S. 62.

Eine typische Prüfung wird in der Regel durch viele unterschiedliche Arten von Arbeitspapieren dokumentiert. Die nachfolgende Liste enthält einige der gebräuchlichen und häufig benutzten Arten von Arbeitspapieren:[248]

- Planungsdokumente und Checklisten nebst zugehörigen Genehmigungen.
- Protokollierung von Interviews und Meetings und zugehörige Protokollabstimmungen.
- Organigramme, Handbücher und Stellenbeschreibungen.
- Flussdiagramme, Prozessbeschreibungen und andere Dokumentationen von Prozessen und Kontrollen.
- Risiko-Kontroll-Matrix, die die Verbindungen zwischen Risiken, Kontrollen, Testansatz, Zusammenfassungen von Interviews, Ergebnissen, Nachweisen und Schlussfolgerungen dokumentiert.
- Kopien wichtiger Verträge und Vereinbarungen.
- Kopien von Originaldokumenten wie Bestellungen und Rechnungen.
- Kopien von Reports der Prüfungspartner.
- Fotografien, Diagramme und Grafiken.
- Tests von Transaktionen.
- Ergebnisse analytischer Prüfungshandlungen.
- Zusammenfassung der Schlussfolgerungen am Ende jedes Teils der Arbeitspapiere.
- Abschlusskommunikation/Berichterstattung und Dokumentation der zugehörigen Abstimmung.
- Schriftverkehr.
- Administrative Dokumente wie Zeitaufschreibungen.
- Dauerakten, die wichtige Information zum Prüfungsobjekt beinhalten.

Arbeitspapiere dokumentieren alle Aspekte der Prüfung von der Planung bis zur Berichterstattung. Wichtige Anforderungen an die Arbeitspapiere sind, dass

- sie die Methode für die Auswahl der Prüfungselemente, die Durchführung der Stichprobe, den Stichprobenumfang sowie Zweck und Ergebnis der Stichprobenprüfung angemessen und nachvollziehbar dokumentieren,

248 Vgl. Sawyer (2019) S. 270.

- aus den Prüfungshandlungen resultierende Feststellungen in den Prüfungsunterlagen belegbar und transparent dargestellt werden (angemessene und nachvollziehbare Referenzierung),
- die Arbeitspapiere für Änderungen des Prüfungsumfangs oder -schwerpunkts unter Angabe der Gründe und in Abhängigkeit vom Umfang der Änderungen eine kompetente Genehmigung dokumentieren und
- die Arbeitspapiere nach vorgegebenen Regelungen und Strukturen in einer einheitlichen und sachlogisch nachvollziehbaren Form abgelegt werden.

Die Arbeitspapiere dienen als Nachweis der Prüfungshandlungen und -feststellungen. Die Schlussfolgerungen der Prüferinnen und Prüfer und das Ergebnis müssen sich aus den Arbeitsunterlagen ableiten lassen. Die Unterlagen sind u. a. Grundlage für die Erstellung der Berichterstattung und Kommunikation über die Prüfung und für die Maßnahmen der Qualitätssicherung in der Internen Revision.[249] Insbesondere die internen Selbstbeurteilungen (nach Standard 12.1) und die externen Qualitätsbeurteilungen (nach Standard 8.4) beruhen in wesentlichen Teilen auf wohlgeordneten Arbeitspapieren. Diese sind daher klar, übersichtlich und strukturiert zu führen (z.B. durch Inhaltsverzeichnis und systematische Nummerierung). Soweit notwendig, sind Querverweise anzubringen.

Revisorinnen und Revisoren sollten ihre Arbeitspapiere verständlich halten, nur relevante Unterlagen hinzufügen und die Dokumentation in sinnvoller Weise vollständig, einfach und logisch aufgebaut anfertigen. Im Allgemeinen enthält jedes Arbeitspapier[250]

- eine aussagekräftige Überschrift,
- die Referenz zur dokumentierten Prüfung,
- Bearbeitungsvermerke,
- das Datum der Erstellung, Handzeichen der Prüferin oder des Prüfers und des Qualitätssichernden beziehungsweise das elektronische Äquivalent dazu,
- eine Referenzierungsnummer und
- Angaben zur Quelle der Informationen.

---

249 Vgl. DSGV (2023), A 2.2, Anforderungen an das Führen von Arbeitsunterlagen der Innenrevision, S. 1.

250 Vgl. Sawyer (2019), S. 269 f.

Durch Standardisierung können Erstellung, Führung und Qualitätssicherung der Arbeitsunterlagen effizient gestaltet werden.[251] Eine einheitliche Gliederung für die Dokumentation aller Prüfungen bringt nicht nur Effizienzvorteile in der Qualitätssicherung, sondern hilft auch dem Prüfungsteam, sich in der eigenen Prüfung stets zurechtzufinden. Es ist unbestritten, dass geordnete, referenzierte Arbeitspapiere zu mehr Qualität der Prüfungsarbeit führen. Die folgende Liste zeigt eine mögliche Gliederung für die Prüfungsdokumentation, die man sowohl in papierhaften Akten als auch digitalisiert innerhalb einer Revisionsmanagementsoftware abbilden kann.

Gliederung von Prüfungsakten

A. Dokumentation der Prüfungsplanung und Risikobeurteilung

B. Planungsmemorandum

C. Genehmigtes Arbeitsprogramm

D. Prüfungsankündigung

E. Auftaktgespräch

F. Dokumentation der Prüfungsdurchführung

G. Abgearbeitetes Arbeitsprogramm

H. Liste der Prüfungsfeststellungen

I. Qualitätssicherung und Review der Prüfungsergebnisse

J. Berichtsabstimmung

K. Finale Berichterstattung über das Prüfungsergebnis

L. Follow-up-Dokumentation

5.3 Ergebniskommunikation und Follow-up

Bei Abschluss eines Auftrags muss die Interne Revision eine in den Standards Abschlusskommunikation (z.B. Standard 15.1) genannte Berichterstattung vornehmen. Typischerweise ist dies ein schriftlicher Revisionsbericht, aber innovative und andere Formate sind erlaubt und oft zielführend. Nach der Berichterstattung ist es die Aufgabe der Internen Revision, die Umsetzung der vereinbarten Maßnahmen nachzuverfolgen.

251 Vgl. DSGV (2023), A 2.2, Anforderungen an das Führen von Arbeitsunterlagen der Innenrevision, S. 2.

Prinzip 15 Kommuniziere Auftragsergebnisse und überwache Maßnahmenpläne

Interne Revisorinnen und Revisoren kommunizieren die Auftragsergebnisse an die zuständigen Parteien und überwachen den Fortschritt des Managements bei der Umsetzung der Empfehlungen oder Maßnahmenpläne.

Quelle: IIA/DIIR, Global Internal Audit Standards

5.3.1 Ergebniskommunikation

Für jeden Revisionsauftrag muss eine Kommunikation der Ergebnisse erfolgen. Stil und Format der Kommunikation von Revisionsergebnissen variieren von Organisation zu Organisation. Die Revisionsleitung sollte Vorlagen und Methoden hierzu definieren.

Standard 15.1 Abschlusskommunikation

Für jeden Auftrag müssen Interne Revisorinnen und Revisoren eine Abschlusskommunikation erstellen, welche Ziele, Umfang, gegebenenfalls Empfehlungen und/oder Maßnahmenpläne und Gesamturteile des Auftrags enthält.

Die Abschlusskommunikation bei Prüfungsaufträgen muss außerdem Folgendes enthalten

- Feststellungen und ihre Wesentlichkeit und Priorisierung.
- Gegebenenfalls Erläuterung von Umfangsbeschränkungen.
- Ein Gesamturteil hinsichtlich der Wirksamkeit von Governance-, Risikomanagement- und Kontrollprozessen des Untersuchungsgegenstands.

In der Abschlusskommunikation müssen die für die Behebung von Feststellungen verantwortlichen Personen und die geplanten Termine, zu denen die Maßnahmen umgesetzt sein sollen, angegeben werden.

Wenn Interne Revisorinnen und Revisoren feststellen, dass das Management vor der Abschlusskommunikation Maßnahmen eingeleitet oder abgeschlossen hat, um eine Feststellung zu beheben, muss dies in der Kommunikation gewürdigt werden.

Die Abschlusskommunikation muss richtig, objektiv, klar, prägnant, konstruktiv, vollständig und zeitnah sein, wie in Standard 11.2 Wirksame Kommunikation beschrieben.

> Interne Revisorinnen und Revisoren müssen sicherstellen, dass die Abschlusskommunikation von der Revisionsleitung überprüft und genehmigt wird, bevor sie herausgegeben wird.
>
> Die Revisionsleitung muss die Abschlusskommunikation an diejenigen Parteien verteilen, die sicherstellen können, dass die Ergebnisse gebührend berücksichtigt werden
>
> Wenn der Auftrag nicht in Übereinstimmung mit den Standards durchgeführt wird, muss die Abschlusskommunikation die folgenden Details über die Nichteinhaltung offenlegen:
>
> - Standard(s), die nicht eingehalten wurden.
> - Gründe für die Nichteinhaltung.
> - Auswirkung der Nichteinhaltung auf die Auftragsergebnisse und Gesamturteile.
>
> Quelle: IIA/DIIR, Global Internal Audit Standards

Eine Erklärung, dass der Revisionsauftrag unter Einhaltung der Global Internal Audit Standards durchgeführt wurde, soll in die Abschlusskommunikation aufgenommen werden. Dies ist allerdings nur erlaubt, wenn die Ergebnisse der Qualitätssicherung und des gesamten Qualitäts- und Verbesserungsprogramms der Internen Revision diese Aussage stützen.

Die Revisionsleitung muss bestimmen, in welcher Form und an welchen Verteiler die Ergebnisse kommuniziert werden. Mündliche Kommunikation wird in den Standards nicht ausgeschlossen, aber sie wird in der Regel durch eine Präsentation oder einen schriftlichen Bericht unterstützt. In den letzten Jahren haben sich neben dem konventionellen Prüfungsbericht, wie er beispielsweise in den MaRisk (BT 2.4) gefordert wird[252], auch alternative und innovative Formen der Berichtserstattung wie Präsentationen oder Podcasts etabliert.

Die Berichterstattung über die Prüfungsergebnisse trägt wesentlich zur Zielerreichung der Internen Revision bei, wenn er sich in Umfang, Form und Struktur an den Erwartungen der Empfänger orientiert und die enthaltenen Prüfungsergebnisse durch schlüssige Prüfungsnachweise belegt werden können.

252 Vgl. BaFin (2024), BT 2.4 „Über jede Prüfung muss von der Internen Revision zeitnah ein schriftlicher Bericht angefertigt und grundsätzlich den fachlich zuständigen Mitgliedern der Geschäftsleitung vorgelegt werden. Der Bericht muss insbesondere eine Darstellung des Prüfungsgegenstandes und der Prüfungsfeststellungen, ggf. einschließlich der vorgesehenen Maßnahmen, enthalten. Wesentliche Mängel sind besonders herauszustellen. Dabei sind die Prüfungsergebnisse zu beurteilen. Bei schwerwiegenden Mängeln muss der Bericht unverzüglich der Geschäftsleitung vorgelegt werden."

Es kann also bei Anwendung der Standards nicht vorkommen, dass Prüfungen zwar geplant und durchgeführt werden, aber kein Ergebnis dazu kommuniziert wird.

Die Berichterstattung muss

- Ziel, Umfang und Ergebnisse der Prüfung,
- geeignete Schlussfolgerungen und getroffenen Feststellungen,
- zugehörige Umsetzungsempfehlungen und Maßnahmen und
- ein Gesamturteil der Internen Revision

enthalten. Die Feststellungen müssen durch die Prüfungsdokumentation belegbar sein. Auch positive Feststellungen sollten berichtet werden:

Die Anforderungen an die inhaltliche Qualität wurden schon bei Standard 11.2 erläutert: Die Berichterstattung muss richtig, objektiv, klar, prägnant, konstruktiv und vollständig sein und zeitnah erstellt werden.

Oftmals wird der Berichterstattung eine Zusammenfassung (Management Summary) vorangestellt. Teilweise wird auch nur die Zusammenfassung an bestimmte Empfänger berichtet. So ist es etwa möglich, einem Prüfungspartner die vollständige Berichterstattung mit einer Zusammenfassung und einem Hauptteil zur Verfügung zu stellen, dem Vorstand der Organisation aber nur die Zusammenfassung.

Die Zusammenfassung sollte in Abhängigkeit vom Prüfungsumfang im optimalen Fall kurz und prägnant (in einem Prüfungsbericht auf weniger als einer einzigen Seite) inhaltliche Aussagen zum Prüfungsobjekt, -umfang, -ziel, -ergebnis und den wesentlichen Prüfungsfeststellungen sowie das Gesamturteil enthalten. Dies wird ergänzt um die Angaben zum Prüfungszeitpunkt, zum Prüfungsaufwand und zum Prüfungsteam.

Die schriftliche Berichterstattung sollte nach einem verbindlichen Layout und in einer standardisierten Struktur erstellt werden. Für das Layout der schriftlichen Abschlusskommunikation gibt es keine Musterlösung. In der Praxis finden sich sehr unterschiedliche Varianten, die alle effektiv sein können, sofern sie den Erwartungen der Auftraggeber entsprechen.

Die Berichterstattung kann elektronisch zur Verfügung gestellt werden. Sie kann schon äußerlich erkennbar machen, wie die Kritikalität der Feststellungen ist, z.B. durch ein auf einer möglichen Titelseite eingefügtes Ampelsystem. Die Berichterstattung kann traditionell in Aufsatzform oder auch als reine Tabelle von Revisionsfeststellungen und vereinbarten Maßnahmen erstellt werden. Auch die Form einer Präsentation oder eines einfachen E-Mails ist möglich und praxiserprobt.

Wie auch immer sich die Revisionsleitung entscheidet: Wesentlich ist, dass die Berichterstattung so gestaltet ist, dass die Berichtsempfänger die entscheidungsrelevanten Informationen aufnehmen können. Die Berichterstattung muss es den Empfängern ermöglichen, die Risikosituation zu erfassen.

Man sollte auch daran denken, von Zeit zu Zeit die Form der Berichterstattung zu überprüfen, etwa wenn die Geschäftsleitung der Organisation wechselt.

Nachdem im Verlauf der Prüfung oder im Schlussgespräch die berichtsrelevanten Feststellungen zwischen der Internen Revision und dem Prüfungspartner abgestimmt wurden, wird ein Entwurf der Berichterstattung erstellt. Im Sinne einer hohen Qualität der Berichterstattung ist es notwendig, immer eine Qualitätssicherung dieses Entwurfs durchzuführen. Dies wird in der Internen Revision oft „Berichtskritik" genannt und umfasst die kritische Durchsicht der Kommunikation und die Diskussion der Prüfungsergebnisse und Wertungen. Die Berichtskritik erfolgt durch eine nicht in die Prüfung selbst eingebundene und fachlich qualifizierte Führungskraft der Internen Revision.

Die Berichtskritik umfasst formelle Aspekte wie

- Einhaltung der Vorgaben des Revisionshandbuchs hinsichtlich des Layouts, der Schriftart und der Schriftgröße,
- Sprachstil, Prägnanz, Vermeidung von Prozessbeschreibungen,
- Gliederung und Übersichtlichkeit sowie
- Rechtschreibung.

Sie umfasst aber auch materielle Aspekte wie

- die Erreichung des formulierten Prüfungsziels und
- die Nachvollziehbarkeit der Feststellungen (Beschreibung von Soll-Zustand, Ist-Zustand, Ursache der Abweichung, Risikobewertung und Empfehlung).

Bei vielen Internen Revisionen umfasst die Aufgabe der Berichtskritik auch die Qualitätssicherung der Arbeitspapiere, um sicherzustellen, dass die Feststellungen anhand der Dokumentation nachvollzogen werden können.

Der Vorgang der Berichtskritik ist genauso wie die Abstimmung mit dem Prüfungspartner zu dokumentieren. Auf Basis der Berichtskritik und der Abstimmung mit dem Prüfungspartner wird die endgültige Berichterstattung erstellt, nachfolgend an die im Revisionshandbuch festgelegten Empfänger verteilt und archiviert.

Für die Akzeptanz der Internen Revision ist die Adressatenorientierung und Lesbarkeit der Berichterstattung mitentscheidend. Abbildung 54 zeigt einige anerkannte Kriterien für eine gute Berichterstattung über die Prüfungsergebnisse.[253]

253 In Anlehnung an Haub (1996), S.25 und Haub (2001), S.65.

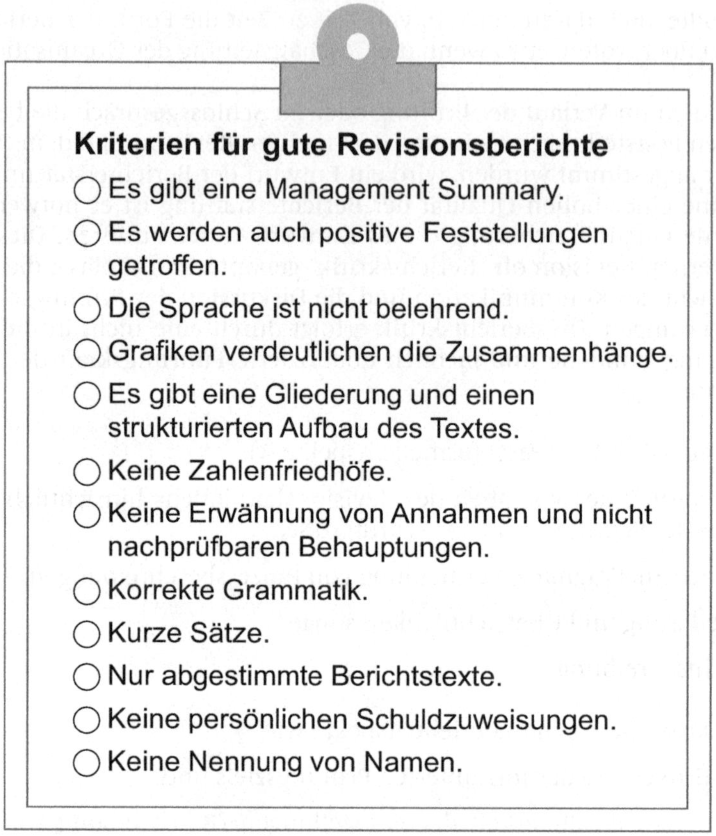

Abbildung 54: Kriterien für eine gute Berichterstattung

Der im Jahr 2016 vom IIA im Rahmen des IPPF veröffentlichte Praxisleitfaden „Audit Reports – Communicating Assurance Engagement Results“ beschäftigt sich ausführlich mit dem Thema schriftliche Berichterstattung und Revisionsbericht und gibt viele hilfreiche und nützliche Anmerkungen und Hinweise. Die nachfolgenden Punkte werden als besonders wichtig aufgeführt:[254]

- Die Adressaten haben unterschiedliche Bedürfnisse. Schriftliche Berichte können für mehrere Arten von Empfängern angefertigt werden, oder es kann mehr als ein Berichtstyp benötigt werden, je nach den Bedürfnissen der Adressaten.
- Eine wirksame Berichterstattung der Internen Revision muss richtig, objektiv, klar, prägnant, konstruktiv, vollständig und zeitnah sein, um relevant zu sein.

254 Vgl. IIA (2016), S. 3 f.

- Der Bericht muss Ziele, Umfang und Ergebnisse des Auftrags enthalten.
- Die Maßnahmenpläne des Managements müssen enthalten sein, da sie später oft das am häufigsten genannte Segment des Berichts darstellen. Es ist wichtig sicherzustellen, dass die Art der Maßnahmen und erwartete Termine der Bedeutung und Dringlichkeit des aufgedeckten Risikos entsprechen.
- Es ist wichtig, eine gründliche Überprüfung des Berichts hinsichtlich der sachlichen Richtigkeit und Vollständigkeit durchzuführen und sicherzustellen, dass die Ergebnisse und Schlussfolgerungen des Auftrags durch ausreichende, zuverlässige, relevante und zweckdienliche Informationen untermauert werden können, die sich in den Arbeitspapieren befinden.
- Die Verteilung des Berichts muss von der Revisionsleitung genehmigt werden, um sicherzustellen, dass er an die vorgesehenen Empfänger verteilt wird, die sicherstellen können, dass die Ergebnisse gebührend berücksichtigt werden.

5.3.2 Follow-up

Unter Follow-up versteht man die Aufgabe der Internen Revision zu überwachen, ob die mit den Prüfungspartnern vereinbarten Maßnahmen zur Beseitigung oder Minderung der in den Feststellungen aufgezeigten Risiken tatsächlich umgesetzt wurden.

Standard 15.2 Bestätigung der Umsetzung von Empfehlungen oder Maßnahmenplänen

Interne Revisorinnen und Revisoren müssen bestätigen, dass das Management die Empfehlungen der Internen Revisorinnen und Revisoren oder die Maßnahmenpläne des Managements umgesetzt hat, und dabei einer festgelegten Methode folgen, die Folgendes umfasst:

- Erfragen von Fortschritten hinsichtlich der Umsetzung.
- Durchführung von Follow-up-Beurteilungen unter Anwendung eines risikoorientierten Ansatzes.
- Aktualisierung des Status von Maßnahmen des Managements in einem Nachverfolgungssystem.

Der Umfang dieser Verfahren muss die Wesentlichkeit der Feststellung berücksichtigen.

> Wenn das Management bei der Umsetzung der vereinbarten Maßnahmen gemäß der festgelegten Erledigungstermine keinen Fortschritt erzielt hat, müssen Interne Revisorinnen und Revisoren eine Erläuterung vom Management einholen und dokumentieren und den Sachverhalt mit der Revisionsleitung besprechen. Diese ist dafür verantwortlich, festzustellen, ob die Geschäftsleitung durch Verzögerung oder Untätigkeit ein Risiko akzeptiert hat, das die Risikotoleranz überschreitet.
>
> Quelle: IIA/DIIR, Global Internal Audit Standards

Das Follow-up ist ein Verfahren, mit dessen Hilfe die Interne Revision die Angemessenheit, Wirksamkeit und Fristeinhaltung der vom Management aufgrund berichteter Feststellungen veranlassten Maßnahmen beurteilt. Revisorinnen und Revisoren sollten ein Softwareprogramm verwenden, um nachzuverfolgen, ob Maßnahmenpläne des Managements gemäß den festgelegten Zeitplänen umgesetzt werden. Das Nachverfolgungssystem zeigt auch an, ob Maßnahmen offen oder überfällig sind, und stellt ein nützliches Werkzeug für Revisorinnen und Revisoren dar, um mit Geschäftsleitung und Überwachungsorgan zu kommunizieren. Darüber hinaus kann ein Programm oder System den Arbeitsablauf von der Risikobeurteilung bis zum Abschluss des Maßnahmenplans automatisieren, z.B. über automatisierte E-Mails, die über Maßnahmen informieren, die sich ihrem angestrebten Erledigungsdatum nähern.

Die Praxis reicht dabei von effizienten und messbaren Verfahren und technisch perfekt unterstützten Kommunikationsprozessen mit den Fachbereichen bis hin zu einem wenig professionellen Verständnis des Follow-up als lästige Pflicht, der man sich mit so wenig Aufwand wie möglich entledigt. Zentraler Punkt der Maßnahmenverfolgung durch die Interne Revision ist die Überwachung der Beseitigung oder Minderung der festgestellten Risiken durch die zuständige Organisationseinheit. Dies wird durch ein Eskalationsverfahren ergänzt.

Ob anspruchsvoll oder einfach, für die Leitung der Internen Revision ist es wichtig, einen Prozess zu entwickeln, der die relevanten Feststellungen, die vereinbarten Korrekturmaßnahmen und den aktuellen Status aufgreift. Für offene Feststellungen sind in der Nachverfolgung typischerweise folgende Informationen enthalten:

- Die an das Management kommunizierten Feststellungen und ihre Risikobewertung.
- Die Art der vereinbarten Korrekturmaßnahmen.
- Das Timing/die Fälligkeit/das Alter der Korrekturmaßnahmen und Veränderungen in den Zieldaten.
- Management oder Prozessverantwortlicher, das/der für die Korrekturmaßnahme verantwortlich ist.

- Aktueller Status der Korrekturmaßnahmen und ob die Interne Revision diesen bestätigt hat.

„Die Arbeit der Internen Revision und ihre Wirksamkeit hinsichtlich der Corporate Governance hängen wesentlich von guten Arbeitsbeziehungen und adäquater Kommunikation ab."[255] Dies gilt natürlich und gerade auch für den Follow-up-Prozess. Denn dieser erstreckt sich oft über einen langen Zeitraum nach dem Ende der Prüfung und bestimmt in weiten Teilen die Kommunikation der Internen Revision mit den Prüfungspartnern. Der funktionierende Follow-up-Prozess ist ungemein wichtig für den Mehrwert, den die Interne Revision für ihre Organisation liefert. Der Mehrwert wird wesentlich durch die vom Management wahrgenommene Bedeutung der Internen Revision bestimmt. Diese wiederum hängt davon ab, in welchem Maße es der Internen Revision gelingt, ihren Wertbeitrag zu kommunizieren und ihre Bedeutung als eine Säule der Corporate Governance herauszustellen.[256] Und wie ließe sich der Wertbeitrag wirksamer darstellen, als durch einen effizienten, gelebten und durch transparente Berichterstattung unterstützten, erfolgreichen Follow-up-Prozess?

Die Bedeutung des Follow-up-Prozesses als wesentlicher Standardprozess in der Internen Revision ist also enorm.[257] Nicht ohne Grund hat das DIIR einen effektiven Follow-up-Prozess als Mindeststandard für das Bestehen eines externen Quality Assessments definiert.[258] Es gilt dabei, das Potenzial des Follow-up-Prozesses insbesondere im Hinblick auf Terminüberwachung, Management Reporting und Eskalation konsequent zu nutzen und den Prozess effektiv und effizient auszugestalten.

> Der Follow-up-Prozess kann unter Ausnutzung technischer Hilfsmittel einen deutlichen Mehrwert für die Interne Revision schaffen. Eine im Rahmen dieses Prozesses verbesserte Zusammenarbeit zwischen Interner Revision und den Prüfungspartnern wird als Mehrwert von beiden Seiten wahrgenommen.

Es sei noch einmal darauf hingewiesen, dass die Interne Revision nicht dafür verantwortlich ist, dass festgestellte Mängel behoben, Risiken reduziert oder vereinbarte Maßnahmen umgesetzt werden. Sie ist aber dafür verantwortlich, die Umsetzung der vereinbarten Maßnahmen zu überwachen und über das Ergebnis dieser Überwachung zu berichten. Sollten Maßnahmen im Rahmen von Beratungsaufträgen vereinbart worden sein, so sind auch diese im Rahmen des Follow-up zu berücksichtigen.

255 Vgl. Hoos und Lenz (2013), S. 107.

256 Vgl. Hoos und Lenz (2013), S. 114.

257 Vgl. hierzu ausführlich Bünis und Gossens (2014a), S. 27 f.

258 Vgl. DIIR (2017), S. 44.

Allerdings ist die Aufnahme einer Feststellung und der zur Behebung erforderlichen Maßnahmen in das Follow-up davon abhängig, dass die Organisation gewillt ist, die betreffenden Maßnahmen durchzuführen. Falls sich die Geschäftsleitung nicht der Meinung der Internen Revision anschließt und das mit der Revisionsfeststellung verbundene Risiko akzeptiert, so ist kein Follow-up erforderlich. Die Interne Revision muss in diesem Falle aber darauf achten, die Risikoübernahme durch die Geschäftsleitung nachvollziehbar zu dokumentieren, damit bei einer Prüfung der Qualität des Follow-up-Prozesses nicht fälschlich der Eindruck der Unvollständigkeit der Überwachung entsteht.

Ist der Follow-up-Prozess wirksam, dann lässt sich der durch die Interne Revision geschaffene Mehrwert auch an der Anzahl und der Bedeutung der erledigten Mängel ablesen. Im einfachsten – aber seltenen – Fall erfolgt dies durch monetäre Bewertung der einzelnen Feststellungen, üblicherweise aber zumindest durch die aufgezeigten Risikopotenziale, die nun durch das Follow-up nachweisbar reduziert oder behoben wurden. Das ganze Potenzial des Follow-up hinsichtlich des Mehrwerts der Internen Revision zeigt sich aber erst in den positiven Auswirkungen auf die Akzeptanz der Internen Revision. Dieses lässt sich durch optimierten Einsatz von Technologie und Herstellung einer partnerschaftlichen Kommunikation mit den geprüften Fachbereichen nutzen.

Es kann Feststellungen geben, bei denen eine sogenannte Nachschauprüfung erforderlich wird. Es obliegt der Internen Revision festzulegen, ab welchem Schweregrad vollständige Prüfungen (Nachschauprüfungen) zur Feststellung der Behebung einer Feststellung durchgeführt werden. Es ist üblich, Nachschauprüfungen erst ab wesentlichen bzw. schwerwiegenden Feststellungen durchzuführen. Auf eine Prüfung der Beseitigung von Mängeln, die nicht wesentlich sind, kann verzichtet werden. Eine Bestätigung der Mängelbeseitigung im Rahmen der nächsten planmäßigen Prüfung ist dann ausreichend. Das Feststellen der Mängelbeseitigung ist bspw. mittels Erledigungsmeldungen von den verantwortlichen Organisationseinheiten möglich. Die zuständige Revisorin oder der Revisor muss sich dann anhand von mitzuliefernden Dokumenten von der Plausibilität der Mängelbeseitigung überzeugen und dies auch dokumentieren.

Der Follow-up-Prozess sollte in der ganzen Organisation bekannt sein. Daher werden die Verantwortlichkeiten schon in der Geschäftsordnung der Internen Revision geregelt. Ergänzend sind Regelungen im Revisionshandbuch zu treffen. Hier können die Behandlung der Feststellungen der jeweiligen Bewertungsstufe sowie der Bedarf einer Verifizierung oder Plausibilisierung der Mängelbehebung im Detail festgelegt werden.

Der wirksame Follow-up-Prozess beginnt bereits mit der Formulierung und Abstimmung der Feststellungen im Rahmen der Prüfung, der Wertung bzw. Klassifikation von Feststellungen und Überlegungen zu den Adressaten der Revisions- und Follow-up-Berichterstattung. Der Kern des Follow-up wird durch die Festlegung von wirksamen Kommunikations- und Eskalationsprozessen sowie das regelmäßige Reporting definiert. Dabei kann die Unterstützung durch professionelle Revisionsmanagementsoftware eine entscheidende Komponente für den Erfolg des Follow-up sein. Abbildung 55 gibt einen Überblick über die Komponenten des wirksamen Follow-up.

Die Notwendigkeit der Abstimmung, die empfohlene Art der Formulierung von Feststellungen und die Klassifikation von Feststellungen haben wir oben schon dargestellt. Im Folgenden beschreiben wir die anderen in der Abbildung 55 dargestellte Komponenten näher.

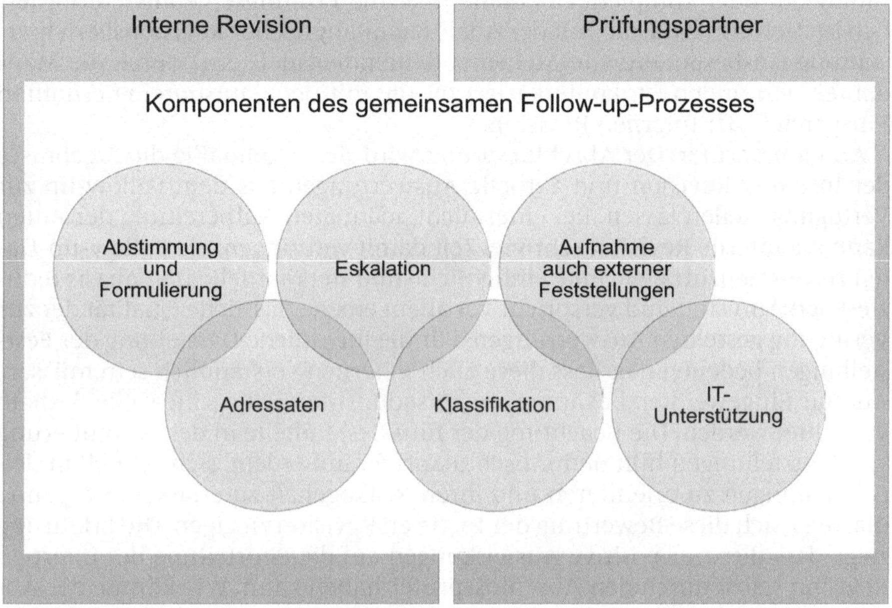

Abbildung 55: Komponenten des wirksamen Follow-up

Adressaten

Schon bei der Erstellung der Feststellungen muss sich die Revisorin oder der Revisor klar darüber sein, dass eine Feststellung nicht nur eine Angelegenheit zwischen der Internen Revision und dem Prüfungspartner ist. Eine Vielzahl von Institutionen und Personen wird in der Folge mit der Feststellung selbst und der Dokumentation über ihre Abarbeitung konfrontiert. Der adressatengerechten Aufbereitung des Follow-up kommt daher eine hohe Bedeutung zu.

Geschäftsleitung und Prüfungspartner: Selbstverständlich gehen die Informationen aus dem Follow-up genau wie die ursprüngliche Berichterstattung und finale Abschlusskommunikation an die Geschäftsleitung und die Prüfungspartner.

Mandanten: Daneben sind bei Organisationen, die als Dienstleister für andere auftreten, auch die Mandanten mit adäquaten Informationen zu versorgen.[259] Für die Finanzbranche ist dies regulatorisch vorgegeben, für alle

259 Vgl. Bünis und Gossens (2012), S. 184 f.

anderen mindestens eine Frage der Kundenorientierung. Da den Mandanten die für sie jeweils relevanten Prüfungsergebnisse weitergeleitet werden, muss die Interne Revision sicherstellen, dass sie aus den Daten des Follow-up die Relevanz ableiten kann. Dabei ist die Perspektive des Auslagernden zu berücksichtigen:[260] Nur der Mandant kann letztlich entscheiden, was für ihn relevant ist. Man kann daraus aber nicht ableiten, dass nun die Weiterleitung sämtlicher oder kompletter Berichte über die Prüfungsergebnisse erforderlich ist. Der Aufwand, der mit der Analyse umfangreicher Revisionsberichterstattung (insbesondere von Mehrmandantendienstleistern) durch die Mandanten verbunden ist, konterkariert oft die mit dem Outsourcing erhofften Einsparziele der Internen Revision.

Abschlussprüfer: Der Abschlussprüfer wird sich regelmäßig die Ergebnisse der Internen Revision und aktuelle Auswertungen aus dem Follow-up zur Verfügung stellen lassen. Bei einer nicht adäquaten Aufbereitung der Daten kann die Interne Revision sehr viel Zeit damit verbringen, die Follow-up-Daten zusammenzutragen. Eine einheitliche und stets aktuelle Datenbasis reduziert den Aufwand und verspricht vor allem eine verlässliche Qualität der zur Verfügung gestellten Auswertungen. Für die inhaltliche Darstellung der Feststellungen bedeutet das, dass diese auch Externen verständlich sein müssen. Auf nur Eingeweihten bekannte, organisationsinterne Begriffe sollte deshalb verzichtet werden. Die Beachtung der fünf Bestandteile in der Formulierung von Feststellungen hilft dem Abschlussprüfer außerdem, sich schnell in den Feststellungen zu orientieren und ihren Risikogehalt zu erfassen. Oft genug macht er sich diese Bewertung der Internen Revision zu eigen. Die Erfahrung zeigt, dass dies nur positive Auswirkungen auf die Beurteilung der Internen Revision selbst durch den Abschlussprüfer haben kann. Wie könnte der Abschlussprüfer bei Übernahme der Ergebnisse der Revision die Funktionsfähigkeit der Internen Revision in Frage stellen?

Überwachungsorgan: Auch das Aufsichtsorgan erhält üblicherweise Auswertungen aus dem Follow-up. Ganz gleich, ob diese von der Internen Revision selbst oder von der Geschäftsleitung präsentiert werden, ob es sich um die Zusammenfassung im Jahresbericht[261] oder eine Einzelberichterstattung handelt, ob es sich um Routineberichte oder pointierte Anfragen zu speziellen Themen handelt: In jedem Fall ist die Formulierung der Feststellungen und die transparente Darstellung der Erledigung von Maßnahmen von zentraler Bedeutung für die Akzeptanz und damit die Qualität der Auswertungen. Dies schafft Mehrwert, denn wirksame Berichte der Internen Revision können das Überwachungsorgan davon abhalten, andere Prüfungsinstanzen mit Überwachungsaufgaben zu beauftragen.

Regulatoren: In den aufsichtsrechtlich regulierten Wirtschaftssektoren (z.B. Finanzbranche) werden Follow-up-Auswertungen der Internen Revision zunehmend als Basis für die eigene Prüfungstätigkeit der Aufsicht verwendet.

260 Vgl. Hannemann et al. (2022), S. 2084 ff.

261 Vgl. Bünis und Gossens (2013), S. 178 f.

Hier kann die Interne Revision durch vollständige, transparente, zeitnahe und inhaltlich hochwertige Berichte viel für eine erfolgreiche Zusammenarbeit ihrer Organisation mit der Aufsicht erreichen, also erneut Mehrwert schaffen.

Eskalation

Ein Follow-up-Prozess ist nur wirksam, wenn es für die Nichterledigung von Maßnahmen zu den vereinbarten Terminen einen geeigneten Eskalationsmechanismus gibt. Die einfachste Möglichkeit zur Beurteilung der Wirksamkeit des Follow-up ist, die nicht erledigten Feststellungen und die zugehörige Dokumentation zu prüfen. Eine Interne Revision ohne Eskalation im Follow-up ist ein zahnloser Tiger. Der durch die Interne Revision erbrachte Mehrwert dürfte ohne Eskalationsverfahren nur schwer zu vermitteln sein. Als hilfreich haben sich in der Praxis Regelungen zu den in der Abbildung 56 aufgeführten Komponenten bewährt.

Abbildung 56: Komponenten des Eskalationsverfahrens

Ausnahmslosigkeit: Alle Feststellungen, die zum vereinbarten Termin nicht erledigt wurden, müssen eskaliert werden. Es mag gute Begründungen für die Nichterledigung geben. Diese sollten transparent gemacht und mitgeliefert werden, führen aber nicht zu einer Ausfilterung aus dem Eskalationsverfahren. Das Bewusstsein, dass die in das System eingestellte Dokumentation jederzeit für eine Auswertung oder Eskalation genutzt werden kann, belastet die einzelnen für Feststellungen zuständigen Revisorinnen und Revisoren zunächst, weil sie sorgfältiger dokumentieren müssen. Es entlastet aber mehrfach bei Berichts- und Eskalationsverfahren, da vor Nutzung der Daten ein Review durch die zuständigen Revisorinnen und Revisoren nicht mehr erforderlich ist. Der Vorteil ist eine schon kurzfristig deutlich ansteigende Datenqualität in den Follow-up-Daten.

Empfänger: Die Empfänger von Follow-up-Auswertungen sollten eindeutig festgelegt werden und konsequent und regelmäßig mit Auswertungen beliefert werden. Dabei ist ein abgestuftes Verfahren sinnvoll. Die Interne Revision kann z.B. alle überfälligen Feststellungen vierteljährlich an das jeweils für die betroffenen Bereiche verantwortliche Management liefern. Alle Feststellungen, die schon länger überfällig sind, z.B. ein halbes Jahr, könnten außerdem direkt an die Geschäftsleitung berichtet werden. Dieses Vorgehen erhöht die Wirksamkeit des Follow-up, da es aus Sicht der Prüfungspartner die Verlässlichkeit der Internen Revision erhöht. Die Prüfungspartner und das Management können sich darauf verlassen, dass ausnahmslos alle Feststellungen gemäß dem definierten Prozess nachverfolgt werden.

Zeitpunkte und Zeitnähe der Berichterstattung: Es sollte sowohl sichergestellt sein, dass die geplanten Zeitpunkte für Follow-up-Berichte ausnahmslos eingehalten werden (z.B. jedes Quartalsende), als auch, dass die Berichte zeitnah erstellt werden. Eine hohe Datenqualität im Follow-up erlaubt es der Internen Revision, schon am Stichtag den erforderlichen Bericht zu erstellen. Fatal ist es, erst eine mehrwöchige Qualitätssicherung innerhalb der Internen Revision zu durchzulaufen, bevor der Follow-up-Bericht erstellt wird. Denn bis zur Vorlage des Berichts beim Empfänger kann und wird sich der Erledigungsstand der Feststellungen verändert haben. Verspätete Berichterstattung schadet der Akzeptanz der Internen Revision!

Verlängerungen: In vielen Internen Revisionen ist die Verlängerung von ursprünglich vereinbarten Erledigungsterminen für Maßnahmen üblich, sofern eine stichhaltige Begründung dafür vorliegt. Die Interne Revision sollte in ihren Methoden Regeln definieren, die die Genehmigung für solche Verlängerungen betreffen. Es ist beispielsweise hilfreich, die Anzahl der möglichen Verlängerungen pro Feststellung und die Hierarchiestufe des Genehmigenden (zuständige Revisorin oder zuständiger Revisor, Führungskraft, Revisionsleitung) abhängig von der Bedeutung der Feststellung festzulegen. Die Verlängerung selbst und ihre Genehmigung sollten dann in der Dokumentation nachvollziehbar sein. Es ist auch gängige Praxis, keine Verlängerungen zuzulassen. In diesen Fällen sollten in der Berichterstattung die Gründe für die nicht pünktliche Erledigung von Maßnahmen aufgeführt werden.

Adressierung von Feststellungen an Organisationseinheiten: Es hat sich bewährt, Feststellungen der Internen Revision immer an Organisationseinheiten oder Funktionen (z.B. Abteilungen) zu adressieren und nicht an Personen, etwa die Leitung der betreffenden Organisationseinheit. Der Grund liegt nicht nur darin, dass sich Führungskräfte noch schneller verändern als die Aufbauorganisationen und eine Adressierung an Personen den Datenpflegeaufwand erhöht. Vielmehr ist es für die Akzeptanz der Internen Revision förderlich, wenn man Diskussionen über Feststellungen auf der sachlich-funktionalen Ebene führt, als deren Ergebnis die Maßnahmen zur Reduktion von Risiken der Verantwortung der Organisationseinheit zugeordnet wird. Die Leitung der Organisationseinheit muss dann nicht Follow-up-Berichte befürchten, in denen sie durch offene Revisionsfeststellungen mit ihrem Namen, quasi als Schuldiger, angeprangert wird.

Nachgewiesene Akzeptanz: Auf die wichtigste Voraussetzung für ein wirksames Eskalationsverfahren sei nochmals hingewiesen. Es ist fatal, Feststellungen in die Eskalation zu geben, die vom Prüfungspartner nicht akzeptiert wurden. Die Folge wäre eine Diskussion mit der Geschäftsleitung über die Sinnhaftigkeit von Revisionsfeststellungen anstelle einer Diskussion über die Nichterledigung von Maßnahmen durch den Prüfungspartner. Nicht akzeptierte Feststellungen haben im Follow-up zunächst nichts zu suchen. Erst wenn die Geschäftsleitung die Übernahme des Risikos ablehnt und daher die Interne Revision mit der Nachverfolgung beauftragt, können diese Feststellungen Bestandteil des Follow-up werden.

> Festgelegte und konsequent gelebte Verfahren machen den Revisionsprozess zu einem Standardprozess in der Organisation und nicht zu einer einmaligen, erdbebenartigen Katastrophe für den Revisionspartner.

Externe Feststellungen

Bei vielen Internen Revisionen ist auch die Nachverfolgung externer Feststellungen Teil ihrer Aufgaben. Dies kann beispielsweise die Abschlussprüfung betreffen, aber auch Prüfungen von Regulatoren oder anderen öffentlichen Stellen, Prüfungen, die Mandanten bei ihren Dienstleistern durchführen sowie Feststellungen aus Prüfungsberichten der Dienstleister für ihre Mandanten.[262] Da die Interne Revision üblicherweise über einen wirksamen und effizienten Follow-up-Prozess und geeignete Toolunterstützung dafür verfügt, ist es ein guter Service der Internen Revision, auch externe Feststellungen nachzuverfolgen. Ansonsten müsste diese Aufgabe von anderen Funktionen in der Organisation übernommen werden, was einen nennenswerten Mehraufwand und qualitative Nachteile zur Folge haben dürfte.

Dazu ist es notwendig, dass die externen Feststellungen mittels der gleichen Verfahren überwacht, dokumentiert und eskaliert werden, die auch für die internen Feststellungen zutreffen. Es ist erforderlich, die externen Feststellungen als solche zu kennzeichnen. Allerdings sollten sie bezüglich der folgenden Kriterien genau wie interne Feststellungen behandelt werden:

262 Vgl. Bünis und Gossens (2012), S. 184 f.

- Vereinbarung von Erledigungsterminen,
- Adressierung an Organisationseinheiten oder Funktionen (z.B. Abteilungen),
- Festlegung der zur Erledigung erforderlichen Maßnahmen,
- Festlegung einer zuständigen Person in der Internen Revision,
- Einbeziehung in die Berichterstattung,
- Einbeziehung in das Eskalationsverfahren.

Dies ermöglicht die flexible und kurzfristige Beantwortung von Anfragen zum Erledigungsstand von externen Feststellungen, die vom externen Prüfer selbst, aber auch vom Aufsichtsorgan häufig gestellt werden.

Es ist oft nicht einfach, aus der externen Berichterstattung (z.B. nur mandantenrelevante Teilberichte oder nur Feststellungen) die Feststellungen in der Form zu extrahieren, wie man sie für das interne Follow-up benötigt. Beispielsweise können die erforderlichen Maßnahmen nicht genannt sein, Klassifizierungen für die Schwere einer Feststellung fehlen oder die Zuordnung zu einer Organisationseinheit und einer zuständigen Revisorin oder einem Revisor unklar sein. Feststellungen, die im Rahmen einer Auslagerung von externen Prüfern bei einem Dienstleister getroffen werden, entziehen sich bezüglich Terminen, Maßnahmen und Verantwortung dem eigenen Einflussbereich. Außerdem kann es sich um ein Duplikat einer bereits vorhandenen internen oder externen Feststellung handeln. Für alle diese Fälle müssen Regelungen getroffen, dokumentiert und vor allem kommuniziert und angewendet werden.

Technische Prozessunterstützung

In Abhängigkeit von der Revisionsgröße und der Aufbau- und Ablauforganisation kann der Follow-up-Prozess schnell komplex werden. Dies ist insbesondere von der grundsätzlichen Entscheidung abhängig, wer seitens der Internen Revision und der Prüfungspartner in das Verfahren eingebunden ist und wie komplex die vereinbarten Maßnahmen selbst sind. Indikatoren für die Komplexität einer nachzuverfolgenden Maßnahme sind hierbei, inwieweit diese in einzelne Teilmaßnahmen heruntergebrochen wird und wie weit das Erledigungsdatum der Maßnahme in der Zukunft liegt. Bei einer größeren Internen Revision mit einem ausgereiften und in der Organisation etablierten Follow-up-Prozess kann die Komplexität einer Maßnahmenverfolgung derjenigen eines einfachen Projektes entsprechen. Da erscheint eine technische Unterstützung des Follow-up-Prozesses unverzichtbar. Der Aufbau einer Follow-up-Datenbank für Maßnahmen ist instrumentelle Voraussetzung für ein professionelles Follow-up-Management.[263]

263 Vgl. Amling und Bantleon (2009), S. 322.

In den vergangenen Jahren haben einige Hersteller von Revisionsmanagementsoftware ihre Produkte um spezielle Module und Softwarekomponenten zur Unterstützung des Follow-up-Prozesses ergänzt. Diese Komponenten besitzen u.a. folgende Funktionen:

- Möglichkeit zur Prozessdefinition und Prozesssteuerung für den Follow-up-Prozess (inkl. Weiterleitung und Delegation).
- Zentrale Darstellung und Speicherung aller relevanten Daten zum Follow-up (Berichtsnummer, Textziffer, Referenznummer, Status, Berichtsdatum, Frist, verantwortliche Person, Erledigungsdatum etc.).
- Möglichkeit zur Anlage und Speicherung von relevanten Informationen und Nachweisen zur Maßnahmenerledigung.
- Verteilung des Follow-up an definierte Zuständige.
- Kommunikationskanal (direkte Kommunikation zwischen Revisorin oder Revisor und Follow-up-Verantwortlichem beim Prüfungspartner ohne Systembruch).
- Dokumentation mit automatischer Protokollierung der Systemaktivitäten von Prüfungspartner und Revision.
- Automatisierte Fristenüberwachung mit Erinnerungsfunktion per E-Mail.
- Management Reporting, Standardberichte und flexible Auswertungsmöglichkeiten (situative Abfragen, Eskalationsverfahren).
- Möglichkeit zur Qualitätssicherung.
- Schnittstellen von und zu anderen Prozessschritten innerhalb der Anwendung (z.B. Import aus Berichtstexten oder Weiterverarbeitung von Follow-up-Informationen).
- Export- und Importfunktionalität.
- Möglichkeit zur Kennzeichnung mandantenrelevanter Feststellungen bei Insourcing-Verhältnissen.

Nicht alle der aufgeführten Punkte sind für jede Interne Revision relevant. Allerdings wird aus der Aufzählung deutlich, wie weit eine IT-Anwendung den Follow-up-Prozess wirksam unterstützen kann.

Betroffene zu Beteiligten machen

Hat eine Interne Revision einen professionellen Follow-up-Prozess in der Organisation etabliert, dann können auch die Prüfungspartner hiervon profitieren. In erster Linie geht es darum, die Umsetzung von vereinbarten Maßnahmen sicherzustellen. Mit einer zeitnahen und vollständigen Mängelbeseitigung kann auch der Prüfungspartner seine Leistungsfähigkeit unter Beweis stellen. Die Interne Revision stellt ihm mit dem Follow-up eine Plattform zur Verfügung, um diese Leistung angemessen darzustellen.

Hier stellt sich die Frage, wie man die Interne Revision und den Prüfungspartner bei einem vermeintlich emotionalen Thema im Sinne des größtmöglichen Nutzens für die Organisation zusammenbringt. Die folgenden Hinweise und Anregungen haben sich in der Praxis bewährt:

- Die Prüfungspartner sollten bei der Definition des Follow-up-Prozesses angemessen eingebunden werden. Es besteht beispielsweise die Möglichkeit, eine Arbeitsgruppe mit Ansprechpartnern bei den Prüfungspartnern einzurichten. Diese Beteiligung an der Gestaltung des Prozesses wird in der Regel dankbar angenommen.
- Im Rahmen von Projekten zur Einführung einer neuen Revisionssoftware oder von Komponenten zur Unterstützung des Follow-up-Prozesses sollten die Prüfungspartner eine Möglichkeit erhalten, Anregungen für die technische Unterstützung des Follow-up zu formulieren.
- IT-Unterstützung und technische Schnittstellen sollten mit den Anforderungen der Prüfungspartner korrespondieren. Systembrüche sollten vermieden werden. Automatische Schnittstellen sind zu bevorzugen, da sie den Bearbeitungsaufwand auf beiden Seiten wesentlich verringern. Dazu gehören auch Export- und Importfunktionen in und aus üblichen Office-Produkten.
- Der gesamte Follow-up-Prozess sollte dem Prüfungspartner offen kommuniziert werden. Die Transparenz des Prozesses einschließlich der Berichterstattung und des Eskalationsverfahrens auch außerhalb des Revisionshandbuches ist für die Akzeptanz entscheidend. Die Prüfungspartner sollten darüber informiert werden, wann und in welcher Form die Interne Revision den aktuellen Status aus dem Follow-up berichtet. Kopien der Auswertungen für den Prüfungspartner sind dabei selbstverständlich.
- Insbesondere die Echtzeit-Kommunikation über eine zentrale Follow-up-Datenbank, in die sowohl die Interne Revision als auch die Prüfungspartner ihre Kommentare zum Erledigungsstand erfassen, sorgt für einen effizienten Prozess, einen intensiven Austausch zwischen beiden Parteien, hohe Datenqualität, und die jederzeitige Möglichkeit von Auswertungen. Da diese Kommentare Bestandteil der Auswertungen und Berichte zum Follow-up werden, müssen sie in Stil und Inhalt den Anforderungen an die interne und externe Berichterstattung entsprechen.

> Kommunikation und Kooperation sind der Schlüssel, der im Follow-up den größtmöglichen Nutzen für die Organisation verspricht. Das Potenzial eines fairen und transparenten Follow-up-Prozesses sollten weder die Interne Revision noch ihre Prüfungspartner verschenken. Dabei ist es die Aufgabe der Internen Revision, die Prüfungspartner von der Etablierung eines effektiven und effizienten Follow-up-Prozesses zum Wohle der Organisation zu überzeugen und diese für die konstruktive Zusammenarbeit zu gewinnen.

Gelingt es der Internen Revision, gemeinsam mit allen Prozessbeteiligten und der notwendigen IT-Unterstützung einen wirksamen Follow-up-Prozess zu etablieren, so geht dessen Bedeutung deutlich über den eigentlichen und originären Zweck hinaus und hat das Potenzial, den Mehrwert, den die Interne Revision stiftet, deutlich zu steigern.

6 Beratungsaufträge der Internen Revision: Mehr Wert geht nicht

Die Standards sehen vor, dass die Interne Revision neben Prüfungs- auch Beratungsleistungen anbietet. Diese können sehr verschiedenartig sein. Einerseits enthalten auch Prüfungsaufträge Beratungskomponenten. Andererseits gibt es unterschiedliche Arten von Beratungsleistungen, die von Internen Revisorinnen und Revisoren erbracht werden. Alle Global Internal Audit Standards gelten grundsätzlich für Prüfungs- und Beratungsaufträge der Internen Revision gleichermaßen. Alle Ausnahmen sind in den aufgeführten Standards erwähnt. Das bedeutet aber nicht, dass es keinen Unterschied zwischen Prüfungs- und Beratungsaufträgen gibt. Für beide Typen von Revisionsprodukten sollte es in den Verfahrensanweisungen der Internen Revision klare Methoden geben, die sich durchaus unterscheiden können. Beide Methoden müssen aber den Global Internal Audit Standards genügen.

6.1 Trends bei Beratungen durch die Interne Revision

Traditionell hat sich die Interne Revision in erster Linie auf Prüfungsleistungen konzentriert: Hiermit gewinnt die Organisation Prüfungssicherheit, dass die Risiken, die das Erreichen der Ziele gefährden, ausreichend gesteuert werden. Auch regulatorische Anforderungen drängen die Interne Revision eher in diese Richtung. Viele Organisationen erkennen jedoch zunehmend den Wert, den eine Interne Revision durch die Erbringung von Beratungsleistungen erbringen kann. Da die Interne Revision wegen der durchgeführten Prüfungen enorme Kenntnisse über Governance, Risikomanagement und Kontrollen erwirbt, gibt es zahlreiche Möglichkeiten, dieses Wissen zu nutzen und durch Beratungsleistungen einen Mehrwert zu schaffen. Eine Interne Revision, die sich als Change Agent versteht, muss darauf vorbereitet sein, wertschöpfende Beratungsleistungen zu erbringen.[264]

Immer öfter wird darauf hingewiesen, dass das Wertversprechen der Internen Revision am besten durch Beratungsleistungen erreicht werden kann. In einem dynamischen Umfeld muss die Interne Revision vorausschauende Beratungsleistungen erbringen, um starke Governance-, Risikomanagement- und Kontrollprozesse zu fördern, anstatt Kontrollen zu prüfen, die sich ohnehin bald durch neue Systeme oder Prozesse ändern werden. Beratungsaufträge haben das größte Potenzial, einen langfristigen Wert für die Organisation zu schaffen. Wenn neue Systeme und Prozesse entwickelt werden, ist es am besten, angemessene Kontrollen von Anfang an darin zu verankern und deren Wirksamkeit sicherzustellen.

Viele Interne Revisoren, die beratend tätig sind, wissen, wie wertvoll es für die Organisation ist, in den frühen Phasen eines Projekts Einblicke zu erhalten. Z.B. kann die von der Internen Revision durchgeführte Due-Diligence-

264 Vgl. Chambers (2024).

Untersuchung bei der Übernahme eines Unternehmens etwaige Mängel in der Governance oder im Kontrollsystem des Zielunternehmens bereits in einem frühen Stadium der Verhandlungen berücksichtigen. Ein weiteres Beispiel für Beratungsdienste ist die Einbindung der Internen Revision in die Bearbeitung von Hinweisen, die über eine Whistleblower-Hotline aufgenommen wurden. Die Interne Revision kann gebeten werden, Ressourcen zur Untersuchung eines Vorwurfs einzusetzen. Die Untersuchung kann am Ende zu Empfehlungen für Prozessverbesserungen oder zu veränderten Risikoeinschätzungen führen.

Die Interne Revision sollte vorgeschlagene Beratungsaufträge dann in Betracht ziehen, wenn sie das Potenzial haben, einen Mehrwert in der Organisation zu schaffen. Insbesondere dann, wenn das Risikomanagement oder die Arbeitsabläufe verbessert werden können, sollten Beratungsaufträge in den Revisionsplan aufgenommen werden.

6.2 Insights durch Beratung

Die von der Internen Revision erbrachten Beratungsleistungen sind die beste Möglichkeit, durch Analysen und Bewertungen für positive Veränderungen in der Organisation zu wirken. Insights sind eine wichtige Komponente der Zielsetzung der Internen Revision. Revisorinnen und Revisoren sind in der Lage, Anregungen zum Risikomanagement zu geben, bei der Verbesserung von Kontrollen und Prozessen zu helfen und Aufsicht und Überwachung im Rahmen einer guten Corporate Governance zu stärken. Das liegt an der einzigartigen Position der Internen Revision: Da Revisorinnen und Revisoren als Risiko- und Kontrollexperten angesehen werden, kann ihr enormes Wissen genutzt werden, um die Organisation zu unterstützen und über neu auftretende Risiken zu informieren. Da die Interne Revision aufgrund der von ihr erbrachten Prüfungsleistungen mit allen Bereichen der Organisation vertraut ist, kann sie auch die Veränderungen in diesen Bereichen einschätzen und das Management beraten, wie es mit diesen Veränderungen umgehen sollte.

Das heutige dynamische Geschäftsumfeld bietet der Internen Revision mehr denn je Möglichkeiten, Beratungsleistungen zu erbringen, die einen Mehrwert schaffen. Dazu muss sich die Interne Revision aber stärker auf strategische Initiativen konzentrieren und gleichzeitig die klassischen Prüfungsbereiche (wie IT, Operations, Finanzen, Compliance) angemessen abdecken. Die bloße Durchführung von Prüfungen in den traditionellen Bereichen wird dem Informationsbedarf der Aufsichts- und Leitungsgremien wahrscheinlich nicht mehr gerecht.

6.3 Arten von Beratungsleistungen

Beratungsleistungen können auf die Lösung spezifischer Probleme zugeschnitten sein, die als dringlich eingestuft wurden, und können einen Consulting-, Schulungs- oder Moderationscharakter haben. Grenzen werden den

Beratungsaufträgen der Internen Revision nur durch den Bedarf der Organisation und die vorhandenen Ressourcen gesetzt, solange Unabhängigkeit und Objektivität nicht beeinträchtigt werden.

Viele Beratungsaufträge sind auf Consulting ausgerichtet. Beispiele sind die Überprüfung und Empfehlung von Verbesserungen der Wirksamkeit und Effizienz eines Geschäftsprozesses, Beteiligung an Qualitätsbeurteilungen, Beratung bei der Gestaltung von Kontrollen oder der Entwicklung von Strategien oder Abläufen, Teilnahme an risikobehafteten Projekten wie der Entwicklung von IT-Anwendungen oder Beratung bei Sicherheitsproblemen oder Betriebsunterbrechungen oder hinsichtlich bestimmter Risikomanagementaktivitäten.

Mitarbeiterinnen und Mitarbeiter der Internen Revision verfügen aufgrund der von ihnen durchgeführten Prüfungen über enormes Fachwissen in vielen wichtigen Bereichen der Organisation. Auf Bitte des Managements kann die Interne Revision spezielle Schulungen durchführen, Vorträge für bestimmte Gruppen halten oder auch Einzelgespräche mit neu in Schlüsselpositionen eintretenden Mitarbeitenden führen.

Beratungsaufträge können aber auch einen Schritt weitergehen, als nur über ein Thema aufzuklären. In diesen Fällen nimmt die Interne Revision eine Moderationsrolle ein. Dies erfordert eine stärkere Einbindung in die betreffende Funktion und nicht nur die Vermittlung von Wissen. Zu den Beratungsaufträgen mit Moderationscharakter gehören z.B. die Moderation des Risikobeurteilungsprozesses oder einer Task Force zur Gestaltung von Prozessen oder Kontrollen in einem zu verändernden Bereich, Übernahme der Schnittstellenfunktion zwischen Geschäftsleitung und externen Prüfern, Rechnungshöfen, Dienstleistern und Mandanten in Fragen der internen Kontrollen oder die Moderation einer Untersuchung nach größeren Betriebsunterbrechungen.

Ein weiteres Beispiel ist die Unterstützung von Control Self Assessments. Die Kompetenz der Internen Revision in diesem Bereich kann genutzt werden, um Diskussionen über Geschäftsprozesse und Kontrollen zu moderieren. Dabei lenken Interne Revisorinnen und Revisoren die Aufmerksamkeit des Managements auf die Ziele und die dazu erforderlichen Geschäftsprozesse.

6.3.1 Informelle Beratung und Gremieneinbindung

Wegen ihrer zahlreichen Kontakte innerhalb der Organisation und der umfassenden Einblicke in alle Geschäfts- und Unterstützungsprozesse hat die Interne Revision tiefe und weitreichende Kenntnisse über Strukturen, Systeme, Geschäfte und Zusammenhänge in der Organisation. Insbesondere ist es der Internen Revision möglich, den „Blick auf das Ganze" zu richten. Sie kann Fragen oder Probleme adressieren, die einzelne Fachbereiche aufgrund ihrer zuständigkeitsbedingten Beschränkung nicht im Fokus haben können. Daher wird die Interne Revision schon seit langem über ihre traditionelle Rolle als Überwachungsfunktion hinaus auch als interner Berater wahrgenommen.

Das äußert sich im alltäglichen Geschäft z.B. dadurch, dass Fragestellungen mit der Bitte um Stellungnahme an die Interne Revision gerichtet werden. Hierbei ist es wichtig, mit jeder Stellungnahme auch unmissverständlich darzulegen, dass die Interne Revision keine Entscheidungen trifft. Sie kann Vor- und Nachteile, Risiken oder Chancen aufzeigen, aber keine Weisungen aussprechen. Die Erfahrung zeigt jedoch, dass die Empfehlungen der Internen Revision von den Fachbereichen gerne als richtungweisend anerkannt werden.

Neben den Fachbereichen sind aber auch zunehmend Geschäftsleitung und Aufsichtsorgan Interessenten von Beratungsleistungen der Internen Revision. Da diese für die Interne Revision die wichtigste Kundengruppe darstellen, müssen Vorbereitungen auf solche Beratungsanfragen in Form von formellen Berichtsstrukturen, Vorhalten von Zeit und Know-how und Qualitätssicherungsprozessen getroffen werden.

Auch die Teilnahme von Revisionsleitung, Revisorinnen und Revisoren an regelmäßigen Sitzungen von Gremien oder Ad-hoc-Meetings zu bestimmten Themen zeigt, dass die Beratungskompetenz der Internen Revision sehr geschätzt wird. Daher sollte die Interne Revision Nachfragen nach Gremienbeteiligung möglichst bedienen. Solche Beratungsaktivitäten der Internen Revision führen auch zu einem verbesserten Vertrauensverhältnis zwischen Revision und Fachbereichen und verbessern die Akzeptanz.

Ein weiterer Vorteil der Einbindung der Revision in Gremien und informelle Beratungen ist, dass sich hierüber im Normallfall effizient und aktuell die neuesten Informationen über aktuelle Entwicklungen beschaffen lassen. Aktuelle Informationen sind für das Prüfungsgeschäft der Internen Revision unerlässlich.

Dabei ist zu berücksichtigen, dass im Rahmen der Jahresprüfungsplanung auch ein Zeitkontingent für die Aktivitäten jenseits der Prüfungen vorzuhalten ist. Die Bemessung dieses Kontingents geht zulasten der Prüfungskapazität und muss sorgfältig gegen den Nutzen zusätzlicher Prüfungen abgewogen werden.

6.3.2 Formelle Beratungsaufträge

In der Internen Revision sind einige Voraussetzungen zu erfüllen, um Beratungsaufträge annehmen zu können:

- In der Geschäftsordnung der Internen Revision sollte die Art der Beratungsleistungen festgelegt sein.
- Auch bei Beratungsaufträgen sind Einschränkungen der Unabhängigkeit oder Objektivität transparent zu machen.
- Auch für die Beratungsaufträge muss in der Internen Revision die notwendige fachliche Kompetenz vorhanden sein.
- Auch für Beratungsaufträge gilt, dass die Tätigkeiten mit der gleichen beruflichen Sorgfalt auszuüben sind, die für Prüfungstätigkeiten gelten.

- Nicht jeder Beratungsauftrag muss angenommen werden. Insbesondere muss der Auftrag konform mit den Zielen der Internen Revision und ihrer Gesamtplanung sein.
- Auch bei Beratungsaufträgen sind die Wirksamkeit der Governance-, Risikomanagement- und Kontrollprozesse zu berücksichtigen. Gewonnene Erkenntnisse müssen in die Gesamtbeurteilung des Risikomanagementsystems und des Internen Kontrollsystems einfließen.
- Auch bei Beratungsaufträgen sollen Revisorinnen und Revisoren keine operative Verantwortung übernehmen.

In der Praxis wird oft im Einzelfall entschieden, in welcher Form und an welche Empfänger im Rahmen der Beratung berichtet werden soll. Bei der Entscheidung hierüber sollte einfließen,

- welche Bedeutung die Ergebnisse für die Organisation besitzen,
- welcher Aufwand mit der Berichterstattung verbunden ist und
- ob der Vorteil einer nachvollziehbaren Dokumentation von Durchführung und Ergebnis den damit verbundenen Aufwand rechtfertigt.

6.3.3 Projektbegleitende Beratung

Beratungstätigkeiten der Internen Revision spielen sich häufig im Rahmen von Projekten ab. Dabei ist die Übernahme der Projektleitung durch eine Revisorin oder einen Revisor nur im Rahmen eines formalen Beratungsauftrages möglich. Weitaus häufiger ist die Interne Revision in Form von Teilnahmen an Projektbesprechungen und routinemäßigem Informationsaustausch in Projekte eingebunden. Insbesondere die Möglichkeit, sich effizient und aktuell Informationen zu beschaffen, ist für die Interne Revision ausschlaggebend, sich in Projekten zu engagieren. Dazu gehört auch die Sichtung aktueller Projektdokumentationen, wie z.B. Statusberichte oder Berichte an einen Lenkungsausschuss.

Ebenso ist die formelle Beauftragung der Revision zur Teilnahme an Projekten möglich, wenn die Organisation in den betroffenen Projekten auf das spezifische Know-how der Internen Revision zugreifen möchte. In diese Kategorie fällt auch die Beteiligung der Internen Revision an Krisenmanagement-Teams.

Die Interne Revision muss darauf achten, gegenüber den Projektbeteiligten die Form ihrer Beteiligung am Projekt klar zu kommunizieren. Wenn es sich um eine Projektprüfung oder Prüfung des Projektmanagements handelt, also am Ende auch mit einer Berichterstattung der Prüfungsergebnisse und einer Nachverfolgung von Feststellungen zu rechnen ist, dann sollte man dies von vornherein klarmachen, um am Ende böse Überraschungen bei den Projektpartnern bzw. Prüfungspartnern zu vermeiden.

6.4 Auswahl der Beratungsaufträge

Es gibt verschiedene Möglichkeiten, potenzielle Beratungsaufträge zu ermitteln: Aufträge werden im Rahmen der jährlichen Risikobeurteilung vorgeschlagen und, wenn sie priorisiert werden, in den Revisionsplan aufgenommen. Oder Aufträge werden vom Management angefordert. Oder aktuelle Gegebenheiten erfordern die Tätigkeit der Internen Revision. In jedem Fall sollte vor Annahme eines Auftrags festgestellt werden, ob das Risiko oder die Chance den Einsatz der knappen Ressourcen rechtfertigt.

Traditionell wird der Revisionsplan jährlich erstellt und enthält die Bereiche, Prozesse oder Risiken der Organisation, die als Prioritäten ausgewählt wurden. Oftmals bezieht der Revisionsplan sowohl Prüfungs- als auch Beratungsaufträge mit ein. Obwohl oft der größte Teil des Revisionsplans aus Prüfungsaufträgen besteht, können einige Beratungsaufträge, wie z.B. Systementwicklungsprojekte, Due-Diligence-Untersuchungen und strategische Initiativen bereits bei der Erstellung des Revisionsplans bekannt sein und einbezogen werden. Darüber hinaus kann im Plan ein Puffer für Beratungsaufträge reserviert werden, die sich künftig noch ergeben.

Die im Revisionsplan für Beratungsaufträge vorgesehenen Kapazitäten sollten bei einem höheren Grad organisatorischer Veränderungen ebenfalls höher sein. Damit verdrängen Ressourcen für Beratung die für Prüfungsaufträge vorgesehenen Kapazitäten. Bei erheblichen Veränderungen in der Organisation ist es jedoch wertstiftender, die Zeit der Internen Revision beratend zu den neuen Prozessen zu investieren, anstatt die laufenden Verfahren zu bestätigen.

In vielen Fällen ersucht das Management um eine Beratung durch die Interne Revision, deren Anlass zum Zeitpunkt der Revisionsplanung nicht vorhersehbar war. Beispiele dafür sind Betrugsermittlungen, Due-Diligence-Untersuchungen, Sonderprojekte, Task Forces oder die Überprüfung neuer Verfahren. Auch diese Anfragen konkurrieren um Ressourcen aus dem geplanten Budget der Internen Revision. Viele dieser Aufträge sind zeitkritisch. Aber einige erfordern auch keinen Vollzeiteinsatz und können gleichzeitig mit den geplanten Prüfungsaufträgen durchgeführt werden. In einer Risikobeurteilung durch die Interne Revision sollte festgestellt werden können, welche vom Management angeforderten Beratungsaufträge kritisch genug sind, um den Einsatz der knappen Ressourcen zu rechtfertigen.

Häufig kann die Interne Revision selbst potenzielle und sinnvolle Beratungsaufträge ermitteln. Da sie permanent in allen Bereichen der Organisation präsent und gut informiert sein sollte, kann sie frühzeitig anstehende Veränderungen einschätzen und kurzfristig beratende Aktivitäten planen.

6.5 Planung der Beratungsaufträge

Im Allgemeinen sind die drei Phasen des Beratungsauftrags dieselben wie bei Prüfungsaufträgen: Planung, Durchführung und Berichterstattung. Es gibt jedoch Unterschiede innerhalb der einzelnen Phasen. Da die Beratungsaufträge in ihrer Art sehr unterschiedlich sein können, gerade auch im Bereich Schulung oder Moderation, gibt es keinen allgemein gültigen Standardprozess.

In der Planung eines Beratungsauftrages ergeben sich Unterschiede zu Prüfungsaufträgen, weil die Planung oft zeitkritisch ist und schnell abgeschlossen werden muss und weil der Zeitrahmen sich dem Einfluss der Internen Revision entzieht. Ziel und Umfang des Auftrags sind mit dem Kunden zu besprechen, um das angemessene Maß an Leistungen zu bestimmen. Beispiele für Ziele von Beratungsaufträgen sind:

- Überprüfung der Konzeption von Kontrollen und Empfehlung von Verbesserungen,
- Beiträge zur Gestaltung eines neuen Prozesses,
- Überprüfung einer neuen IT-Anwendung vor ihrer Einführung,
- Due-Diligence-Untersuchung für eine potenzielle Fusion oder Übernahme.

Es muss außerdem festgelegt werden, was am Ende des Auftrags geliefert werden soll.

Der Auftragsansatz muss so gestaltet sein, dass die Ziele der Beratung erreicht werden.

Es muss sichergestellt werden, dass dem Beratungsauftrag Interne Revisorinnen und Revisoren mit der richtigen Erfahrung und dem richtigen Fachwissen zugewiesen werden. Es sollte auch berücksichtigt werden, dass Beratungsaufträge eine besondere Möglichkeit für die individuelle Weiterentwicklung des Revisionspersonals darstellen.

6.6 Arbeitspapiere für Beratungsaufträge

Auch bei Beratungsaufträgen müssen die durchgeführten Tätigkeiten in Arbeitspapieren dokumentiert werden. Der Umfang der erforderlichen Dokumentation hängt von der Art des Auftrags ab. In den meisten Fällen dürfte jedoch der Umfang der Dokumentation deutlich geringer als bei einem Prüfungsauftrag ausfallen. Die Dokumentation sollte ausreichend sein, um die Beobachtungen und Empfehlungen in der Berichterstattung zu untermauern. Die durchgeführten Arbeiten sollten nachvollziehbar sein.

6.7 Kommunikation und Follow-up

Die Kommunikation der Ergebnisse ist bei Beratungsaufträgen genauso wichtig wie bei Prüfungsaufträgen. Art und Form der Kommunikation hängt von den Erwartungen des Auftraggebers und von der Art des Auftrags ab. Sie kann bei einem Beratungsauftrag weniger formell sein als bei einem Prüfungsauftrag, z. B. in Form einer Präsentation, eines Memorandums, einer E-Mail oder einer spontanen mündlichen Beratung. Es kann aber auch Fälle geben, in denen ein formeller Bericht gewünscht wird. Wenn die Interne Revision z. B. Teil eines Projektteams ist und einen Prozess beurteilt, dann kann die Beratung für den Projekterfolg entscheidend sein. Ein formeller Bericht hilft sicherzustellen und nachzuweisen, dass die Beratung angemessen war und rechtzeitig erfolgt ist.

Wie bei Prüfungsergebnissen sind auch die Beratungsergebnisse mit dem Kunden abzustimmen. Dadurch kann sichergestellt werden, dass die Beratung vom Kunden verstanden wird und den Zielen des Auftrags entspricht und dass Empfehlungen umsetzbar sind.

Aufgrund der zeitlichen Dringlichkeit, die mit vielen Beratungsaufträgen verbunden ist, sollte die Kommunikation mit dem Kunden auch während der Durchführung des Auftrags in Form von vorläufigen oder Zwischenergebnissen häufig stattfinden. Diese Kommunikation wird oft mündlich oder über E-Mails erfolgen und ist eventuell an Projektmeilensteine gebunden.

Nachverfolgungsaktivitäten sind bei Beratungsaufträgen abhängig von der Art der Beratung möglicherweise nicht erforderlich. Ansonsten sollte die Nachverfolgung auf Basis einer Vereinbarung mit dem Kunden erfolgen.

6.8 Einfluss der Organisationskultur

Das Erbringen von Beratungsleistungen ist nur bei guten Beziehungen zum Management denkbar (also den Funktionen der ersten und zweiten Linie im Drei-Linien-Modell). Eine Interne Revision, die sich als Change Agent versteht, muss sicherstellen, gut auf wertsteigernde Beratungsleistungen vorbereitet zu sein. Dazu gehören

- Aufbau von guten Beziehungen zu anderen Funktionen,
- Verbesserung der Fachkompetenz der Internen Revisoren, z.B. durch Schulung oder Rotation in andere Geschäftsbereiche,
- Rekrutierung von Personal aus anderen Funktionen für die Interne Revision,
- Kommunikation der Vorteile erweiterter Beratungsleistungen gegenüber der Geschäftsleitung und dem Überwachungsorgan.

Die Fähigkeit der Internen Revision, als Trusted Advisor oder Change Agent zu agieren, kann durch die Organisationskultur beeinträchtigt sein: Möglicherweise möchten Geschäftsleitung beziehungsweise Überwachungsorgan, dass die Interne Revision nur Prüfungsleistungen erbringt, weshalb in der Geschäftsordnung der Internen Revision nicht vorgesehen ist, Beratungsleistungen zu erbringen. In dem Falle würde die Geschäftsleitung auch nicht akzeptieren, dass die Interne Revision sich an strategischen Initiativen beteiligt. Die Interne Revision wäre nicht durch mangelnde Fähigkeiten, sondern durch die Organisationskultur und das Verständnis ihrer Rolle eingeschränkt. Wichtige Hindernisse auf dem Weg zum Trusted Advisor sind:

- Organisationskultur und Management akzeptieren die Interne Revision nicht als Trusted Advisor.
- Die Interne Revision konzentriert sich ausschließlich auf die erforderlichen Prüfungen.
- Die Mitarbeitenden der Internen Revision sind es nicht gewohnt, Beziehungen aufzubauen und Beratungsleistungen zu erbringen.
- Die Personalressourcen der Internen Revision sind nicht darauf ausgerichtet, Beratungsleistungen zu erbringen.

Zum Überwinden dieser Hindernisse sind zunächst Gespräche mit der Geschäftsleitung notwendig, als deren Ergebnis eine überarbeitete Geschäftsordnung der Internen Revision ausdrücklich die Parameter von Beratungsleistungen festlegt.

Bei der periodischen Revisionsplanung muss dann geklärt werden, welche Ressourcen für Beratungsleistungen vorgesehen werden. An dieser Stelle ist dann auch festzulegen, welche bisher durch die Interne Revision durchgeführten Prüfungsleistungen besser von den Funktionen der zweiten Linie oder externen Prüfungsanbietern erbracht werden können, um Ressourcen für die Durchführung von Beratungsleistungen freizusetzen.

Solche Veränderungen sind nur möglich, wenn die Interne Revision (wieder im Sinne des Drei-Linien-Modells) viel Wert auf Kommunikation, Kooperation und Koordination mit den Funktionen der ersten und zweiten Linie legt. Dann kann die Organisation insgesamt zu einem klareren Verständnis der Rolle der Internen Revision bei der Wertschöpfung durch die Erbringung von Beratungsleistungen gelangen.

Das Einhalten der Standards, die Unabhängigkeit der Internen Revision und die Objektivität der Internen Revisorinnen und Revisoren stehen hochwertigen Beratungsleistungen nicht entgegen. Das vielfach angeführte Argument, die geforderte Objektivität widerspreche einer Beratungsleistung, trifft nicht zu. Allenfalls kann sich möglicherweise im Nachgang zu der Beratung ein Objektivitätskonflikt ergeben, wenn man den Fehler macht, dieselben Personen mit einem Prüfungsauftrag in dem Bereich zu betrauen, in dem sie vorher eine Beratungsleistung erbracht haben. Dann ist es aber kein Problem der Beratung, sondern der späteren Prüfung.

Beratungsdienstleistungen bieten viele Möglichkeiten für die Revisorinnen und Revisoren, ihre Fachkompetenz zu erweitern. Wenn die Interne Revision mehr Ressourcen für Beratungsaufträge bereitstellt, werden Organisationen auch einen erhöhten Wert der Internen Revision erkennen und diese als Trusted Advisor positionieren.

Literaturverzeichnis

[Amling und Bantleon 2009] Amling, T./Bantleon, U.: Handbuch der Internen Revision – Grundlagen, Standards, Berufsstand, Erich Schmidt Verlag, Berlin 2009.

[Anderson und Svare 2011] Anderson, R. J./Svare, J. C. (2011): Imperatives for Change – The IIA's Global Internal Audit Survey in Action (Report V), The Institute of Internal Auditors Research Foundation (IIAFR), Altamonte Springs, Florida, USA.

[Anderson et al. 2017] Anderson, U. L./Head, M. J./Ramamoorti, S./Riddle, C./Salamasick K. R./Sobel, P. J. (2017): Internal Auditing: Assurance & Advisory Services, Internal Audit Foundation, 4. Edition, Lake Mary.

[Apostolou 2004] Apostolou, B.: Sampling: A guide for internal auditors, The Institute of Internal Auditors Research Foundation (IIARF), Altamonte Springs, Florida, 2004.

[BaFin 2024] Bundesanstalt für Finanzdienstleistungsaufsicht, Rundschreiben 06/2024 (BA) – Mindestanforderungen an das Risikomanagement, 2024, https://www.bafin.de/SharedDocs/Downloads/DE/Rundschreiben/dl_rs_06_2024_MaRisk_pdf_BA.html?nn=19659504 (Stand 13.06.2024).

[Bantleon 2018] Bantleon, U.: Bedeutung der Professional Skepticism für den Erfolg der Internen Revision – Konzept, aktuelle Entwicklung und Umsetzung, ZIR 6/2018, S.276–285.

[Bazerman und Tenburnsel 2011] Bazerman, M. H./Tenburnsel, A. E. (2011): Blind Spots – Why we fail to do what`s right and what to do about it, Princeton University Press, Princeton.

[Besl 2013] Besl, F.: Zusammenarbeit Interne Revision mit externen Beratern, in: Bay, K.-C.: Handbuch Internal Investigations, Erich Schmidt Verlag, Berlin 2013, S.215–231.

[BMI 2023] Bundesministerium des Innern und für Heimat: Allgemeine Verwaltungsvorschrift zur Internen Revision in der Bundesverwaltung (Allgemeine Verwaltungsvorschrift Interne Revision – VwV IR), 2023.

[Braun et al. 2017] Braun, G./Struthers-Kennedy, A./Wishna, G.: Building a Data Analytics Program – Six strategies can facilitate progress when starting or furthering an analytics program, in Internal Auditor 09/13.

[Bührer 2012] Bührer, R.-D.: Einrichtung einer internen Untersuchungsabteilung und deren Prozesse, in: Moosmayer, K./Hartwig, N. (Hrsg.): Interne Untersuchungen – Praxisleitfaden für Unternehmen, Verlag C.H. Beck, München 2012.

[Bünis 2022] Bünis, M.: Humankapital, Vielfalt und Talentmanagement – Ein Risikoschwerpunkt europäischer Unternehmen und der Internen Revision, in: ZIR 2/2022, S.177–185.

[Bünis 2024] Bünis, M.: Leistungskennzahlen in der Internen Revision, in: ZIR 3/2024, S.110–113.

[Bünis und Gossens 2011a] Bünis, M./Gossens, T.: Management Feedback zur Internen Revision, ZIR 3/2011, S.139–143.

[Bünis und Gossens 2011b] Bünis, M./Gossens, T.: Ein praktischer Ansatz zur risikoorientierten Prüfungsplanung – Der Nachweis der risikoorientierten Planung kann trotz Beschränkungen in der Prüferkapazität gelingen, ZIR 6/2011, S. 311–317.

[Bünis und Gossens 2012] Bünis, M./Gossens, T.: Herausforderung Mandantenberichterstattung, ZIR 4/2012, S. 184–190.

[Bünis und Gossens 2013] Bünis, M./Gossens, T.: Der Jahresbericht der Internen Revision – Ein Plädoyer für Transparenz und Offenheit, ZIR 4/2013, S. 178–183.

[Bünis und Gossens 2014a] Bünis, M./Gossens, T.: Modernes Follow-up – Der Turbo für den Mehrwert der Internen Revision, ZIR 1/2014, S. 24–32.

[Bünis und Gossens 2014b] Bünis, M./Gossens, T.: A Commitment to Excellence – Qualität in der Internen Revision, ZIR 2/2014, S. 78–85.

[Bünis und Gossens 2014c] Bünis, M./Gossens, T.: Generelle Kontrollen im Fokus von allgemeinen Organisationsprüfungen, ZIR 6/2014, S. 278–286.

[Bünis und Gossens 2016] Bünis, M./Gossens, T.: Mythos Sonderprüfung – Entzauberung einer Exotin, ZIR 1/2016, S. 14–24.

[Bünis und Gossens 2017a] Bünis, M./Gossens, T.: Auswahl von Prüfungselementen: Anspruch und Wirklichkeit, ZIR 1/2017, S. 4–13.

[Bünis und Gossens 2017b] Bünis, M./Gossens, T.: Unabhängigkeit und Objektivität: Grundsteine einer effektiven Revisionsarbeit, ZIR 3/2017, S. 116–129.

[Bünis und Gossens 2020] Bünis, M./Gossens, T.: Prüfungsplanung gemäß MaRisk – Fluch oder Segen?, ZIR 3/2020, S. 104–114.

[Bünis und Gossens 2021] Bünis, M./Gossens, T.: Auf der Suche nach dem Masterplan – Chancen einer professionellen Revisionsstrategie, ZIR 5/2021, S. 208–219.

[Bünis und Gossens 2022] Bünis, M./Gossens, T.: Please Mind The Gap: Die Digitalisierung fordert die Interne Revision heraus, ZIR 2/2022, S. 64–76

[Bünis und Gossens 2023a] Bünis, M./Gossens, T.: Alles im Blick? Objektivität auf dem Prüfstand – Auf der Suche nach den Blind Spots der internen Revision, ZIR 1/2023, S. 4–15.

[Bünis und Gossens 2023b] Bünis, M./Gossens, T.: Wenn es zu schön ist, um wahr zu sein… – Der schmale Grat zwischen zulässigem Vertrauen und professioneller Skepsis, ZIR 4/2023, S. 156–164.

[Bünis und Gossens 2024] Bünis, M./Gossens, T.: Flexibel wie ein Schweizer Taschenmesser – Bedeutung und Anwendung des Prüfungsinterviews in der digitalen Welt, ZIR 4/24.

[Bungartz 2020] Bungartz, O.: Handbuch Interne Kontrollsysteme (IKS) – Steuerung und Überwachung von Unternehmen, 6. Auflage, Erich Schmidt Verlag, Berlin 2020.

[Bungartz und Henke 2011] Bungartz, O./Henke, M.: Quality Control und Peer Review in der Internen Revision, Erich Schmidt Verlag, Berlin 2011.

[Burgard 2012] Burgard, J.: Verhaltenskodex für unternehmensinterne Untersuchungen, in: Moosmayer, K./Hartwig, N. (Hrsg.): Interne Untersuchungen – Praxisleitfaden für Unternehmen, Verlag C.H.Beck, München 2012, S.157–171.

[Chambers 2013] Chambers, R. F.: Seven Attributes of the Ethical Internal Audit Leader, Richard Chambers on Internal Audit Blog, https://www.richardchambers.com/seven-attributes-of-the-ethical-internal-audit-leader/ (Stand 13.06.2024).

[Chambers 2017] Chambers, R. F.: Trusted Advisors: Key Attributes of Outstanding Internal Auditors, Internal Audit Foundation, Lake Mary, 2017.

[Chambers 2019] Chambers, R. F.: The Speed of Risk – Lessons Learned on the Audit Trail, Internal Audit Foundation, Lake Mary, Florida, 2019.

[Chambers 2020] Chambers, R. F.: Internal Auditors: Be Trusting But Skeptical, Richard Chambers on Internal Audit Blog https://www.richardchambers.com/internal-auditors-be-trusting-but-skeptical/ (Stand 13.06.2024).

[Chambers 2021] Chambers, R. F.: Agents of Change: Internal Auditors in an Era of Disruption, Internal Audit Foundation, 2021.

[Chambers 2022] Chambers, R. F.: Internal Auditors Know That Smart People Can Do Dumb Things, Richard Chambers on Internal Audit Blog, https://www.richardchambers.com/internal-auditors-know-that-smart-people-can-do-dumb-things/ (Stand 13.06.2024).

[Chambers 2024] Chambers, R. F.: Agents of Change: Internal Auditors in an Era of Permacrisis, Fina Press, 2. Auflage, 2024.

[Chin 2022] Chin, A. K. Y.: Cognitive Biases – A Threat to Objectivity, Internal Audit Foundation, Lake Mary, Florida, 2022.

[Deloitte 2017] Deloitte: Where insights lead, https://www2.deloitte.com/content/dam/Deloitte/global/Documents/Risk/Strengthen-IA-Impact-Influence.pdf (Stand 13.06.2024).

[DIIR 2010] DIIR – Deutsches Institut für Interne Revision e.V. (Hrsg.): Risikoorientierte Prüfungsplanung: Best practice, Broschüre zur risikoorientierten Prüfungsplanung, Frankfurt/Main 2010.

[DIIR 2014] DIIR – Deutsches Institut für Interne Revision e.V. (Hrsg.): Positionspapier – Die Interne Revision im Spannungsfeld zwischen Vorstand und Aufsichtsrat, Frankfurt/Main 2014.

[DIIR 2017] DIIR – Deutsches Institut für Interne Revision e.V. (Hrsg.): DIIR Revisionsstandard Nr.3, https://www.diir.de/content/uploads/2023/09/DIIR_Revisionsstandard_Nr._3_2017.pdf (Stand 13.06.2024).

[DIIR 2018] DIIR – Deutsches Institut für Interne Revision e.V. (Hrsg.): DIIR Revisionsstandard Nr.2 – Prüfung der Wirksamkeit des Risikomanagementsystems durch die Interne Revision, Version 2.1, https://www.diir.de/content/uploads/2023/09/DIIR_Revisionsstandard_Nr._2_Version_2.1.pdf (Stand 13.06.2024).

[DIIR 2019] DIIR – Deutsches Institut für Interne Revision e.V. (Hrsg.): DIIR Revisionsstandard Nr.4: Prüfung von Projekten durch die Interne Revision, Frankfurt/Main 2019.

[DIIR 2023]: DIIR, IIA Austria und IIA Switzerland (Hrsg.): Enquete 2023 – Die Interne Revision in Deutschland, Österreich und der Schweiz, https://www.

diir.de/content/uploads/2023/09/Enquete-Broschuere_2023.pdf (Stand 13.06.2024).

[DIIR Revisionsstandards] DIIR – Deutsches Institut für Interne Revision e. V.: DIIR Revisionsstandards, https://www.diir.de/fachwissen/standards (Stand 13.06.2024).

[DIIR Risk in Focus] DIIR – Deutsches Institut für Interne Revision e. V., Risk-in-Focus-Studie, https://www.diir.de/fachwissen/risk-in-focus-studie/ (Stand 13.06.2024).

[DIIR-Arbeitskreis MaRisk 2008] DIIR-Arbeitskreis MaRisk: Risikoorientierte Prüfungsplanung nach MaRisk – Ein Blick auf unterschiedliche Ausgestaltungsformen in der Praxis, ZIR 2/2008, S. 60–67.

[DIIR-Arbeitskreis MaRisk] DIIR-Arbeitskreis MaRisk: Online-Revisionshandbuch für die Interne Revision in Kreditinstituten, https://www.diir.de/fachwissen/revisionshandbuch-marisk/ (Stand 13.06.2024).

[DIIR-Projektgruppe Muster-Revisionshandbuch 1994] DIIR-Projektgruppe Muster-Revisionshandbuch: Muster-Revisionshandbuch – Ein Leitfaden für die Prüfungspraxis, IIR-Schriftenreihe Bd. 22, Erich Schmidt Verlag, Berlin 1994.

[DIIR/IIA NL 2019] DIIR – Deutsches Institut für Interne Revision e. V. und IIA Institute of Internal Auditors Nederland: AMIR – Das Anspruchsmodell der Internen Revision, Frankfurt/Main 2019, https://www.diir.de/fileadmin/fachwissen/downloads/DIIR_AMIR.pdf (Stand 13.06.2024).

[Dobelli 2018] Dobelli, R. (2018): Die Kunst des klaren Denkens – 52 Denkfehler, die Sie besser anderen überlassen, dtv, München.

[DSGV 2023] DSGV – Deutscher Sparkassen und Giroverband, Fachausschuss Kontrolle und Prüfung: Handbuch Kontrolle und Prüfung, Deutscher Sparkassen Verlag GmbH, 13. Lfg., Stuttgart 3/2022.

[Durmus 2020] Durmus, M.: Cognitive Biases – A Brief Overview of Over 160 Cognitive Biases, Lulu.com.

[Fligge 2021] Fligge, B.: Embodied Conversational Agents in der Internen Revision, ZIR 06/2021. Erich Schmidt Verlag, Berlin, 2021.

[Füss 2005] Füss, R.: Die Interne Revision – Bestandsaufnahme und Entwicklungsperspektiven, DIIR – Deutsches Institut für Interne Revision e. V. (Hrsg.): Forum IIR Bd. 5, Erich Schmidt Verlag, Berlin 2005.

[Gallegos 2002] Gallegos, F.: The Audit Report and Follow-up: Methods and Techniques for Communicating Audit Findings and Recommendations, in: Information Systems Control Journal 4/02, ISACA, Rolling Meadows 2002, S. 17–20.

[Galloway 2010] Galloway, D.: Internal Auditing: A Guide for the New Auditor, The IIA Research Foundation; 3rd ed., 2010.

[Gehringer 2015] Gehringer, Z.: Audit Sampling, 2015, https://www.oregon.gov/das/Docs/IIA%20luncheon%20AuditSampling.pdf (Stand 22.08.2016).

[Gossens 2019] Gossens, T.: Nerd Alert in der Internen Revision – Welche IT-Kenntnisse benötigen Revisoren heute?, in: RevisionsPraktiker 06–07/2019, S. 130–139.

[Gossens und Wendt 2018] Gossens, T./ Wendt, M.: Die Zusammenarbeit zwischen Interner Revision und Aufsichtsrat, Arbeitshilfen für Aufsichtsräte Nr. 19, Institut für Mitbestimmung und Unternehmensführung (I.M.U.) der Hans-Böckler-Stiftung (Hrsg.), Düsseldorf 2018, https://www.boeckler.de/fpdf/HBS-007011/p_ah_ar_19_2018.pdf (Stand 13.06.2024).

[Guy et al. 2002] Guy, D., M./Carmichael, D., R./Whittington, R.: Audit Sampling: an introduction, John Wiley & Sons, 5th ed., 2002.

[Hannemann et al. 2022] Hannemann, R./ Weigl, T./Zaruk, M.: Mindestanforderungen an das Risikomanagement (MaRisk): Kommentar, 6., überarbeitete und erweiterte Auflage, Schäffer-Poeschel, Stuttgart 2022.

[Harrington und Piper 2015] Harrington, L./Piper, A. (2015): Driving Success in a Changing World, The Institute of Internal Auditors Research Foundation (IIAFR), Altamonte Springs, Florida, USA, 2015.

[Harrmann 1976] Harrmann, A.: Die besonderen Merkmale des Operational Auditing, in: ZIR 3/76, S. 167–176.

[Haub 1996] Haub, F.: Berichterstattung der Revision: Arbeitshandbuch für die Praxis der Internen Revision, Schreiber, Hamburg 1996.

[Haub 2001] Haub, F.: Die Visitenkarte der Internen Revision: Berichterstattung, Kommunikation, Schlussbesprechung, Psychologie, Schreiber, Hamburg, Frankfurt/Main 2001.

[Herold 2021] Herold, R. (2021): Der Revisor 2025 – Eine Positionierung, ZIR, 4/2021, S. 164–166.

[Hömberg 2011] Hömberg, R.: Prüfungsmethoden und Prüfungsinstrumente, in: Freidank, C.C./Peemöller, V., H. (Hrsg.): Kompendium der Internen Revision – Internal Auditing in Wissenschaft und Praxis, Erich Schmidt Verlag, Berlin 2011, S. 317–353.

[Hoos und Lenz 2013] Hoos, F./Lenz, R.: Welche Faktoren erhöhen die Wirksamkeit der Internen Revision und stärken damit die Corporate Governance?, ZCG 3/2013, S. 107–114.

[Hucke und Münzenberg 2015] Hucke, A./Münzenberg, T.: Recht der Revision – Juristische Grundlagen für die Praxis der Internen Revision, Erich Schmidt Verlag, Berlin 2015.

[Ibrahim 2014] Ibrahim, N.: IT Audit 101, Internal Auditor, Juni 2014, Volume LXXI: III, S. 19–21, The Institute of Internal Auditors, Altamonte Springs.

[IDW 2019] Institut der Wirtschaftsprüfer in Deutschland e.V. (Hrsg.): IDW Verlautbarungen, 72. Ergänzungslieferung, IDW Verlag, Düsseldorf, November 2019.

[IIA 2010] IIA – The Institute of Internal Auditors (Hrsg.): Practice Guide Measuring Internal Audit Effectiveness and Efficiency, The Institute of Internal Auditors Research Foundation (IIARF), Altamonte Springs 2010.

[IIA 2011a] IIA – The Institute of Internal Auditors (Hrsg.): Practice Guide Independence and Objectivity, Altamonte Springs 2011.

[IIA 2011b] IIA – The Institute of Internal Auditors (Hrsg.): Global Technology Audit Guide (GTAG) – Data Analysis Technologies Altamonte Springs 2011.

[IIA 2012a] IIA – The Institute of Internal Auditors (Hrsg.): Practice Guide Quality Assurance and Improvement Program, The Institute of Internal Auditors Research Foundation (IIARF), Altamonte Springs 2012.

[IIA 2012b] IIA – The Institute of Internal Auditors (Hrsg.): IPPF – Global Technology Audit Guide (GTAG), Information Technology Risk and Controls, 2nd Edition, Altamonte Springs 2012.

[IIA 2012c] IIA – The Institute of Internal Auditors (Hrsg.): Practice Guide – Developing the Internal Audit Strategic Plan.

[IIA 2013a] IIA – The Institute of Internal Auditors (Hrsg.): Quality Assessment Manual for the Internal Audit Activity, The Institute of Internal Auditors Research Foundation, Altamonte Springs 2013.

[IIA 2016] IIA – The Institute of Internal Auditors (Hrsg.): Practice Guide Audit Reports – Communicating Assurance Engagement Results, The Institute of Internal Auditors Research Foundation (IIARF), Altamonte Springs 2016.

[IIA 2018a] IIA – The Institute of Internal Auditors (Hrsg.): Global Perspectives and Insights, Agilität und Innovation, The Institute of Internal Auditors, https://www.theiia.org/globalassets/documents/content/articles/gpi/2019/november/gpi-agility-and-innovation-german_update.pdf (Stand 13.06.2024).

[IIA 2018b] IIA – The Institute of Internal Auditors (Hrsg.): GTAG Auditing IT Governance, The Institute of Internal Auditors, https://www.theiia.org/globalassets/documents/content/articles/guidance/practice-guides/gtag-auditing-it-governance/gtag-17-auditing-it-governance.pdf (Stand 13.06.2024).

[IIA 2019a] IIA – The Institute of Internal Auditors: ONRIS.2020 – A Guide to understanding, aligning, and optimizing risk, The Institute of Internal Auditors, 2019.

[IIA 2019b] IIA – The Institute of Internal Auditors: Positionspapier Fraud und Interne Revision, https://www.diir.de/content/uploads/2023/08/Fraud_und_Interne_Revision_-_deutsch.pdf (Stand 13.06.2024).

[IIA 2019c] IIA – The Institute of Internal Auditors (Hrsg.): Global Knowledge Brief – Data Analytics Mandate – Part 1: Where do we go from here?, The Institute of Internal Auditors – Global Headquarters, Lake Mary 2019.

[IIA 2019d] IIA – The Institute of Internal Auditors (Hrsg.): Global Knowledge Brief – Data Analytics Mandate – Part 2: Develop and execute strategy and tactics, The Institute of Internal Auditors – Global Headquarters, Lake Mary 2019.

[IIA 2020a] IIA – The Institute of Internal Auditors: Internal Audit Competency Framework, The Institute of Internal Auditors, deutsche Übersetzung herausgegeben vom DIIR – Deutsches Institut für Interne Revision e.V., Frankfurt am Main, https://www.diir.de/fachwissen/internal-audit-competency-framework/ (Stand 13.06.2024).

[IIA 2020b] IIA – The Institute of Internal Auditors: The IIA's Three Lines Model: An update of the Three Lines of Defense, July 2020, https://www.theiia.org/globalassets/documents/resources/the-iias-three-lines-model-an-update-of-the-three-lines-of-defense-july-2020/three-lines-model-updated-english.pdf (Stand 13.06.2024).

[IIA 2022] IIA – The Institute of Internal Auditors: Certification CANDIDATE HANDBOOK, 2022, https://www.theiia.org/en/content/certifications/certification-candidate-handbook/ (Stand 13.06.2024)

[IIA 2024] IIA – The Institute of Internal Auditors: Model Internal Audit Charter, 2024. Deutsche Übersetzung verfügbar auf https://www.diir.de/fachwissen/standards/ (Stand 13.06.2024).

[IIA UK 2017] Chartered Institute of Internal Auditors (Hrsg.): Data Analytics – Is it time to take the first step?, Chartered Institute of Internal Auditors, London, 2017.

[IIA UK 2020] Chartered Institute of Internal Auditors: Annual internal audit coverage plans, abrufbar für Mitglieder unter https://www.iia.org.uk/resources/managing-internal-audit/how-to-prepare-annual-internal-audit-coverage-plans/ (Stand 13.06.2024).

[IIA UK 2023] Chartered Institute of Internal Auditors: Conducting an interview: Top Tips, 2023.

[IIA/DIIR 2024] IIA – The Institute of Internal Auditors (Hrsg.): Global Internal Audit Standards, deutsche Übersetzung herausgegeben vom DIIR – Deutsches Institut für Interne Revision e. V., IIA Austria, IIA Switzerland, https://www.diir.de/content/uploads/2024/03/Global-Internal-Audit-Standards-Deutsch-20240320-1.pdf (Stand 13.06.2024).

[ISACA 2019] ISACA (Hrsg.): CISA Review Manual 27th Edition, ISACA, Schaumburg, IL 2019.

[Kopetzky und Göbel 2009] Kopetzky, M./Göbel, K.-D.: Selbstverständnis der Internen Revision bei Sonderuntersuchungen im Mittelstand der D-A-CH-Region, in: Amling, T./Bantleon, U. (Hrsg.): Praxis der Internen Revision – Management, Methoden, Prüffelder, Erich Schmidt Verlag, Berlin 2009, S. 519–548.

[Lager und Waymire 2022] Lager, J. M./Waymire, T. R.: Toward a More Perfect Objectivity, Internal Auditor, 4/2022, S. 64–68.

[Lauer und Liebe 2015] Lauer, S./Liebe, T.: Professionelle Revisionsprüfungen – Ein innovatives Prüfungsprotokoll im praktischen Einsatz, Finanz Colloquium Heidelberg GmbH, Heidelberg 2015.

[Lück 2000] Lück, W.: Die Zukunft der Internen Revision – Entwicklungstendenzen der unternehmensinternen Überwachung, Erich Schmidt Verlag, Berlin 2000.

[Marks 2013a] Marks, N.: A Timely Focus on Risk – A small step for The IIA Standards, a giant leap for the profession, in: Internal Auditor (IA), February 2013, S. 67.

[Marks 2016] Marks, N.: Auditing That Matters, CreateSpace Independent Publishing Platform, 2016.

[Peemöller und Kregel 2014] Peemöller, V./Kregel, J.: Grundlagen der Internen Revision, 2., neu bearbeitete Auflage, Erich Schmidt Verlag, Berlin 2014.

[PwC 2017] PriceWaterhouse Coopers (PWC): State of the Internal Audit Profession Study 2017, https://www.pwc.com/us/en/risk-assurance/sotp/2017-state-of-the-internal-audit-profession-report.pdf (Stand 13.06.2024).

[PwC 2019] PriceWaterhouse Coopers (PWC): Elevating internal audit's role: The digitally fit function – 2019 State of the Internal Audit Profession Study, https://www.pwc.com/us/internalauditstudy (Stand 13.06.2024).

[Puhani 2015] Puhani, S.: Erfolgreiche Prüfungsprozesse in der Internen Revision, Erich Schmidt Verlag, Berlin 2015.

[Ratley 2013] Ratley, J.: Become a better Interviewer, in: Internal Auditor Magazine, Juni 2013, S. 64–69.

[Reding et al. 2013] Reding, K., R./Sobel, P., J./Anderson, U., L./Head, M.J./Ramamoorti, S./Salamasick, M./Riddle, C.: Internal Auditing: Assurance & Advisory Services, The Institute of Internal Auditors Research Foundation; 3. Edition, 2013.

[Roth 2023] Roth, J.: Plan or effective interviews, in: Internal Auditor Magazine, Juni 2023, S. 17–19.

[Russell 2007] Russell, J., P.: The Internal Auditing Pocket Guide: Preparing, Performing, Reporting and Follow-up, ASQ Quality Press, 2. Edition, 2007.

[Salierno 2022] Salierno, D.: An experimental technology could revolutionize audit interviewing, in: Internal Auditor Magazine, April 2022, S. 75–78.

[Sawyer et al. 1996] Sawyer, L., B./Dittenhofer, M., A./Scheiner, J.: Sawyer's Internal Audit – The Practice of Modern Internal Auditing, 4. Auflage, The Institute of Internal Auditors, Altamonte Springs, Florida, 1996.

[Sawyer 2019] Sawyer, L. B. (2019): The Internal Audit Foundation: Sawyer's Internal Auditing – Enhancing and Protecting Organizational Value, 7th Edition, Internal Audit Foundation, Lake Mary, Florida, 2019.

[WEF 2020] World Economic Forum: Future of Jobs Report 2020, These are the top 10 job skills of tomorrow – and how long it takes to learn them, https://www.weforum.org/agenda/2020/10/top-10-work-skills-of-tomorrow-how-long-it-takes-to-learn-them/ (Stand 13.06.2024).

[Wright 2021] Wright, C. T.: Future Ready – Upskilling Today for the Profession of Tomorrow, Internal Audit Foundation, 2020, https://www.theiia.org/globalassets/documents/content/research/foundation/2021-future-ready-report.pdf (Stand 13.06.2024).

Stichwortverzeichnis

Q

R

Die Autoren

Michael Bünis, Dipl. Wirtschaftsmathematiker, ist CIA, CRMA und Prüfer für Interne Revisionssysteme^{DIIR}. Er ist Leiter der Grundsatzabteilung des DIIR – Deutsches Institut für Interne Revision e. V. Er verantwortet die Redaktion der Zeitschrift Interne Revision (ZIR) und vertritt das DIIR in verschiedenen nationalen und internationalen Gremien. Er ist ein gefragter Referent für die DIIR-Akademie und bei Fachtagungen zur Internen Revision und führt die Ausbildung der Prüfer für Interne Revisionssysteme^{DIIR} nach dem DIIR Revisionsstandard Nr. 3 durch.

Thomas Gossens, Dipl. Wirtschaftsmathematiker, Dipl. Kaufmann, ist CIA, CISA, CRISC und ACL Certified Data Analyst. Er besitzt die Qualifizierung „Zusätzliche Prüfverfahrens-Kompetenz für §8a BSI-Gesetz" und ist Prüfer für Interne Revisionssysteme^{DIIR}. Herr Gossens ist Abteilungsleiter in der Internen Revision der Stadtsparkasse Düsseldorf. Er verfügt über umfangreiche Prüfungspraxis mit Unterstützung marktgängiger Prüfsoftware. Herr Gossens ist Mitglied im DIIR und im ISACA Germany Chapter. Er vertritt den Bereich Revision der Stadtsparkasse Düsseldorf in Arbeitskreisen der Sparkassenfinanzgruppe und ist aktives Mitglied in der CIA®-Arbeitsgruppe Rhein-Ruhrgebiet.

Nach mehreren Jahren aktiver Prüfungstätigkeit als Interne Revisoren mit den Schwerpunkten Risikomanagement, IT und Rechnungswesen waren Herr Bünis und Herr Gossens gemeinsam verantwortlich für die Grundsatzarbeit und das Qualitätsmanagement in der Konzernrevision einer großen und international tätigen Geschäftsbank. Sie haben über mehrere Jahre interne und externe Qualitätsbeurteilungen in Internen Revisionen durchgeführt. Sie haben fortschrittliche Instrumente zur Unterstützung der Revisionsleitung und der Revisionsarbeit entwickelt und mit Fachkonzepten zur Weiterentwicklung von professioneller Revisionssoftware beigetragen. Die Autoren haben zahlreiche, maßgebliche Beiträge zur Internen Revision in verschiedenen Fachzeitschriften veröffentlicht und halten Vorträge und Seminare für das DIIR – Deutsches Institut für Interne Revision e.V. Sie pflegen einen intensiven branchenübergreifenden Austausch zu aktuellen Themen der Internen Revision.

Das gemeinsame Buch „Das 1x1 der Internen Revision" ist mittlerweile zum Standardwerk zur Internen Revision im deutschsprachigen Raum geworden und wurde 2024 sogar in das Museum of Internal Auditing des IIA in Orlando aufgenommen (s. Abbildung 57).

Abbildung 57: Museum of Internal Auditing in Orlando